LIÇÕES EM MECÂNICA DAS ESTRUTURAS: DINÂMICA

Blucher

LIÇÕES EM MECÂNICA DAS ESTRUTURAS: DINÂMICA

Carlos Eduardo Nigro Mazzilli

João Cyro André

Miguel Luiz Bucalem

Sergio Cifú

Lições em Mecânica das Estruturas: Dinâmica

Editora Edgard Blücher Ltda.

Imagem da capa: Andrés Otero/ LUZphoto

Blucher

Rua Pedroso Alvarenga, 1245, 4º andar
04531-934 - São Paulo - SP - Brasil
Tel.: 55 11 3078-5366
contato@blucher.com.br
www.blucher.com.br

Segundo o Novo Acordo Ortográfico, conforme 5. ed. do *Vocabulário Ortográfico da Língua Portuguesa*, Academia Brasileira de Letras, março de 2009.

FICHA CATALOGRÁFICA

Lições em mecânica das estruturas: dinâmica / Carlos Eduardo Nigro Mazzilli...[et al.]. -- São Paulo: Blucher, 2016.

Bibliografia
ISBN 978-85-212-0995-9

1. Análise estrutural (Engenharia) 2. Engenharia de estruturas 3. Engenharia mecânica I. Mazzilli, Carlos Eduardo Nigro

15-1221 CDD 624.171

Índices para catálogo sistemático:
1. Engenharia de estruturas

APRESENTAÇÃO

educação superior no Brasil nos últimos 50 anos, particularmente na rea de Engenharia, avançou consideravelmente. A implantação dos cur- s de pós-graduação, além de formar um novo contingente de profes- res com gosto e competência para fazer avançar o conhecimento, in- oduziu na comunidade universitária a atividade de pesquisa, que abriu ovas perspectivas para os estudantes de graduação antes expostos a um rocesso de aprendizado que privilegiava a absorção do conhecimento m a preocupação de contribuir para o seu avanço. Se a motivação para aventura de abrir novos caminhos está presente hoje no nosso meio aca- êmico, as ferramentas para a execução dessa tarefa ainda são majorita- amente importadas. Faltam-nos livros-textos. *Lições em Mecânica das struturas: Dinâmica* é uma iniciativa que vem colaborar na cobertura essa lacuna.

Embora destinado primariamente a estudantes de graduação, com foco em pro blemas de Engenharia Civil, área de Estruturas, esta obra é útil para várias ou tras Engenharias. A formação de engenheiros mecânicos, navais e aeronáutico poderá recorrer ao texto em várias de suas disciplinas. Uma peculiaridade qu confere a esta obra um valor especial é sua preocupação com a instrução do lei tor, para facilitar o aprendizado, e não para mostrar a erudição dos autores.

O livro está dividido em duas partes. Na primeira, composta de nove capítulos os autores tratam exaustivamente de sistemas dinâmicos com um grau de liber dade. A teoria de oscilações livres e sob a ação de forças harmônicas com o sem amortecimento é abordada com pormenores nesta parte. Uma característic singular, que acompanha todo o texto, é o desenvolvimento pormenorizado da soluções. Todas as passagens são explicadas passo a passo, conduzindo o leitc às soluções de um modo natural e claro. Os autores optaram, creio que com su cesso, pela clareza dos desenvolvimentos teóricos e das soluções completas d sistemas simples em vez de uma grande quantidade de exemplos com soluçõe deixadas por conta do leitor. De fato, é mais fácil encontrar problemas que solu ções bem explicadas.

Nos capítulos 3 e 4, praticamente todos os tipos de amortecimento importante são explorados com as respectivas soluções e a comparação entre seus efeito na resposta do sistema. O capítulo 5 trata de choque inelástico, com exemplo interessantes que podem ser utilizados para alertar sobre o efeito que falhas n pavimentação podem causar no movimento de veículos pesados em pontes cor grandes vãos entre pilares. Os capítulos 6, 7 e 8 introduzem o efeito de um perturbação externa em osciladores harmônicos. Nessa primeira abordagem a excitações externas ficam essencialmente dentro de um regime harmônico, os problemas são resolvidos analiticamente. A introdução de problemas cor excitação do suporte, apresentada no capítulo 6, e a aplicação em isolament de fundações é muito bem-vinda. O engenheiro mecânico encontrará tambér aplicações a suspensões de veículos automotivos. Os capítulos 7 e 8 server muito adequadamente como preparação para o capítulo 9, que trata de exci tações generalizadas. De fato, a teoria e as aplicações desenvolvidas naquele capítulos, antes de abordar excitações em que a função forçante $p(t)$ é genera lizada, mostram-se muito úteis e facilitam o tratamento mais geral. A sequênci teórica desenvolvida pelos autores permite que a solução geral seja introduzida partir de uma integral de convolução com naturalidade, determinando a solução do problema $u(t)$ induzida pela forçante $p(t)$. A solução via transformada de Fourier segue naturalmente. A dificuldade na determinação da inversão da solução transformada leva frequentemente à opção pela solução numérica direta do problema, que é o ponto de destaque deste capítulo.

Muito boa a proposta do livro de fazer a introdução ao tratamento numérico que encontra aplicação em vários problemas reais e tem sido a opção mais frequente dada às facilidades computacionais e ao avanço nas técnicas de integração. Começando com os métodos de Runge-Kutta e Euler-Gauss, os autores prosseguem com os métodos de Newmark e Wilson-θ, discutindo a importante propriedade de estabilidade condicional. É importante que o estudante que se inicia nas aplicações numéricas conheça os limites de aplicação do método e os possíveis erros que podem ser introduzidos pela técnica de integração tanto na amplitude como na fase da solução numérica.

A segunda parte, compreendendo os capítulos 10 a 14, poderia, em princípio, ser estudada com recurso aos primeiros capítulos da primeira parte e com o capítulo 9, embora não seja recomendável. O capítulo 10 apresenta uma nova perspectiva de tratamento da dinâmica de sistemas elásticos de uma forma generalizada. A ênfase é a mecânica analítica aplicada a um número finito de pontos definidos em um sistema de referência fixo. A opção básica para a análise dinâmica do sistema é a formulação Lagrangiana. É muito bem-vinda essa formulação, que, além de deixar implícitos os vínculos do sistema, que devem ser escleronômicos como na maioria dos casos práticos, é um excelente ponto de partida para a formulação variacional. A teoria é aplicada em vários tipos de sistemas discretos e também para o caso de um sistema contínuo representado por uma haste elástica. Esse capítulo é essencial para a compreensão dos seguintes. O capítulo 11 retoma o princípio dos trabalhos virtuais introduzido no capítulo anterior para estabelecer as equações dinâmicas de sistemas discretos. Desdobra-se daí o método dos elementos finitos de um modo simples, iniciando-se com a análise de pórticos planos sujeitos a carregamentos estáticos e dinâmicos, inclusive com suportes sujeitos a excitação dinâmica. A discretização de estruturas contínuas planas, sujeitas a um estado plano de deformação, se faz com elementos retangulares simples, o que facilita o entendimento do leitor não familiarizado com o método, particularmente na instituição da matriz de rigidez. Os exemplos apresentados neste capítulo, seguindo a orientação do livro, são desenvolvido com todos os detalhes. Fica bastante clara a formulação dos problemas dinâmicos de estruturas elásticas com o auxílio das matrizes de rigidez e de massa inclusive a matriz de amortecimento para casos típicos de amortecimento proporcional. Este capítulo prepara o leitor para passos mais complexos na anális de sistemas dinâmicos.

O capítulo 12 trata da análise modal, iniciando com sistemas massa-mola e prosseguindo com estruturas contínuas discretizadas. De fato, a dedução dos modo próprios de vibração é uma ferramenta muito útil para a análise dinâmica da estruturas, não apenas do ponto de vista analítico, permitindo a diagonalizaçã das matrizes de rigidez, mas também caracterizando as geometrias de deformação mais críticas das estruturas. A introdução de amortecimento também tratada neste capítulo, proporcionando uma formulação mais real dos problema da prática. É de se destacar a apresentação de um apêndice tratando de amortecimento não proporcional, que é mais completo para representar situações reais. (capítulo 13 explora as técnicas anteriores, particularmente a análise modal par determinação da resposta dinâmica de sistemas elásticos sujeitos a excitação externa. De particular interesse é a resposta em frequência de que trata este capítul para determinar as frequências críticas de excitação externa, que pode introduzi danos irrecuperáveis às estruturas. A minimização dos riscos de ressonância analisada com a introdução de controle passivo que inclui um sistema adiciona de massas (TMD) na estrutura cujas frequências estão em "contra-sintonia" cor as frequências fundamentais da estrutura a ser protegida. O desenvolviment analítico parte de um caso real, o que traz motivação ao leitor. As equações qu governam o problema são deduzidas a partir da formulação Lagrangiana e a integração numérica retoma o desenvolvimento introduzido em capítulo anterior. (livro fecha com um belo exemplo, a saber, a análise dinâmica da ponte estaiad Jacu-Pêssego sobre o rio Tietê.

Convém agora voltar ao princípio: os capítulos 1 e 2. O primeiro capítulo apresenta uma série de motivações para o estudo da Dinâmica de Estruturas. O segundo capítulo é uma nota histórica muito oportuna, que recupera as raízes d nossa tradição científica e cultural a partir da civilização helênica, passando pelos gigantes dos séculos XVII e XVIII, chegando até nossos dias. Precisamos d mais história da ciência nas nossas universidades. É ainda animador ver que o autores recuperam a memória de grandes brasileiros, engenheiros e professore de grande importância para a história da nossa ciência e tecnologia, como Telemaco van Langendonck e Décio Zagottis. É ainda muito importante o recurso a obras realizadas no Brasil com a capacidade técnica estabelecida aqui para exemplificar os desenvolvimentos teóricos do texto.

Uma obra de valor no tratamento do tema de Dinâmica de Estruturas, bastante completa e com exemplos de aplicação resolvidos à exaustão. Este livro será certamente de grande auxílio para cursos de Dinâmica de Estruturas em várias opções de Engenharia Civil, Mecânica, Naval, Aeronáutica e Elétrica.

Luiz Bevilacqua

PREFÁCIO

As *Lições em Mecânica das Estruturas* são o resultado de mais de 20 anos em que os autores vêm ministrando as disciplinas de Mecânica das Estruturas, oferecidas aos alunos do curso de engenharia civil da Escola Politécnica da Universidade de São Paulo, na sequência das disciplinas de Resistência dos Materiais e Estática das Construções.

A motivação dos autores transcende o natural desejo de organizar a farta documentação gerada nessas disciplinas ao longo dos anos, compreendendo notas de aula, listas de exercícios resolvidos, trabalhos práticos e provas propostas. Muito mais do que isso, é o compromisso que sentem de compartilhar com a comunidade acadêmica suas experiências de ensino na Escola Politécnica da Universidade de São Paulo, esperando que elas possam ser úteis a alunos e professores, desta ou de outras universidades.

Estas *Lições* se preocupam, ao mesmo tempo, em valorizar conteúdos tradicio nais – solidamente organizados por gerações de grandes mestres, entre os quai justa homenagem se faz a Telêmaco van Langendonck e Décio de Zagottis – em agregar conteúdos contemporâneos, devidamente adaptados ao curso de gra duação, mas que muitas vezes são tratados apenas na pós-graduação.

Em acréscimo ao aprofundamento conceitual tradicionalmente perseguido n Escola Politécnica da Universidade de São Paulo, estas *Lições* propõem-se ilustrar extensivamente as possibilidades de aplicação das ferramentas desenvol vidas na solução de problemas fundamentais de mecânica das estruturas, enten dida de forma ampla e, portanto, não restrita à engenharia civil. Efetivamente, a *Lições em Mecânica das Estruturas* poderão ser igualmente úteis nos cursos d engenharia mecânica, mecatrônica, naval, química, minas, aeronáutica e aero espacial, e tantos outros em que a análise de sistemas estruturais seja requerida

De sorte a oferecer maior flexibilidade a seus leitores – tanto alunos quant professores de disciplinas de Mecânica das Estruturas de faculdades lusófona de engenharia, independentemente de como os diversos conteúdos estão articu lados em seus respectivos programas –, os autores destas *Lições* optaram po segmentá-las tematicamente, na forma de uma coleção de volumes.

Embora, obviamente, estes volumes sejam partes de uma obra integrada e com plementar, em que cada um deles oferece suporte aos demais, os autores tive ram a preocupação de escrevê-los de forma tão autocontida quanto possível. O volumes destas *Lições* podem ser lidos, em princípio, em qualquer ordem. Mai ainda, dentro de cada tema segmentado, conteúdos de aprofundamento poden ser ignorados, se o propósito for o de um primeiro contato, apenas. Por outr lado, estes mesmos conteúdos certamente se mostrarão bastante úteis a alunos d pós-graduação. Exatamente por esta característica, trata-se de obra bastante ver sátil, atendendo simultaneamente aos públicos da graduação e da pós-graduação

O primeiro volume da coleção (André et al., 2009), já publicado, dedica-se ao Teoremas de Trabalhos Virtuais e de Energia na Mecânica das Estruturas. Est segundo volume, *Lições em Mecânica das Estruturas: Dinâmica*, dedica-se a estudo dos sistemas estruturais de comportamento linear submetidos a ações de terminísticas de natureza dinâmica. Na Primeira Parte, contextualiza-se, inicial mente, a dinâmica das estruturas, não apenas no âmbito das distintas áreas d engenharia contemporânea, mas também no tempo histórico, desde a Antigui dade Clássica; abordam-se na sequência os modelos discretos com um grau d liberdade, com o objetivo de introduzir o leitor, gradualmente, às etapas que ca racterizam a modelagem dos problemas correlatos: formulação das equações d movimento, análise da resposta em vibrações livres ou forçadas, no domínio do tempo ou da frequência. Na Segunda Parte, preparando a discussão dos sistemas de vários graus de liberdade, introduzem-se os elementos fundamentais da mecânica analítica e desenvolvem-se formulações gerais para obtenção das equações de movimento de sistemas de pontos materiais, sólidos rígidos e deformáveis discretizados pelo método dos elementos finitos. Ilustra-se a generalidade da formulação matricial desenvolvida, inclusive para o caso de excitações de suporte, explicitando-se as matrizes e vetores de elementos finitos de barras no plano e da elasticidade plana. A análise modal clássica é apresentada em pormenores, sendo complementada em apêndice dedicado aos sistemas com amortecimento não proporcional. A análise pelo método da superposição modal no domínio do tempo é então apresentada. As primeiras noções sobre controle passivo de vibrações em sistemas estruturais são introduzidas. Segue-se a discussão de métodos de integração numérica. Além dos diversos exemplos de aplicação distribuídos ao longo do texto, apresentam-se dois estudos de caso que ilustram aspectos da análise dinâmica de pontes: o primeiro deles refere-se ao estudo de uma particular etapa do método construtivo de uma ponte estaiada que é construída parcialmente e depois deve ser girada em torno do eixo de sua torre até seu posicionamento final; o segundo trata da determinação por via dinâmica dos "coeficientes de amplificação dinâmica" que majoram os efeitos estáticos produzidos pelo tráfego de veículos de carga em uma ponte rodoviária unicelular típica.

São Paulo, janeiro de 2016

Carlos Eduardo Nigro Mazzilli

João Cyro André

Miguel Luiz Bucalem

Sergio Cifú

CONTEÚDO

NOTAÇÃO E SÍMBOLOS

k	Coeficiente de rigidez
c	Coeficiente de amortecimento viscoso linear
m	Massa
$p(t)$	Força externa dependente do tempo
u	Deslocamento
$\dot{u}$	Velocidade
$\ddot{u}$	Aceleração
ω	Frequência natural circular
f	Frequência natural cíclica
T	Período
ρ	Amplitude do deslocamento
θ	Ângulo de fase
ξ	Taxa de amortecimento viscoso linear
T_D	Período amortecido
ω_D	Frequência natural circular amortecida
$\overline{\omega}$	Frequência de excitação
β	Relação entre as frequências de excitação e natural

D	Coeficiente de amplificação dinâmica
TR	Fator de transmissibilidade
η	Fator de isolação de vibrações
$\mathcal{E}$	Energia dissipada em um ciclo
$\mathcal{I}$	Impulso
$\mathcal{Q}$	Quantidade de movimento
$\mathbf{r}$	Vetor posição
x^1, x^2, x^3	Funções coordenadas escalares
$\mathbf{e}_1, \mathbf{e}_2, \mathbf{e}_3$	Base ortonormal
Q	Coordenada generalizada
$\dot{Q}$	Velocidade generalizada
$\ddot{Q}$	Aceleração generalizada
$\mathbf{F}$	Vetor força
$\mathcal{V}$	Energia potencial total
$\mathcal{W}$	Trabalho
$\mathcal{T}$	Energia cinética
$\mathcal{E}$	Energia mecânica
$\mathcal{H}$	Hamiltoniano
$\mathcal{L}$	Lagrangiano
V	Domínio ocupado pelo sólido deformável
S	Superfície de contorno de V
S_f	Parte de S onde são especificadas as forças de superfície
S_u	Parte de S onde são especificados os deslocamentos
$\mathbf{f}^{\mathrm{B}}$	Forças de volume definidas em V
$\mathbf{f}^{\mathrm{S}}$	Forças de superfície em S
$\hat{\mathbf{u}}$	Deslocamentos especificados em S_u
$\mathcal{U}$	Energia potencial de deformação
$\boldsymbol{\varepsilon}$	Vetor das deformações
$\boldsymbol{\sigma}$	Vetor das tensões
$\mathcal{C}$	Matriz de constantes elásticas
E	Módulo de elasticidade

ν	Coeficiente de Poisson
$\mathbf{M}$	Matriz de massa
$\mathbf{K}$	Matriz de rigidez
$\mathbf{R}$	Vetor de forças nodais
$\mathbf{C}$	Matriz de amortecimento
u	Deslocamento longitudinal no ponto do eixo da barra de coordenada x
w	Deslocamento transversal no ponto do eixo da barra de coordenada x
$\mathbf{k}$	Matriz de rigidez do elemento
A	Área da seção transversal de uma barra
I	Momento de inércia da seção transversal de uma barra
ℓ	Comprimento de barra
J	Momento de inércia de massa
$\mathbf{m}$	Matriz de massa do elemento
M	Momento fletor
$\mathbf{\Phi}$	Matriz modal

PRIMEIRA PARTE

1 INTRODUÇÃO

Análise dinâmica das estruturas, ou simplesmente dinâmica das estruturas, é a disciplina que trata da formulação e solução das equações de movimento dos sistemas estruturais, em presença de perturbações cinemáticas na sua configuração de equilíbrio ou de ações variáveis no tempo.

Entre tais ações, não podem ser desconsiderados, como se faz na análise estática, os esforços inerciais – proporcionais às acelerações –, pois eles desempenham papel fundamental na resposta dinâmica. Neste estudo introdutório, serão consideradas apenas as estruturas de comportamento elástico linear. Consequentemente, os esforços resistentes que nelas atuam resultam proporcionais aos deslocamentos. É realista, ainda, considerar sistemas que têm capacidade de dissipar, ao menos parcialmente, a energia cinética que lhes é conferida. Ou seja, supor-se-á que neles também atuem esforços de amortecimento. A modelagem mais simples de tais esforços, que será explorada mais frequentemente neste texto, pressupõe que sejam proporcionais às velocidades, conforme se verá a seguir.

A análise dinâmica das estruturas é cada vez mais requerida em projetos de engenharia, à medida que os sistemas estruturais se tornam mais esbeltos e suscetíveis a vibrações. Entretanto, até a década de 1970, a prática corrente na engenharia civil era a de evitar a qualquer custo a análise dinâmica, se preciso fosse, substituindo-a por uma análise estática com carregamentos majorados pelos chamados coeficientes de impacto ou coeficientes de amplificação dinâmica. Se em muitas situações esse procedimento é conservador, em outras o mesmo não ocorre, sendo essencial considerar modelos que levem em conta os esforços inerciais e as demais ações variáveis no tempo.

Como se verá, os modelos matemáticos para a análise dinâmica das estruturas recaem em sistemas de equações diferenciais. Mesmo para modelos discretos com comportamento linear, como se presume nesta abordagem introdutória, a obtenção da sua resposta dinâmica é em geral tarefa bem mais complexa que a de uma análise estática, que se baseia na solução de sistemas de equações algébricas.

Na engenharia de estruturas em sentido lato – portanto, não restrito à engenharia civil – há inúmeros exemplos de situações que requerem análises dinâmicas, tais como:

- análise de estruturas de fundação direta ou aporticada de máquinas e equipamentos (Figura 1.1);
- análise de estruturas submetidas a carregamentos dinâmicos causados por tráfego de veículos pesados, tais como pontes e viadutos rodoviários ou ferroviários (Figura 1.2);
- análise de estruturas submetidas a carregamentos dinâmicos causados por pessoas, tais como passarelas para pedestres, estádios esportivos, academias de ginástica e salões de dança (Figura 1.3);
- análise do efeito de vento sobre pontes pênseis ou estaiadas, edifícios altos, chaminés, torres de transmissão ou de telecomunicação (Figura 1.4);
- análise do efeito de vento sobre coberturas leves de grandes vãos, tais como tensoestruturas, cascas delgadas e membranas (Figura 1.5);
- análise sísmica de edificações, pontes, viadutos, túneis, galerias e barragens (Figura 1.6);
- análise de explosões nas imediações de estruturas civis ou militares (Figura 1.7);
- análise do efeito de correntes marítimas, ondas, vento e choque mecânico sobre estruturas oceânicas, tais como plataformas de petróleo e seus elementos (Figura 1.8);

- análise do efeito de correntes marítimas, ondas, vento e choque mecânico sobre estruturas portuárias (Figura 1.9);
- análise do efeito de correntes marítimas, ondas, vento e choque mecânico sobre estruturas navais, tais como navios e submarinos (Figura 1.10);

Figura 1.1
Turbina da Usina de Itaipu, Brasil-Paraguai.

Figura 1.2
Forth Rail Bridge, Escócia.

- análise dos efeitos de carregamentos aerodinâmicos em estruturas aeronáuticas, tais como asas e superfícies de controle de aviões (Figura 1.11);
- análise dos efeitos de carregamentos fluidodinâmicos, centrífugos ou giroscópicos em estruturas mecânicas e oceânicas, tais como tubulações, vasos de pressão, turbinas e risers.

Figura 1.3
Arena Corinthians, São Paulo.

Figura 1.4
Ponte Octávio Frias de Oliveira, São Paulo.

Figura 1.5
Aeroporto Dulles, Washington, cobertura em casca delgada de concreto e cabos em catenária.

Figura 1.6
Ruínas do Templo G, em Selinunte (Sicília), destruído por terremoto no século VII; ao fundo, ruínas do Templo C.

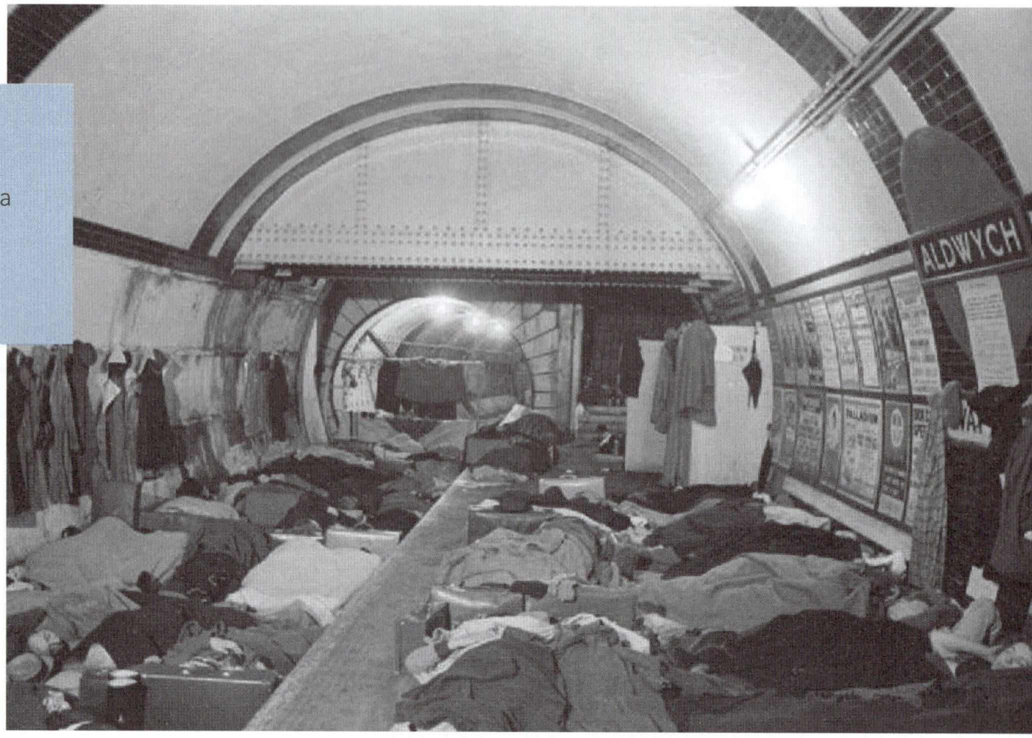

Figura 1.7
Pessoas dormindo em estação de metrô, utilizada como abrigo antiaéreo na Segunda Guerra Mundial, Londres, 1940.

Figura 1.8
Plataforma P-51, Petrobras, Bacia de Campos.

Figura 1.9
Base de Apoio Marítimo InterMoor Açu, São João da Barra, RJ.

Figura 1.10
Transatlântico Principe de Asturias, que naufragou em 1916 próximo a Ilhabela, SP, causando 445 mortes.

Figura 1.11
Asa e superfícies de controle do EMB-RJ145.

O estudo da resposta dinâmica dos sistemas estruturais é necessário para o dimensionamento ou verificação de seus elementos. Da mesma forma, o projeto de sistemas passivos e ativos de controle de vibração depende da análise da resposta dinâmica. Entre os sistemas passivos de controle, citam-se aqueles constituídos por molas e amortecedores posicionados adequadamente entre partes da estrutura, por exemplo entre a superestrutura e a mesoestrutura, ou entre esta e a fundação, de forma a reduzir a transmissibilidade dos esforços e dos deslocamentos dinâmicos. Outra possibilidade para controle passivo é a introdução de apêndices estruturais que são dimensionados para subtrair fração importante da energia cinética da estrutura principal, cujas vibrações se pretende controlar. Nessa linha, operam os chamados TMDs (*tuned-mass dampers*), particularmente indicados para reduzir vibrações causadas por carregamento harmônico ressonante em passarelas, pontes e viadutos, ou causadas por vento (*flutter*) ou tráfego de veículos ou pessoas (Figura 1.12). Mencionam-se, ainda, os controladores fluidodinâmicos, tais como os LCDs (*liquid-column dampers*), dispostos nas coberturas de edifícios altos e nas torres para reduzir vibrações causadas por carregamento harmônico ressonante.

Sistemas de controle ativo baseiam-se na alteração de parâmetros da estrutura ou na introdução de ações dinâmicas por meio de atuadores mecânicos, hidráulicos ou eletromagnéticos, de forma a obter redução das amplitudes de vibração e

Figura 1.12
TMDs instalados na Ponte Rio-Niterói (imagem gentilmente cedida por Ronaldo Carvalho Battista).

consequentemente, dos esforços de origem dinâmica. Pressupõem, portanto, capacidade de monitoração das ações dinâmicas ou da resposta estrutural, de sorte a orientar o acionamento do sistema de controle, que pode ser do tipo *feedback* ou *feedforward*, além de fonte externa e garantida de energia. A título de exemplificação, mencionam-se atenuadores dinâmicos do tipo pêndulo ou volantes com movimento imposto, que se instalam em edificações com o propósito de combater vibrações induzidas por vento ou sismo.

O texto que ora se propõe restringe-se aos fundamentos da análise dinâmica determinística de estruturas de comportamento linear. Nos capítulos a seguir, estuda-se inicialmente o problema de um grau de liberdade e a obtenção de sua resposta dinâmica em situações de especial interesse. Em seguida, discute-se o caso de sistemas com vários graus de liberdade, como aqueles constituídos por sólidos deformáveis discretizados pela análise matricial de estruturas de barras ou pelo método dos elementos finitos aplicado a sólidos deformáveis, de forma geral.

2 NOTAS HISTÓRICAS

A dinâmica das estruturas está assentada na mecânica dos pontos materiais, sólidos rígidos e sólidos deformáveis, e esta, na mecânica clássica, cujos princípios (Newton, 1687) são creditados a Newton (1646-1727) – muito embora ele próprio tenha admitido ter-se apoiado sobre "ombros de gigantes" (*Pigmæi gigantum humeris impositi plusquam ipsi gigantes vident*) (Newton, 1676). Um breve resgate histórico sobre a evolução da dinâmica, como subcapítulo da mecânica, e esta como capítulo da física ou filosofia natural, como era denominada, permite esclarecer as contribuições que foram sendo acumuladas desde a Antiguidade Clássica até o tempo de Newton por diversos desses "gigantes", e, ainda além, até Leibniz e Lagrange.

Efetivamente, o conhecimento sobre a dinâmica era muito precário na Antiguidade Clássica, mesmo porque não se baseava na experimentação e tinha que se adaptar às idealizações e ao raciocínio puramente axiomático e lógico dos filósofos.

Figura 2.1
Platão (à esquerda) e Aristóteles (à direita), pintura de Raffaello Sanzio, Palácio Pontifício, Vaticano.

Para Aristóteles (384 a.C.-322 a.C.), Figura 2.1, tudo aquilo que se movimentav tinha de "ser movido" por algo mais, com o qual estivesse em contato (Bekke 1831). Para ele, portanto, não seria possível a "ação à distância", como a qu ocorre em campos gravitacionais, elétricos ou magnéticos. Ainda mais, acredi tava que uma força constante aplicada a um corpo o impelisse em moviment uniforme. Para explicar os movimentos observados na natureza, recorria ao pos tulado de que os corpos submeter-se-iam à tendência de se juntarem aos "quatr elementos naturais" (terra, ar, água e fogo): se a chuva cai, é porque a água pro cura a terra; se a fumaça sobe, é para juntar-se ao ar. Já para explicar movimento dos corpos celestes, julgava, antes de mais nada, ser necessário reconhecer qu o céu e seus corpos, sendo a morada dos deuses, não seriam constituídos pelo mesmos elementos da Terra, habitada por seres imperfeitos, e, sim, pelo "éter" ou quintessência. A mecânica celeste deveria, pois, ser regida por outras leis. curioso notar que, antes que Ptolomeu (90-168) formulasse a hipótese de sistem geocêntrico (Ptolomeu, 150), com o Sol girando em torno da Terra, Aristarc (310 a.C.-230 a.C.) já havia proposto, mais apropriadamente, um sistema he liocêntrico, com a Terra girando em torno do Sol (Heath, 1913). Ocorre que sucesso obtido por Ptolomeu na previsão do movimento dos planetas, com re curso aos artificiosos "epiciclos", garantiu a prevalência de sua hipótese sobre de Aristarco, até que Copérnico (1473-1543) e Galileu (1564-1642) recolocarar ordem no firmamento (Copernicus, 1543; Galilei, 1638) (Figura 2.2). Como s sabe, Galileu foi obrigado pela Igreja católica a renegar a tese do sistema helic cêntrico em favor do geocêntrico, embora discretamente ressalvasse *"e pur s muove..."*, isto é, "porém se move...", referindo-se à Terra.

Figura 2.2
Discorsi e Dimostrazioni Matematiche, intorno a due nuove scienze, de Galileu.

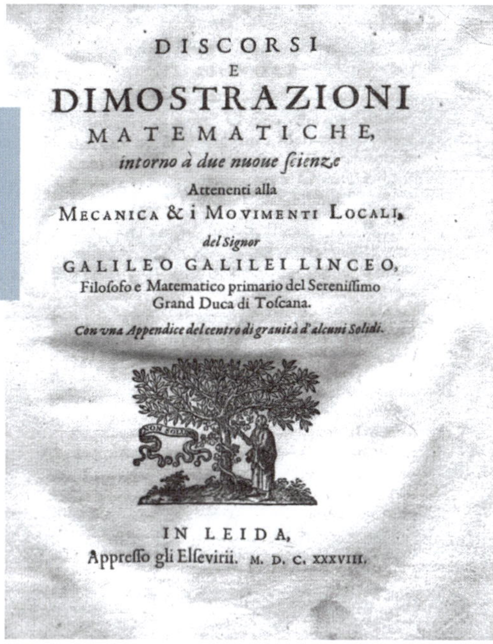

DISCORSI
E
DIMOSTRAZIONI
MATEMATICHE,
intorno à due nuove scienze
Attenenti alla
MECANICA & i MOVIMENTI LOCALI;
del Signor
GALILEO GALILEI LINCEO,
Filosofo e Matematico primario del Serenissimo
Grand Duca di Toscana.
Con una Appendice del centro di gravità d'alcuni Solidi.

IN LEIDA,
Appresso gli Elsevirii. M. D. C. XXXVIII.

114 DIALOGO SECONDO

sin quì dichiarate, non sarà difficile l'intender la ragione, onde auenga, che vn Prisma, ò Cilindro solido di vetro, acciaio, legno, ò altra materia frangibile, che sospeso per lungo sosterrà gravissimo peso, che gli sia attaccato, mà in trauerso (come poco fà diceuamo) da minor peso assai potrà tal' volta essere spezzato, secondo che la sua lunghezza eccederà la sua grossezza. Imperò che figuriamoci il Prisma solido AB, CD *fitto in vn muro dalla parte* AB, *e nell'altra estremità s'intenda la forza del Peso* E, *(intendendo sempre il muro esser eretto all' Orizonte, & il Prisma, ò Cilindro fitto nel muro ad angoli retti) è manifesto che douendosi spezzare si romperà nel luogo* B, *doue il taglio del muro serue per sostegno, e la* BC *per la parte della Leua, doue si pone la forza, e la grossezza del solido* BA *e l'altra parte della Leua, nella quale è posta la resistenza, che consiste nello staccamento, che s' hà da fare della parte del solido* BD, *che è fuor del muro, da quella che è dentro; e per le cose dichiarate il momento della forza posta in* C *al momento della resistenza che stà nella*

Prop. I.

É curioso notar que, embora rudimentares e muitas vezes incorretas, muitas das idealizações dos filósofos gregos foram o ponto de partida para desenvolvimentos importantes que se deram no mundo islâmico, a partir do século VIII da era cristã, quando os muçulmanos conquistaram o norte da África, incluindo Alexandria, onde os tesouros culturais da civilização helênica estavam preservados na mais famosa biblioteca da Antiguidade, enquanto, na Europa, a queda de Atenas para os romanos fez-se acompanhar da perda dessa mesma cultura. A Idade Média é conhecida como a "idade das trevas" na Europa Ocidental, mas no mundo islâmico ocorria, concomitantemente, importante desenvolvimento, graças ao grande respeito que seus filósofos dedicavam à formulação de hipóteses, experimentação e interpretação, antecipando características do chamado método científico (Wikipedia, 2015a). Além das contribuições valiosas atribuídas a Avicenna (980-1037) e Al Biruni (973-1048) para a compreensão das leis que regem o movimento dos corpos (Wikipedia, 2015a; Avicena, 1027; Wikipedia, 2015b), merecem especial menção as de Barakat (1080-1165). Foi ele o primeiro a negar a hipótese de Aristóteles a respeito do movimento produzido por uma força constante, pois percebeu que ela produz aceleração, a qual descreveu como a taxa de variação da velocidade. Pode-se dizer que Barakat antecipou em cerca de seis séculos a segunda lei de Newton, conhecida como lei fundamental da dinâmica (Wikipedia, 2015a; 2015c). Alhazen (965-1040), por sua vez, antecipou a primeira lei de Newton, ou lei da inércia, ao afirmar que um corpo move-se "perpetuamente", a não ser que uma força externa o pare ou mude a direção de seu movimento (Wikipedia, 2015a; 2015d). Com a invasão dos mouros à Península Ibérica e, ironicamente, com as Cruzadas, o desenvolvimento científico do mundo islâmico chegou à Europa Ocidental. A propósito, o filósofo islâmico Avempace (1095-1138), nascido em Zaragoza, na Andaluzia, observou que há sempre uma força reativa para cada força exercida, sem, entretanto, referir-se à igualdade da intensidade delas (Wikipedia, 2015a; 2015e), como afirma a terceira lei de Newton, ou lei da ação e reação. É bastante provável que, direta ou indiretamente, o desenvolvimento científico islâmico tenha alavancado as celebradas descobertas científicas realizadas na Europa Ocidental a partir do século XVI. Copérnico (1473-1543) e Kepler (1571-1630) trataram da "mecânica celeste" (Copernicus, 1543; Kepler, 1609), enquanto Galileu (Galilei, 1638), além desta, discorreu sobre a "mecânica terrestre", em particular a dos graves em queda livre, para os quais concluiu que o deslocamento era proporcional ao quadrado do tempo, como, de fato, deve sê-lo, coerentemente com a lei fundamental da dinâmica, ainda não enunciada por Newton.

Mas, efetivamente, foi Newton (1687) – Figura 2.3 – quem, além de ter enunciado a lei da gravitação universal – segundo a qual matéria atrai matéria na razão direta do produto das massas e na razão inversa do quadrado da distância entre elas –, unificou a mecânica "celeste" e a "terrestre" com o enunciado rigoroso das suas três leis da dinâmica, da seguinte forma:

Figura 2.3
Principia, de Newton.

- *"Lex I: Corpus omne perseverare in statu suo quiescendi vel movendi uniformiter in directum, nisi quatenus a viribus impressis cogitur statum illum mutare"*, ou todo corpo permanecerá em repouso ou em movimento retilíneo uniforme, a menos que sobre ele aja uma força externa não equilibrada[1];

- *"Lex II: Mutationem motus proportionalem esse vi motrici impressæ, et fieri secundum lineam rectam qua vis illa imprimitur"*, ou a taxa de variação da quantidade de movimento de um corpo é diretamente proporcional à força resultante que age sobre ele, e segundo a direção desta;

- *"Lex III: Actioni contrariam semper et æqualem esse reactionem: sive corporum duorum actiones in se mutuo semper esse æquales et in partes contrarias dirigi"*, ou a toda ação corresponde uma reação igual e dirigida no sentido contrário.

Mais do que estabelecer as bases sólidas da mecânica clássica, enunciando suas três leis, Newton ainda desenvolveu as ferramentas matemáticas necessárias para a adequada formulação das equações de movimento, bem como de sua solução, ao criar o cálculo diferencial (ou cálculo das "fluxões") e o cálculo integral.

Entretanto, hoje se reconhece com maior justiça o papel que Leibniz (1646-1716), contemporâneo de Newton, desempenhou no desenvolvimento independente tanto do cálculo diferencial quanto da mecânica clássica (Leibniz, 1695). Em relação ao cálculo diferencial, vale dizer que a notação e o procedimento que hoje se usam seguem o formato proposto por Leibniz, não por Newton. Quanto à mecânica analítica, proposta por Leibniz – recorrendo a grandezas escalares tais como a "*vis viva*" ou "força viva" (dobro da energia cinética), energia potencial e trabalho –, usualmente é alternativa mais interessante do que a mecânica vetorial, proposta por Newton, para a formulação das equações de movimento.

Após o falecimento de Leibniz, D'Alembert (1717-1783) formulou o princípio que leva seu nome, segundo o qual as equações de movimento de pontos materiais podem ser interpretadas como se fossem equações de "equilíbrio es-

---

[1] Rigorosamente, a primeira lei vale para referenciais ditos "inerciais". Postula a existência de um referencial privilegiado, dito inercial, para o qual um ponto material submetido a uma força resultante nula está em repouso ou apresenta movimento retilíneo uniforme. Também se pode afirmar que qualquer outro referencial animado de movimento retilíneo uniforme em relação ao referencial inercial também é inercial.

tático", se escritas para observadores com movimento solidário a cada pont material (D'Alembert, 1743). A interpretação desse resultado sob a perspectiv da mecânica analítica permitiu generalizá-lo considerando trabalhos virtuais. A obra-prima de Lagrange (1736-1813), *Mécanique Analytique* (Lagrange, 1788 89), que ele concebeu precocemente aos 19 anos, mas só publicou aos 52 ano de idade, está magistralmente sintetizada nas assim denominadas equações d Euler-Lagrange, que decorrem da aplicação de princípio variacional ao estud do movimento de uma classe bastante geral de sistemas, conhecidos como "sis temas holônomos".

A análise dinâmica das estruturas, como tal, demorou para ser incorporada cultura da engenharia civil, habituada a tratar seus problemas de forma quas estática, situação à que já se referiu anteriormente. Pode-se dizer que o célebr colapso da ponte pênsil de Tacoma Narrows, em 1940, representa um marc histórico para a dinâmica das estruturas (Figura 2.4). Projetada para suporta esforços quase estáticos na direção do vento ao longo do canal ("arrasto"), par velocidades de vento muito superiores aos 65 km/h que a derrubaram, foi vítim de instabilidade aerodinâmica causada pelos desequilíbrios de pressão nas face

Figura 2.4
Colapso da Ponte de Tacoma Narrows.

inferior e superior do tabuleiro, decorrentes do desprendimento de vórtices, sendo excitado um modo de torção de forma ressonante (*flutter* unimodal de torção).

Tal fenômeno, que não fazia parte das cogitações de projetistas de engenharia civil, já era obviamente objeto de estudo para engenheiros aeronáuticos no projeto de aviões. Especialistas em dinâmica das estruturas mecânicas e aeronáuticas foram consultados para diagnosticar as causas do colapso da ponte (Bisplinghoff, 1955). Talvez se possa afirmar que a causa remota do acidente tenha sido a cultura quase estática que havia e ainda há, em parte, na engenharia civil. Tanto é assim que ainda hoje não é incomum executar-se de forma heurística o projeto de fundações de máquinas, apenas para dar um exemplo, com base em célebres manuais. Felizmente, com iniciativas de inclusão de conteúdos de análise dinâmica das estruturas nos cursos de graduação e pós-graduação em engenharia civil (Clough e Penzien, 1975; Chopra, 2007), a modificação de mentalidade está se processando lenta mas irreversivelmente, com a chegada ao mercado de trabalho das novas gerações de engenheiros. A formação em dinâmica das estruturas se mostra cada vez mais necessária, portanto, para responder aos desafios sempre maiores nos projetos de estruturas cada vez mais esbeltas e com maior capacidade portante.

Uma última observação se faz necessária antes que se inicie a apresentação das formulações e métodos de análise típicos da dinâmica das estruturas. Como texto introdutório, intencionalmente serão excluídos tópicos como a aleatoriedade das ações dinâmicas, como é típico das ações ambientais (vento, ondas, correntes marítimas, terremotos etc.), bem como o comportamento física e geometricamente não linear de sistemas estruturais.

3 FORMULAÇÕES DA EQUAÇÃO DE MOVIMENTO DE UM SISTEMA COM UM GRAU DE LIBERDADE

Na modelagem de estruturas, algumas vezes são utilizados sistemas com um único grau de liberdade ou, equivalentemente, sistemas com uma única coordenada generalizada. A conceituação mais precisa de graus de liberdade e coordenadas generalizadas será discutida na seção 10.1. Por ora, é suficiente afirmar que, uma vez conhecida a resposta no tempo para a única coordenada generalizada do sistema de um grau de liberdade, todo o campo de deslocamentos ficará determinado e, a partir dele, poderão ser conhecidos as deformações, as tensões e os esforços solicitantes. Evidentemente, sistemas de um grau de liberdade nem sempre permitem a adequada modelagem de uma estrutura real, sendo frequentemente necessário recorrer a sistemas com diversos graus de liberdade para a descrição qualitativa e quantitativa de seu comportamento. Ainda assim, seja pela simplicidade dos modelos de um grau de liberdade, que ensejam análises matemáticas e numéricas mais elementares, seja pela maior facilidade para interpretar fisicamente os resultados obtidos, podem ser de grande valia dentro de uma filosofia de modelagem hierárquica das estruturas. Dessa forma, modelos de maior complexidade e número crescente de graus de liberdade são utilizados na busca do modelo eficaz, que é aquele que é confiável e tem a hierarquia mínima. Neste texto, principia-se pelos modelos de um grau de liberdade, por óbvios motivos didáticos. De qualquer forma, procurar-se-á, tanto quanto possível, associar as propriedades de estruturas típicas às dos modelos propostos, por mais simples que sejam. Com isso se pretende oferecer um texto que não se confunda com outros frequentemente encontrados sobre mecânica geral, em que são estudados os osciladores massa-mola-amortecedor sem estabelecer qualquer conexão com sistemas estruturais típicos da engenharia.

EXEMPLO 1 Fundação aporticada de máquina não balanceada

Considere-se o problema de uma fundação aporticada de uma máquina rotativa não balanceada (Figura 3.1).

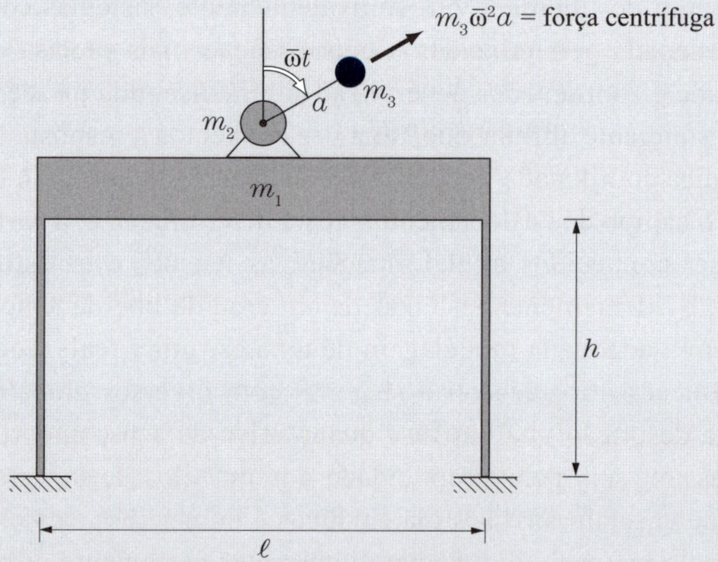

Figura 3.1
Fundação aporticada de máquina não balanceada.

Supõe-se que as colunas, de altura h, sejam flexíveis (com produto de rigidez à flexão EI), porém inextensíveis e imponderáveis. A viga de suporte para a máquina é, neste exemplo, modelada como corpo rígido, de massa m_1. A máquina, de massa total $m_2 + m_3$ e massa não balanceada m_3, tem eixo girando a uma velocidade angular $\bar{\omega}$. A excentricidade da massa m_3 em relação ao eixo da máquina é a.

Figura 3.2
Modelo com colunas flexíveis e viga rígida.

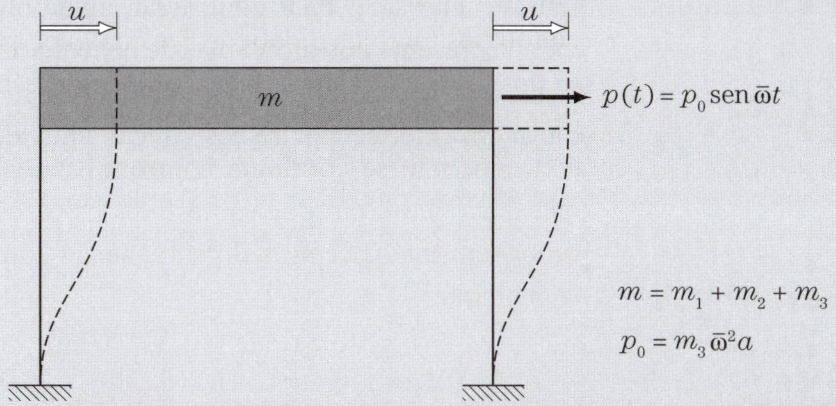

Pode-se, simplificadamente, compreender o problema da maneira representada na Figura 3.2, em que se indica por $u(t)$ o deslocamento horizontal no topo dos pilares, o qual permite caracterizar o campo de deslocamentos de todo o sistema em qualquer instante, uma vez que se conheçam as funções de interpolação de deslocamentos para os pilares, conforme se faz na teoria elementar de barras – ver Figura 11.8. Diz-se que o modelo tem, portanto, um grau de liberdade. Note-se que foi considerada apenas a componente horizontal do carregamento centrífugo $p(t) = p_0 \operatorname{sen} \bar{\omega} t$, já que o sistema é considerado praticamente indeslocável na vertical, sendo as colunas inextensíveis. Outra forma de compreender o problema, ainda mais básica, é por meio do oscilador massa-mola da Figura 3.3, em que a mola elástica, de coeficiente de rigidez $k = 2 \times 12EI/h^3 = 24EI/h^3$, simula a rigidez da estrutura.

De fato, $12EI/h^3$ corresponde à força cortante no topo de cada um dos pilares do pórtico quando naquela seção ocorre um deslocamento transversal unitário, sendo as rotações impedidas, como se sabe do estudo das vigas simples hiperestáticas. Portanto, a força total a ser aplicada à massa para deslocá-la de $u = 1$ – numericamente igual à rigidez k – deve ser igual ao dobro dessa força cortante. A força elástica que a mola aplica sobre a massa, quando esta é deslocada de u, vale ku.

Figura 3.3
Oscilador massa-mola.

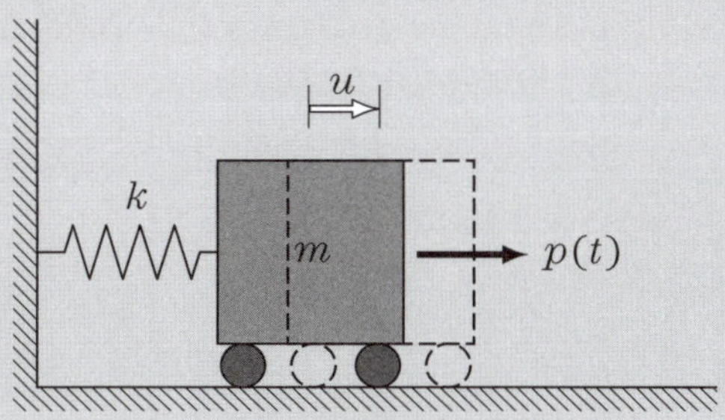

■

Aborda-se, agora, a obtenção da equação de movimento para o oscilador de um grau de liberdade. Para considerar, ainda que grosseiramente, a dissipação de energia presente nos problemas de engenharia de estruturas (atrito com o ar, atrito nas conexões, dissipação interna por efeitos inelásticos), admite-se a existência de um amortecedor viscoso linear equivalente, conforme a Figura 3.4 indica.

Figura 3.4
Oscilador massa-mola-amortecedor.

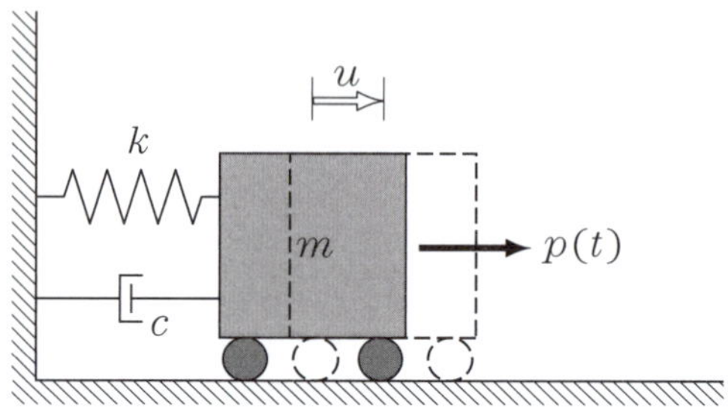

A força que deve ser aplicada ao êmbolo do amortecedor viscoso linear, para produzir uma velocidade $\dot{u}$, é proporcional a essa velocidade, sendo a constante de proporcionalidade c denominada coeficiente de amortecimento viscoso linear. Neste texto, a notação $(\dot{\ })=d(\ )/dt$ é usada para designar derivada em relação ao tempo. Nessas condições, pela segunda lei de Newton (lei fundamental da dinâmica), pode-se estabelecer que a aceleração imposta ao movimento, com respeito a um observador inercial[1], deva ser igual ao quociente entre a força resultante e a massa do sistema. A Figura 3.5 representa as forças sobre a massa isolada.

Figura 3.5
Forças aplicadas sobre a massa isolada.

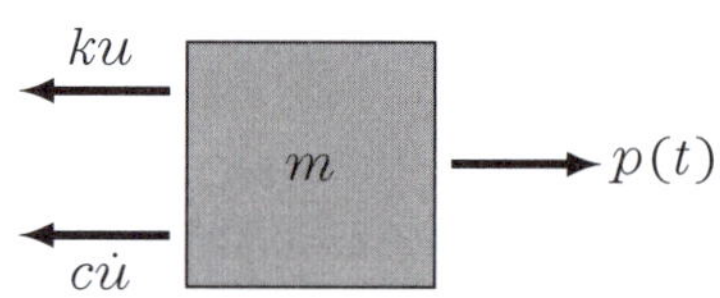

Portanto:

$$\ddot{u}=\frac{p(t)-ku-c\dot{u}}{m},$$

ou

$$m\ddot{u}+c\dot{u}+ku=p(t), \tag{3.1}$$

[1] Pessoa fixa a um referencial espacial inercial, dotada de um cronômetro (referencial temporal), que testemunha os fenômenos físicos.

que é a equação diferencial de segunda ordem, linear, a coeficientes constantes, que caracteriza o movimento do sistema, por isso mesmo denominada equação de movimento.

Idêntico resultado seria alcançado caso se utilizasse o princípio de D'Alembert para estabelecer o equilíbrio dinâmico para cada instante t. Para que isso ocorra, é necessário que, além das forças indicadas na Figura 3.5, atue também sobre a massa uma força denominada força aparente de inércia, ou simplesmente força de inércia, valendo $-m\ddot{u}$. Isto é, vale a situação representada na Figura 3.6, em que se indica equilíbrio em relação ao observador não inercial, solidário à massa em movimento.

Figura 3.6
Equilíbrio dinâmico.

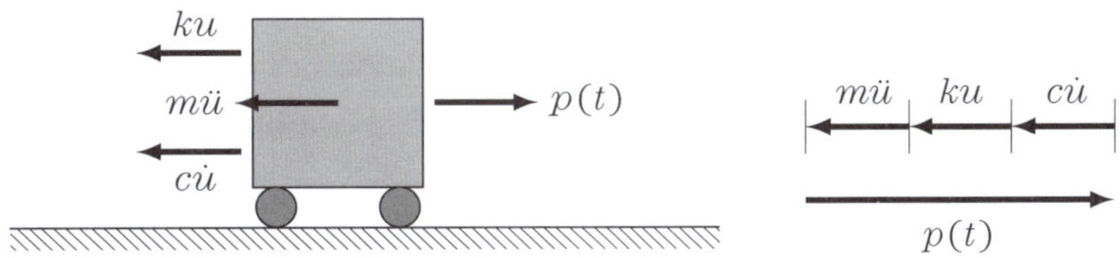

Em qualquer instante deve-se, pois, verificar:

$$p(t) - ku - c\dot{u} - m\ddot{u} = 0, \tag{3.2}$$

chegando-se a um resultado coerente com a equação (3.1). A equação (3.2) pode ser reescrita na forma:

$$ku = p(t) - c\dot{u} - m\ddot{u}, \tag{3.3}$$

A equação (3.3) enseja que o problema do equilíbrio dinâmico seja entendido como o de determinar a solução do equilíbrio "estático" $ku = R$, em cada instante, para um carregamento equivalente $R = p(t) - c\dot{u} - m\ddot{u}$. Com exceção da força dissipativa, introduzida de forma um tanto quanto arbitrária, tudo se passa como se, além da força externa ativa, devesse ser considerada no cômputo do carregamento equivalente R uma força de massa (ou volume) valendo $-m\ddot{u}$, que é exatamente a força de inércia. Este conceito será útil para a derivação das equações do movimento de sistemas discretizados pelo método dos elementos finitos, como se verá na sequência. É oportuno mencionar que, no que se segue, por vezes também se referirá a $m\ddot{u}$ como "força de inércia", num abuso de nomenclatura.

São características típicas do problema dinâmico estrutural em sistemas lineares de um grau de liberdade:

- presença de força de inércia $m\ddot{u}$, $m > 0$;
- presença de força elástica ku, $k > 0$;
- eventual presença de força de amortecimento estrutural $c\dot{u}$, $c \geq 0$;
- eventual presença de carregamento variável no tempo $p(t)$.

Para se obter a resposta dinâmica $u(t)$ do sistema, é necessário integrar a equação diferencial de segunda ordem (3.1) e aplicar as condições iniciais, supostas conhecidas $u(0) = u_0$ e $\dot{u}(0) = \dot{u}_0$. Uma vez disponível essa resposta, poderão ser determinados os campos de deformação, tensão, esforços solicitantes etc., em qualquer instante e em qualquer parte da estrutura, sendo possível, em tese, estabelecer seus valores extremos, os quais devem ser devidamente considerados no projeto estrutural.

Denomina-se problema de vibrações livres aquele em que $p(t) = 0$, mas em que o movimento é motivado por condições cinemáticas iniciais não simultaneamente nulas ($u_0 \neq 0$ ou $\dot{u}_0 \neq 0$). Nessas condições, recai-se em:

- $m\ddot{u} + ku = 0$ para o caso sem amortecimento ($c = 0$);
- $m\ddot{u} + c\dot{u} + ku = 0$ para o caso com amortecimento ($c \neq 0$).

Quando $p(t) \neq 0$, fala-se em problema de vibrações forçadas:

- $m\ddot{u} + ku = p(t)$ para o caso sem amortecimento ($c = 0$);
- $m\ddot{u} + c\dot{u} + ku = p(t)$ para o caso com amortecimento ($c \neq 0$).

4 VIBRAÇÕES LIVRES EM SISTEMAS DE UM GRAU DE LIBERDADE

Estudam-se, neste capítulo, as vibrações livres de sistemas de um grau de liberdade. Tais vibrações ocorrem quando se perturba a configuração de equilíbrio do sistema, seja pela imposição de deslocamentos ou velocidades iniciais não simultaneamente nulos. Além de situações clássicas em que o estudo das vibrações livres se aplica, inclusive em presença de choque mecânico, como se verá, ressalta-se que permite o conhecimento das propriedades vibratórias intrínsecas do sistema, tais como sua frequência natural e sua taxa de amortecimento.

4.1 Vibrações livres não amortecidas

Considere-se, inicialmente, o sistema não amortecido. A equação do movimento, nesse caso, reduz-se a

$$m\ddot{u} + ku = 0, \tag{4.1}$$

com condições iniciais não simultaneamente nulas $u(0) = u_0$ e $\dot{u}(0) = \dot{u}_0$. A equação (4.1) pode ser reescrita como

$$\ddot{u} + \omega^2 u = 0, \tag{4.2}$$

onde

$$\omega = \sqrt{\frac{k}{m}} \tag{4.3}$$

é a frequência natural circular do sistema não amortecido, expressa em radianos por segundo. Denomina-se frequência cíclica, indicada por f, o valor da frequência natural expresso em Hertz (s^{-1}):

$$f = \frac{\omega}{2\pi}. \tag{4.4}$$

A solução geral de (4.2) é harmônica de período

$$T = \frac{2\pi}{\omega} = \frac{1}{f}, \tag{4.5}$$

e pode ser escrita na forma

$$u(t) = \rho\cos(\omega t - \theta), \tag{4.6}$$

sendo a amplitude ρ e o ângulo θ constantes que dependem das condições iniciais u_0 e $\dot{u}_0$.

De fato,

$$u(0) = u_0 = \rho\cos\theta \tag{4.7}$$

$$\dot{u}(0) = \dot{u}_0 = \omega\rho\operatorname{sen}\theta, \tag{4.8}$$

de onde se obtêm:

$$\rho = \sqrt{(u_0)^2 + \left(\frac{\dot{u}_0}{\omega}\right)^2}; \tag{4.9}$$

$$\theta = \arctan\left(\frac{\dot{u}_0}{\omega u_0}\right), \qquad -\frac{\pi}{2} \leq \theta \leq \frac{\pi}{2}. \tag{4.10}$$

A representação gráfica da resposta $u(t)$ é feita na Figura 4.1.

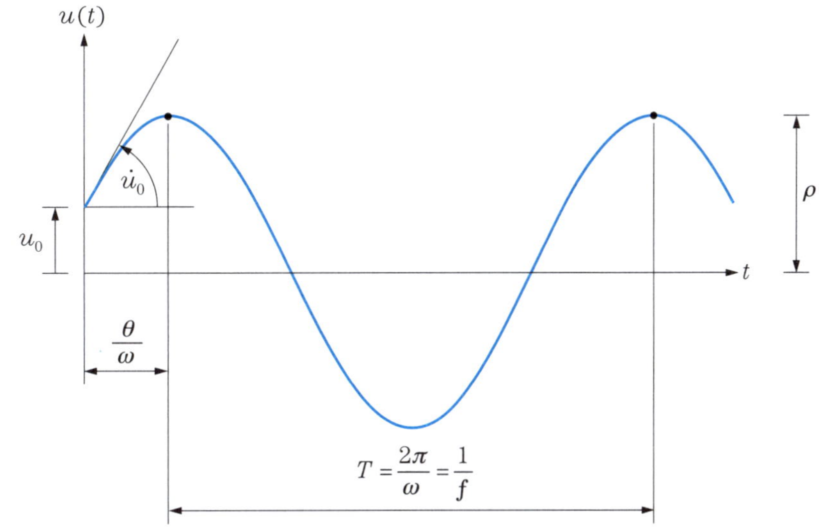

Figura 4.1
Representação gráfica da resposta em vibração livre não amortecida.

4.2 Vibrações livres amortecidas

Considere-se, agora, o caso amortecido:

$$m\ddot{u} + c\dot{u} + ku = 0, \tag{4.11}$$

ou, dividindo-se ambos os membros por m,

$$\ddot{u} + 2\xi\omega\dot{u} + \omega^2 u = 0, \tag{4.12}$$

em que se introduziu a taxa de amortecimento

$$\xi = \frac{c}{2m\omega}. \tag{4.13}$$

A resposta $u(t)$ depende, agora, qualitativa e quantitativamente do valor da taxa de amortecimento ξ, conforme se indica a seguir.

4.2.1 Amortecimento subcrítico

Para valores de ξ entre 0 e 1 (c entre 0 e $2m\omega$), fala-se em caso de amortecimento subcrítico, e a resposta é

$$u(t) = e^{-\xi\omega t}\,\rho\cos(\omega_D t - \theta), \tag{4.14}$$

com

$$\rho = \sqrt{(u_0)^2 + \left(\frac{\dot{u}_0 + \xi\omega u_0}{\omega_D}\right)^2}, \tag{4.15}$$

$$\omega_D = \omega\sqrt{1-\xi^2}, \tag{4.16}$$

$$\theta = \arctan\left(\frac{\dot{u}_0 + \xi\omega u_0}{\omega_D u_0}\right), \qquad -\frac{\pi}{2} \le \theta \le \frac{\pi}{2}. \tag{4.17}$$

A demonstração de (4.15) e (4.17) requer apenas a imposição das condições iniciais:

$$u_0 = u(0) = \rho\cos\theta \tag{4.18}$$

$$\dot{u}_0 = \dot{u}(0) = -\xi\omega\rho\cos\theta + \omega_D\rho\,\text{sen}\theta. \tag{4.19}$$

Substituindo (4.18) em (4.19), vem

$$\dot{u}_0 = -\xi\omega u_0 + \omega_D\rho\,\text{sen}\theta \;\Rightarrow\; \rho\,\text{sen}\theta = \frac{\dot{u}_0 + \xi\omega u_0}{\omega_D}, \tag{4.20}$$

e de (4.18) e (4.20) resultam, imediatamente, (4.15) e (4.17). Já para justificar (4.16), é necessário substituir (4.14) em (4.12) e impor a validade desta última para um instante t qualquer. Cabe observar que a expressão (4.16) define a frequência natural amortecida. A Figura 4.2 mostra a dependência de ω_D em relação à taxa de amortecimento ξ, notando-se que, para $\xi \ll 1$ (como é usual em estruturas da engenharia civil), $\omega_D \cong \omega$.

Figura 4.2
Relação entre frequência natural amortecida e taxa de amortecimento.

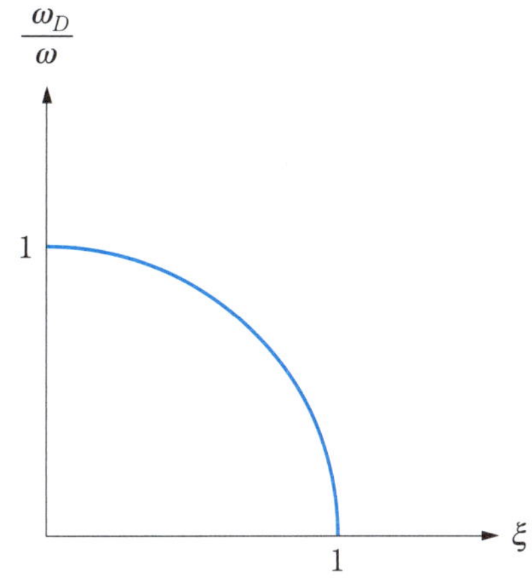

A resposta $u(t)$ dada por (4.14) é oscilatória, com amplitude exponencialmente decrescente, conforme mostra a Figura 4.3.

Figura 4.3
Representação gráfica da resposta em vibração livre com amortecimento subcrítico.

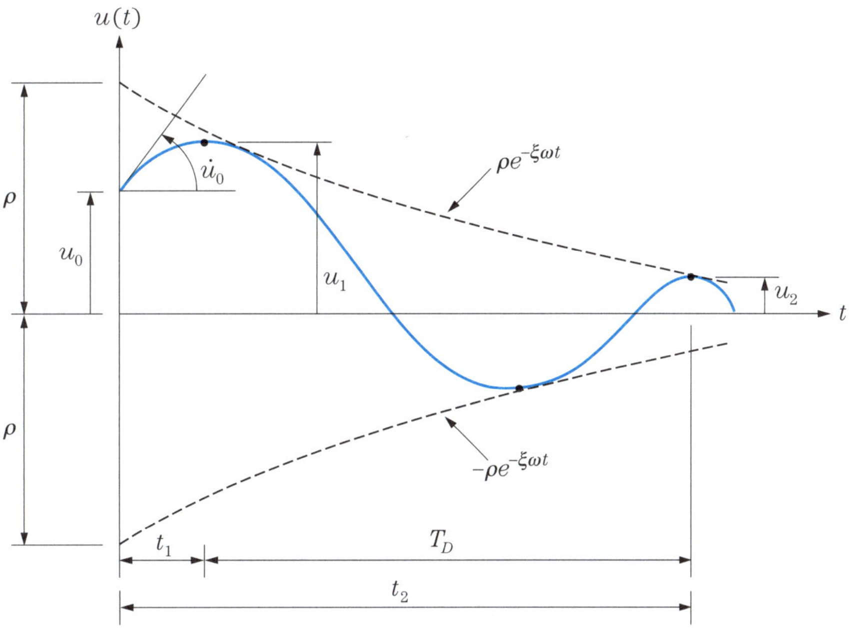

Para o caso representado, com $u_0 > 0$ e $\dot{u}_0 > 0$, o primeiro máximo $u_1 = \rho e^{-\xi\omega t_1}\cos\alpha$ ocorre no instante $t_1 = \dfrac{\theta - \alpha}{\omega_D}$, sendo $\alpha = \arctan\left(\dfrac{\xi}{\sqrt{1-\xi^2}}\right)$. De fato,impondo-se a condição de extremo $\dot{u} = 0$ para determinar t_1, tem-se:

$$\dot{u} = e^{-\xi\omega t_1}\,\rho[-\xi\omega\cos(\omega_D t_1 - \theta) - \omega_D \mathrm{sen}(\omega_D t_1 - \theta)] = 0, \tag{4.21}$$

de onde

$$\tan(\omega_D t_1 - \theta) = -\frac{\xi\omega}{\omega_D} = -\frac{\xi}{\sqrt{1-\xi^2}}. \tag{4.22}$$

Definindo

$$\alpha = \arctan\left(\frac{\xi}{\sqrt{1-\xi^2}}\right), \tag{4.23}$$

vem

$$\tan(\omega_D t_1 - \theta) = -\tan(\alpha) = \tan(-\alpha), \tag{4.24}$$

e, portanto,

$$\omega_D t_1 - \theta = -\alpha, \qquad \text{ou} \qquad t_1 = \frac{\theta - \alpha}{\omega_D}. \tag{4.25}$$

O segundo máximo $u_2 = \rho e^{-\xi\omega t_2} \cos\alpha$ ocorre no instante $t_2 = t_1 + T_D$, com $T_D = \frac{2\pi}{\omega_D}$ representando o período da vibração amortecida. É simples verificar que a relação entre dois máximos consecutivos, como u_1 e u_2, vale:

$$\frac{u_1}{u_2} = e^{\xi\omega T_D} = e^{2\pi\xi\left(\frac{\omega}{\omega_D}\right)} = e^{\frac{2\pi\xi}{\sqrt{1-\xi^2}}} \cong e^{2\pi\xi}. \tag{4.26}$$

A aproximação indicada em (4.26) vale para taxas de amortecimento pequenas, como ocorre frequentemente em estruturas típicas da engenharia civil.

A taxa de amortecimento pode ser estimada experimentalmente, usando (4.26), desde que se instrumente o sistema estrutural e se determinem dois máximos consecutivos (por exemplo, u_1 e u_2). De fato, de (4.26) vem

$$\xi = \frac{\delta}{2\pi}, \tag{4.27}$$

sendo

$$\delta = \ln\frac{u_1}{u_2}. \tag{4.28}$$

Note-se que, quando $\xi = 0{,}10$, a cada período a amplitude do movimento cai aproximadamente à metade. Para $\xi = 0{,}05$, são necessários dois períodos para a amplitude cair aproximadamente à metade. Portanto, mesmo para $\xi \ll 1$, após poucos ciclos a resposta $u(t)$ terá decaído para valores pouco relevantes.

EXEMPLO 2

Identificação dos parâmetros para análise dinâmica de um sistema de um grau de liberdade

Um pórtico com viga de grande rigidez foi modelado, simplificadamente, como um sistema de um grau de liberdade, conforme se indica na Figura 4.4.

Figura 4.4
Pórtico com viga rígida modelado com um grau de liberdade.

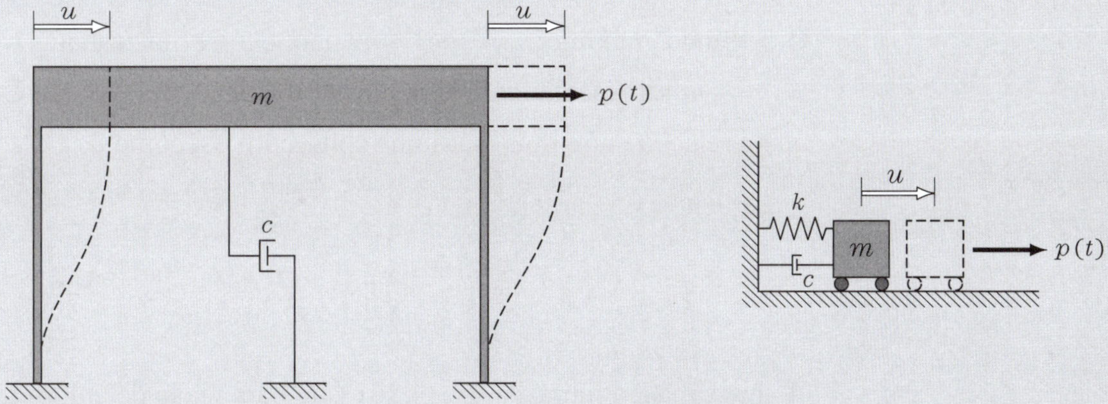

A fim de determinar experimentalmente as suas propriedades (massa m, rigidez k e amortecimento c), procedeu-se inicialmente a um ensaio estático, aplicando-se a força $p(t) = P = 772$ N e determinando-se o deslocamento $u_0 = 0{,}20$ m. A seguir, o carregamento foi subitamente retirado e a estrutura pôs-se a vibrar, partindo com velocidade nula $\dot{u}_0 = 0$. Após 1,4 s, observou-se a ocorrência do subsequente valor máximo de deslocamento, que desta feita foi igual a $u_1 = 0{,}16$ m. Deseja-se, inicialmente, calcular a frequência natural e a taxa de amortecimento (problema de identificação de parâmetros) e, adicionalmente, determinar o deslocamento máximo após cinco ciclos.

A rigidez equivalente pode ser calculada imediatamente:

$$k = \frac{P}{u_0} = \frac{722}{0,20} = 3860 \text{ N/m}. \tag{4.29}$$

Por outro lado, sabe-se de (4.27) e (4.28) que

$$\xi = \frac{1}{2\pi} \ln \frac{u_0}{u_1} = \frac{1}{2\pi} \ln \frac{0,20}{0,16} = 0,0355. \tag{4.30}$$

A massa pode ser determinada a partir do período amortecido T_D, que, evidentemente, vale 1,4 s:

$$\omega_D = \frac{2\pi}{T_D} = \omega\sqrt{(1-\xi^2)} = \sqrt{\frac{k}{m}(1-\xi^2)}, \tag{4.31}$$

ou seja,

$$m = \left(\frac{T_D}{2\pi}\right)^2 k\,(1-\xi^2) = \left(\frac{1,4}{2\pi}\right)^2 3860\,(1-0,0355^2) = 191,4 \text{ kg}. \tag{4.32}$$

A frequência não amortecida é

$$\omega = \sqrt{\frac{k}{m}} = \sqrt{\frac{3860}{191,4}} = 4,491 \text{ rad/s}. \tag{4.33}$$

A constante c do amortecimento pode agora ser calculada:

$$c = 2\xi m\omega = 2 \times 0,0355 \times 191,4 \times 4,491 = 61 \text{ Ns/m}, \tag{4.34}$$

Seja, finalmente, a estimativa do valor máximo do deslocamento u_5, após cinco ciclos completos. Sabe-se que

$$\frac{u_0}{u_1} = e^{2\pi\xi} \quad ; \quad \frac{u_1}{u_2} = e^{2\pi\xi} \quad ; \ldots ; \quad \frac{u_4}{u_5} = e^{2\pi\xi}, \tag{4.35}$$

logo,

$$\left(\frac{u_0}{u_1}\right)\left(\frac{u_1}{u_2}\right)\left(\frac{u_2}{u_3}\right)\left(\frac{u_3}{u_4}\right)\left(\frac{u_4}{u_5}\right) = \frac{u_0}{u_5} = \left(e^{2\pi\xi}\right)^5 = e^{10\pi\xi}, \tag{4.36}$$

e, então,

$$u_5 = \frac{u_0}{e^{10\pi\xi}} = \frac{0,20}{e^{10\pi(0,0355)}} = 0,066 \text{ m}. \tag{4.37}$$

■

4.2.2 Amortecimento crítico

Para $\xi = 1$, fala-se em caso de amortecimento crítico, e a solução de (4.12), já impostas as condições iniciais, é:

$$u(t) = e^{-\omega t}\left[u_0 + (\dot{u}_0 + \omega u_0)t\right]. \tag{4.38}$$

A Figura 4.5 mostra o aspecto da resposta, que decai sem oscilação. Trata-se de situação pouco usual em estruturas da engenharia civil.

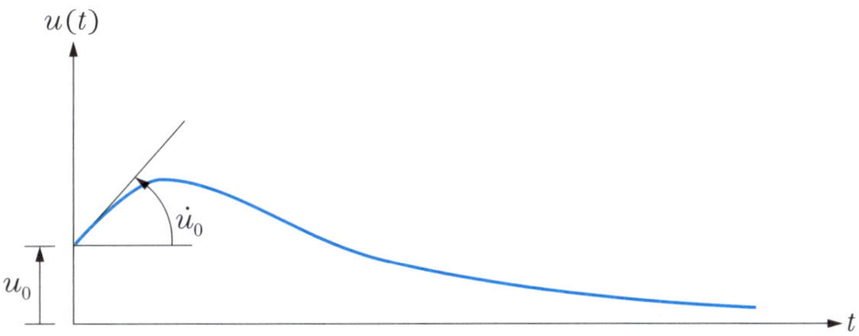

Figura 4.5
Representação gráfica da resposta em vibração livre com amortecimento crítico.

4.2.3 Amortecimento supercrítico

Para $\xi > 1$, fala-se em caso de amortecimento supercrítico, e a solução de (4.12), já impostas as condições iniciais, é:

$$u(t) = e^{-\xi\omega t}\left[u_0 \cosh(\hat{\omega}t) + \left(\frac{\dot{u}_0 + \xi\omega u_0}{\hat{\omega}}\right)\operatorname{senh}(\hat{\omega}t)\right], \tag{4.39}$$

com

$$\hat{\omega} = \omega\sqrt{\xi^2 - 1}. \tag{4.40}$$

O decaimento da resposta também ocorre sem oscilação, de forma semelhante à indicada na Figura 4.5. O caso supercrítico também não é usual em estruturas da engenharia civil. Para as mesmas condições iniciais, o máximo deslocamento atingido será maior no caso de amortecimento crítico do que no supercrítico, embora o seu decaimento seja um pouco mais rápido naquele caso do que neste.

5 CHOQUE MECÂNICO PERFEITAMENTE INELÁSTICO

Como um tópico de aplicação do capítulo anterior, são estudados os choques mecânicos causados por corpos móveis incidindo sobre uma estrutura. No choque perfeitamente inelástico, admite-se que, após a colisão, as massas permaneçam em movimento solidário, com dissipação da energia cinética, mas conservação da quantidade do movimento. Assim, o choque – de duração curtíssima – pode ter seus efeitos simplificadamente estudados como em uma vibração livre em torno da configuração de equilíbrio da situação posterior ao choque, decorrente da aplicação de uma velocidade inicial ou da correspondente energia cinética ao sistema estrutural em repouso.

Para efeito de determinação da máxima resposta, a hipótese de sistema não amortecido é conservadora, isto é, a favor da segurança. De fato, se o amortecimento for considerado, chegar-se-á a um valor menor para a resposta máxima, com fator multiplicador igual a $e^{-\xi\omega t_m}$, sendo t_m o instante de ocorrência do máximo.

EXEMPLO 3 Choque horizontal e associação de molas em série

Uma massa m = 1000 kg em movimento com velocidade v = 0,1 m/s choca-se de maneira perfeitamente inelástica contra uma massa de 2000 kg em repouso e apoiada em uma treliça, conforme representado na Figura 5.1a. Deseja-se calcular as forças normais extremas nas barras da treliça, desprezando o amortecimento. São dados: $\ell = 2$ m, $E = 6 \times 10^{10}$ Nm^{-2}, $A = 4 \times 10^{-4}$ m^2. A Figura 5.1b representa o oscilador de um grau de liberdade usado para modelar a resposta, após a colisão.

Figura 5.1
Exemplo de choque horizontal.

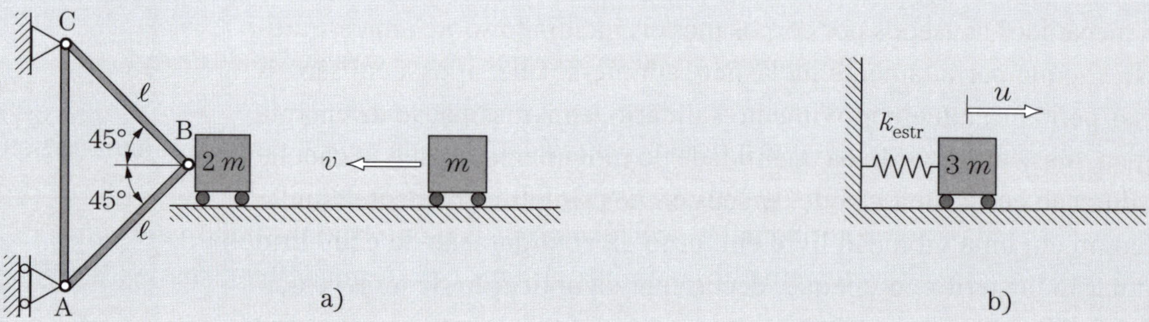

O modelo da Figura 5.1b é regido pela equação diferencial de movimento

$$\ddot{u} + \omega^2 u = 0, \tag{5.1}$$

com

$$\omega = \sqrt{\frac{k_{\text{estr}}}{3m}} \tag{5.2}$$

e condições iniciais $u_0 = 0$ e $\dot{u}_0$, sendo essa última determinada a partir da hipótese de conservação da quantidade de movimento:

$$3m\dot{u}_0 = -mv, \tag{5.3}$$

de onde

$$\dot{u}_0 = -\frac{v}{3}. \tag{5.4}$$

Note-se que a energia cinética anterior ao choque ($\mathcal{T}_a$), que vale

$$\mathcal{T}_a = \frac{1}{2} m v^2, \tag{5.5}$$

passa a ser, depois do choque ($\mathcal{T}_d$),

$$\mathcal{T}_d = \frac{1}{2}(3m)\left(\frac{v}{3}\right)^2 = \frac{1}{6} m v^2 < \mathcal{T}_a, \tag{5.6}$$

ou seja, no choque inelástico houve dissipação de energia.

Quanto à rigidez equivalente k_{estr} da treliça, pode-se calculá-la pelo quociente entre uma força horizontal F aplicada em B e o correspondente deslocamento horizontal u, calculado em B, conforme ilustrado na Figura 5.2. Usando o teorema dos esforços virtuais ou o segundo teorema de Castigliano, pode-se escrever:

$$u = \int_{\text{estr}} \frac{N\bar{N}}{EA} dx = \sum_i \frac{N_i \bar{N}_i \ell_i}{EA}, \tag{5.7}$$

onde N_i e $\bar{N}_i$ são as forças normais nas barras da treliça, quando se aplicam os carregamentos F e $F = 1$, respectivamente.

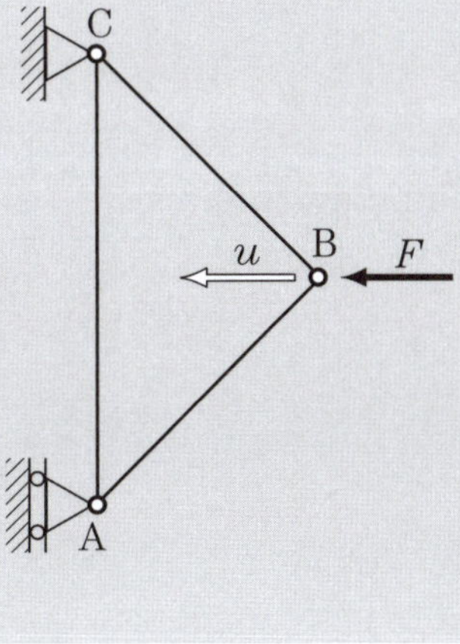

Figura 5.2
Carregamento e deslocamento associados à determinação de k_{estr}.

Os cálculos estão resumidos na Tabela 5.1.

Tabela 5.1 – Planilha para a determinação de k_{estr}

Barra	N_i	$\bar{N}_i$	$\dfrac{N_i \bar{N}_i \ell_i}{EA}$
AB	$-\dfrac{\sqrt{2}}{2}F$	$-\dfrac{\sqrt{2}}{2}$	$\dfrac{1}{2}\dfrac{F\ell}{EA}$
BC	$-\dfrac{\sqrt{2}}{2}F$	$-\dfrac{\sqrt{2}}{2}$	$\dfrac{1}{2}\dfrac{F\ell}{EA}$
AC	$\dfrac{1}{2}F$	$\dfrac{1}{2}$	$\dfrac{\sqrt{2}}{4}\dfrac{F\ell}{EA}$

Portanto:

$$u = \left(\frac{4+\sqrt{2}}{4}\right)\frac{F\ell}{EA}, \tag{5.8}$$

ou

$$k_{\text{estr}} = \frac{F}{u} = \frac{EA}{\ell}\left(\frac{4}{4+\sqrt{2}}\right) = 8,866\times 10^6 \text{ N/m}. \tag{5.9}$$

Logo, a frequência natural do sistema após o choque é:

$$\omega = \sqrt{\frac{k_{\text{estr}}}{3m}} = 54,36 \text{ rad/s} \tag{5.10}$$

A solução da equação do movimento (5.1), que despreza o amortecimento, é:

$$u(t) = \rho\cos(\omega t - \theta), \tag{5.11}$$

com

$$\rho = \sqrt{(u_0)^2 + \left(\frac{\dot{u}_0}{\omega}\right)^2} = \frac{|\dot{u}_0|}{\omega} = \frac{v}{3\omega} = 0{,}000613\,\text{m}, \tag{5.12}$$

$$\theta = \arctan\left(\frac{\dot{u}_0}{\omega u_0}\right) = -\frac{\pi}{2}, \tag{5.13}$$

isto é,

$$u(t) = -0{,}000613\ \text{sen}(54{,}36t). \tag{5.14}$$

As máximas forças normais na treliça, em valor absoluto, ocorrerão no instante $t_m = \dfrac{\pi}{2\omega} = 0{,}0289$ s, quando $(-u)$ será máximo e igual a $\rho = 0{,}000613$ m. Nessas condições, a força equivalente aplicada à treliça e as forças normais valerão:

$$F_{\max} = k_{\text{estr}}\,\rho = 5436\ \text{N} \tag{5.15}$$

$$\left|N_{AB}\right|_{\max} = \left|N_{BC}\right|_{\max} = 3844\ \text{N} \qquad \text{(compressão)} \tag{5.16}$$

$$N_{AC} = 2718\ \text{N} \qquad \text{(tração)} \tag{5.17}$$

Meio período $\left(\dfrac{T}{2} = 0{,}0578\ \text{s}\right)$ após a ocorrência desses valores, atingem-se as maiores trações nas barras AB e BC e a compressão de máxima intensidade em AC.

Se o amortecimento estrutural tivesse sido considerado, haveria um decaimento nos valores absolutos desses extremos, à medida que os ciclos se sucedessem. Supondo $\xi = 0{,}05$, mas ainda fazendo $\omega_D \cong \omega$, ter-se-ia no instante $t_m = 0{,}0289$ s que considerar o coeficiente multiplicativo $e^{-\xi\omega t_m} = 0{,}9245$ na determinação das máximas compressões em AB e BC e da tração em AC, com redução de cerca de 8% em relação aos valores já determinados. Já no instante $t_m + \dfrac{T}{2} = 0{,}0867$ s, quando ocorreriam as máximas trações nas barras AB e BC e a máxima compressão em AC, o coeficiente multiplicativo seria 0,7901, com redução de 21% nas forças normais calculadas sem amortecimento. A título de exemplo, considere-se também a variação da força normal na barra AC com o tempo (vide Figura 5.3). Para o caso não amortecido, obter-se-ia:

$$N_{AC}^{0}(t) = \frac{1}{2}k_{\text{estr}}\,\rho\cos(\omega t - \theta) = 2718\ \text{sen}(54{,}36t)\ \text{N}. \tag{5.18}$$

Para o caso amortecido, com $\xi = 0{,}05$ e $\omega_D \cong \omega$, obter-se-ia:

$$N_{AC}^{\xi}(t) = \frac{1}{2}k_{\text{estr}}\,e^{-\xi\omega t}\rho\cos(\omega t - \theta) \cong 2718e^{-2{,}718t}\ \text{sen}(54{,}36t)\ \text{N}. \tag{5.19}$$

Figura 5.3
Força normal na barra AC: sem e com amortecimento.

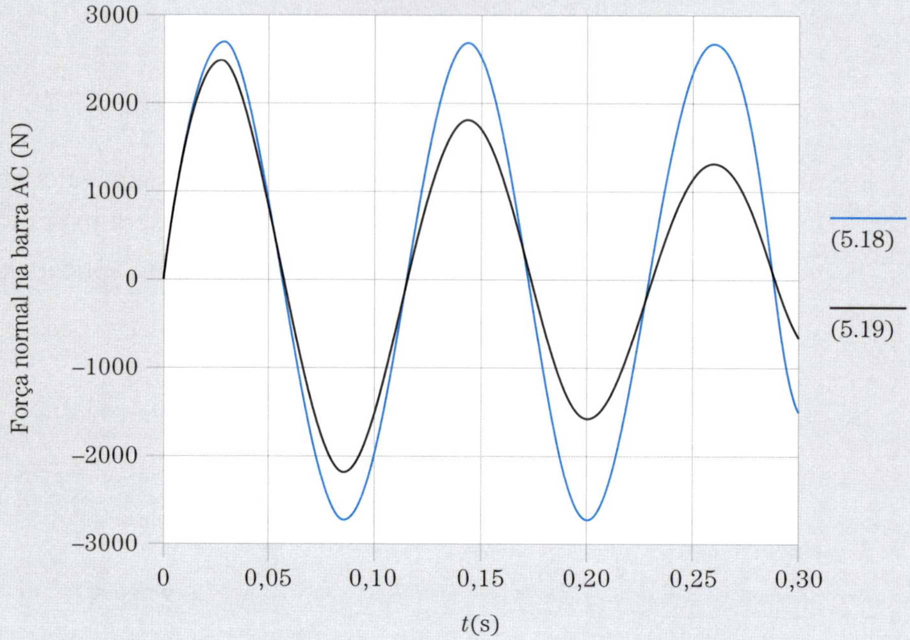

Suponha-se, agora, que no problema sem amortecimento se acrescente uma mola de rigidez k_m em série com a treliça, conforme indicam as Figuras 5.4a e 5.4b, mantendo-se as demais características.

Figura 5.4
Associação em série para exemplo de choque horizontal.

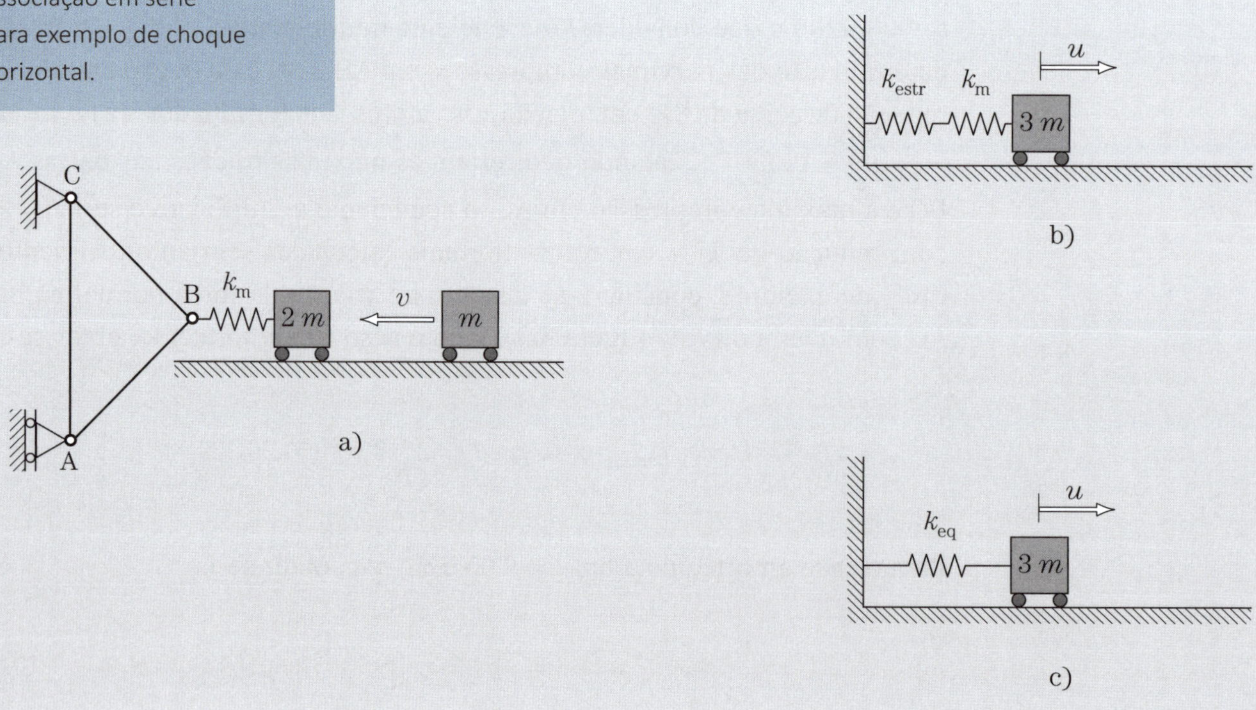

A determinação do novo coeficiente de rigidez k_{eq}, conforme a Figura 5.4c, pode ser feita da mesma forma que antes, isto é, usando o teorema dos esforços virtuais ou o segundo teorema de Castigliano. Bastaria aplicar uma força F ao sistema com a associação em série. Entretanto, na sequência, será adotada uma abordagem alternativa, que se beneficia do resultado anterior.

De fato, é possível definir uma mola de rigidez equivalente k_{eq}, conforme a Figura 5.4c, de sorte que a associação em série (5.4b) apresente o mesmo deslocamento u, para a mesma força aplicada F. Assim, considerando que para as molas associadas em série a força é igual a F em cada uma delas, mas o deslocamento total u é a soma de suas deformações, vem:

$$u = \frac{F}{k_{eq}} = \frac{F}{k_{estr}} + \frac{F}{k_m}, \tag{5.20}$$

de onde

$$k_{eq} = \frac{k_{estr}\, k_m}{k_{estr} + k_m}. \tag{5.21}$$

É simples constatar que a rigidez equivalente k_{eq} resulta menor que o menor valor entre os coeficientes de rigidez associados em série k_{estr} e k_m.

Seja, então, o problema de determinar k_m de sorte que as máximas forças normais, em valor absoluto, caiam à metade. Isso significa reduzir à metade o deslocamento máximo do ponto B da treliça, em valor absoluto. Nessas condições, a força máxima na associação em série será $F_{max} = k_{eq}\rho'$, sendo ρ' a máxima deformação da mola equivalente, e o deslocamento máximo do ponto B da treliça será:

$$\rho'_{estr} = \frac{F_{max}}{k_{estr}} = \left(\frac{k_{eq}}{k_{estr}}\right)\rho' \tag{5.22}$$

Finalmente, impõe-se a condição de projeto:

$$\rho'_{estr} = \left(\frac{k_{eq}}{k_{estr}}\right)\rho' = \frac{1}{2}\rho \tag{5.23}$$

Nas novas condições, a frequência natural passará a ser:

$$\omega' = \sqrt{\frac{k_{eq}}{3m}} \tag{5.24}$$

de onde

$$\rho'_{estr} = \left(\frac{k_{eq}}{k_{estr}}\right)\frac{|\dot{u}_0|}{\omega'} = \left(\frac{k_{eq}}{k_{estr}}\right)\frac{v}{3\sqrt{\frac{k_{eq}}{3m}}} = \frac{v}{3\sqrt{\frac{k_{estr}}{3m}}}\left(\frac{k_{eq}}{k_{estr}}\right)\sqrt{\frac{k_{estr}}{k_{eq}}} = \rho\sqrt{\frac{k_{eq}}{k_{estr}}}. \tag{5.25}$$

Logo, da condição de projeto, impõe-se

$$\sqrt{\frac{k_{eq}}{k_{estr}}} = \frac{1}{2} \quad \text{ou} \quad \frac{k_m}{k_{estr} + k_m} = \frac{1}{4}, \tag{5.26}$$

resultando

$$k_m = \frac{k_{estr}}{3} = 2{,}955 \times 10^6 \text{ N/m}. \tag{5.27}$$

■

EXEMPLO 4 Choque vertical e associação de molas em paralelo

Deseja-se determinar a altura de queda h de uma massa m_2, partindo do repouso, sobre a massa m_1 apoiada na viga ABCDEF, para que o máximo deslocamento vertical total no ponto E seja igual ao valor especificado u_{max}, em decorrência do choque perfeitamente inelástico indicado na Figura 5.5a. A barra ABCDEF é suposta imponderável e prismática, com produto de rigidez à flexão EI.

Pode-se modelar o problema conforme indicado nas Figuras 5.5b-d, devendo-se observar que, além da velocidade inicial $\dot{u}_0$ imposta pelo choque, já há um deslocamento inicial u_0 no ponto E, causado pelo peso próprio $m_1 g$.

Figura 5.5
Exemplo de choque vertical.

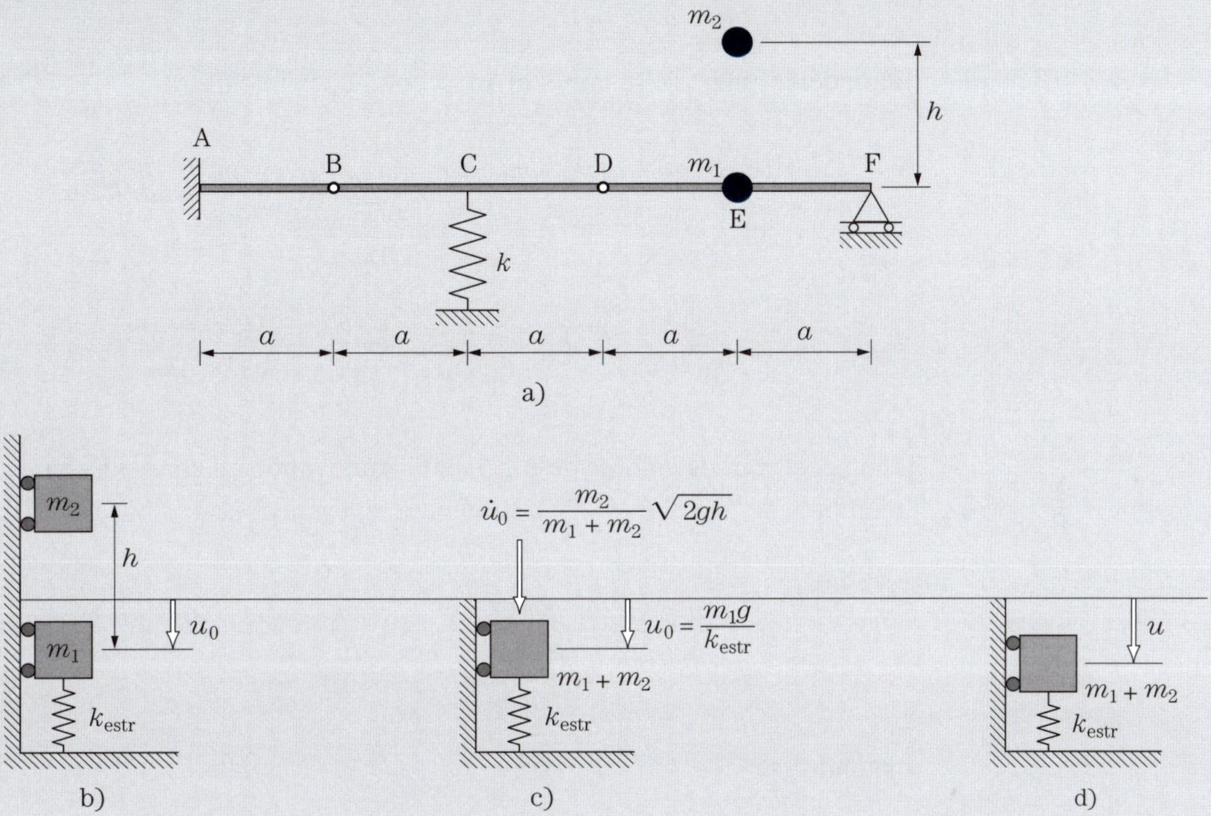

Com exceção da caracterização de k_{estr}, que será discutida na sequência, o problema dinâmico corresponde a integrar a seguinte equação diferencial para o sistema após o choque, desprezando-se o amortecimento:

$$(m_1 + m_2)\,\ddot{u} + k_{estr}\,u = (m_1 + m_2)\,g, \tag{5.28}$$

com condições iniciais u_0 e $\dot{u}_0$ conforme indicação nas Figuras 5.5b-c. A solução geral de (5.28) é:

$$u(t) = \frac{(m_1 + m_2)g}{k_{estr}} + \rho\cos(\omega t - \theta), \tag{5.29}$$

sendo

$$\omega = \sqrt{\frac{k_{\text{estr}}}{m_1 + m_2}}. \tag{5.30}$$

Para determinar ρ e θ, impõem-se as condições iniciais:

$$u_0 = \frac{m_1 g}{k_{\text{estr}}} = \frac{(m_1 + m_2)g}{k_{\text{estr}}} + \rho\cos\theta \quad \Rightarrow \quad -\frac{m_2 g}{k_{\text{estr}}} = \rho\cos\theta; \tag{5.31}$$

$$\dot{u}_0 = \frac{m_2}{m_1 + m_2}\sqrt{2gh} = \omega\rho\,\text{sen}\theta \quad \Rightarrow \quad -\frac{m_2\sqrt{2gh}}{(m_1 + m_2)\omega} = \rho\,\text{sen}\theta. \tag{5.32}$$

Daí se retiram os valores de ρ e θ. Para ρ, elevando-se ao quadrado ambos os membros de (5.31) e (5.32) e somando-os, escreve-se:

$$\rho^2 = \frac{(m_2)^2 g^2}{(k_{\text{estr}})^2} + \frac{(m_2)^2 2gh}{(m_1 + m_2)^2\omega^2} = \frac{(m_2)^2 g^2}{(k_{\text{estr}})^2} + \frac{2gh\,(m_2)^2}{k_{\text{estr}}\,(m_1 + m_2)}, \tag{5.33}$$

de onde

$$\rho = m_2\sqrt{\frac{g}{k_{\text{estr}}}\left(\frac{g}{k_{\text{estr}}} + \frac{2h}{m_1 + m_2}\right)}. \tag{5.34}$$

Impõe-se, agora, que o deslocamento máximo, que ocorre em $t = \frac{\theta}{\omega}$, seja igual ao valor especificado $u_{\max}$:

$$\frac{(m_1 + m_2)g}{k_{\text{estr}}} + \rho = u_{\max}. \tag{5.35}$$

Essa é a expressão que permite associar a altura de queda h ao máximo deslocamento especificado $u_{\max}$. É interessante correlacionar $u_{\max}$ ao deslocamento estático u_e, isto é, o deslocamento que ocorreria caso o peso $(m_1 + m_2)g$ fosse aplicado estaticamente:

$$u_e = \frac{(m_1 + m_2)g}{k_{\text{estr}}}. \tag{5.36}$$

Pode-se escrever

$$u_{\max} = Du_e, \tag{5.37}$$

sendo que, de (5.34)-(5.37),

$$D = 1 + \frac{m_2}{m_1 + m_2}\sqrt{1 + \frac{2h}{u_e}}. \tag{5.38}$$

D é denominado coeficiente de impacto. Note-se que, mesmo para pequeníssimas alturas de queda (isto é, $h \to 0$), $D \to 1 + \frac{m_2}{m_1 + m_2} > 1$. Para massa m_2 aproximadamente igual a 40% da massa m_1, obter-se-ia um coeficiente de impacto $D = 1{,}29$. Em projetos de pontes, o efeito dinâmico do impacto de veículos sobre o tabuleiro poderia ser compreendido de forma análoga, isto é, como um choque vertical com $h \to 0$. A norma brasileira NBR 7188 (2013), para pontes rodoviárias e cargas móveis, trata desse assunto.

Seja agora a determinação de k_{estr}. Procura-se o quociente entre uma força F, vertical e aplicada em E, e o deslocamento u que ela produz nesse mesmo ponto, na vertical. Isto é: $k_{\text{estr}} = \frac{F}{u}$. O deslocamento u pode ser determinado, por exemplo, pelo teorema dos esforços virtuais ou pelo segundo teorema de Castigliano. De fato, a energia de deformação é:

$$\mathcal{U} = \int_{\text{estr}} \frac{M^2}{2EI}\,dx + \frac{(F_m)^2}{2k}, \tag{5.39}$$

sendo M a distribuição de momentos fletores em ABCDEF e F_m a força na mola, que decorrem da aplicação estática de F, conforme sugere a Figura 5.6.

Efetuados os cálculos, chega-se a:

$$\mathcal{U} = \frac{5F^2a^3}{24EI} + \frac{F^2}{2k}, \tag{5.40}$$

e, portanto, pelo segundo teorema de Castigliano:

$$u = \frac{\partial \mathcal{U}}{\partial F} = \left(\frac{5a^3}{12EI} + \frac{1}{k}\right)F, \tag{5.41}$$

de onde

$$k_{\text{estr}} = \frac{F}{u} = \frac{1}{\dfrac{5a^3}{12EI} + \dfrac{1}{k}}. \tag{5.42}$$

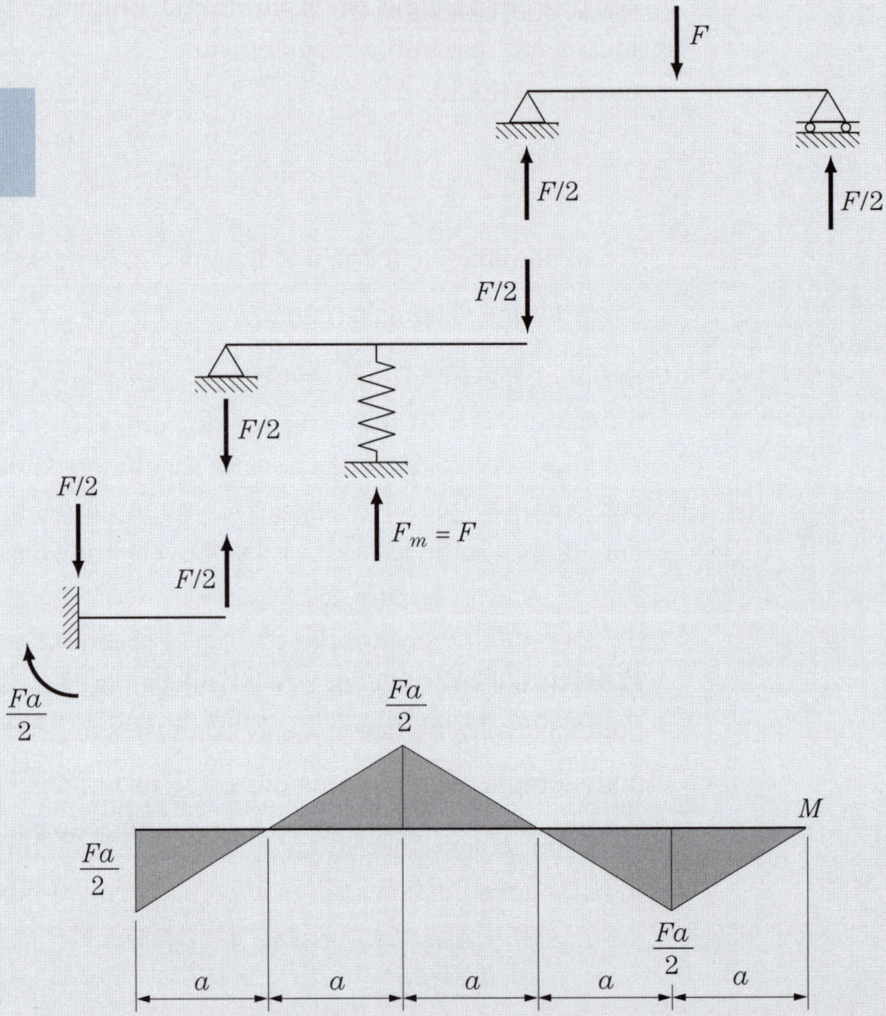

Figura 5.6
Sistema estático da estrutura.

Seja a aplicação numérica para m_1 = 3000 kg, m_2 = 750 kg, u_{max} = 0,2 m, $EI = 2 \times 10^6$ Nm^2, a = 2 m e $k = 10^6$ Nm^{-1}. Nessas condições:

$$k_{\text{estr}} = 375000 \text{ N/m}, \tag{5.43}$$

$$u_0 = 0{,}08 \text{ m}, \tag{5.44}$$

$$u_e = 0{,}1 \text{ m}, \tag{5.45}$$

$$D = \frac{u_{\text{max}}}{u_e} = 2 = 1 + \frac{750}{3750}\sqrt{1 + \frac{2h}{0{,}1}} \quad \Rightarrow \quad h = 1{,}2 \text{ m}, \tag{5.46}$$

isto é, a altura de queda livre para que se tenha u_{max} = 0,2 m é 1,2 m. Note-se que a altura de queda em relação ao eixo indeformado vale $h - u_0 = 1{,}12$ m.

Indaga-se, agora, qual seria o coeficiente de rigidez k_m de uma mola acrescentada em paralelo em E, conforme a Figura 5.7, de forma a reduzir o deslocamento máximo à metade, isto é, $u'_{max} = 0{,}1$ m, para a mesma altura de queda h = 1,2 m.

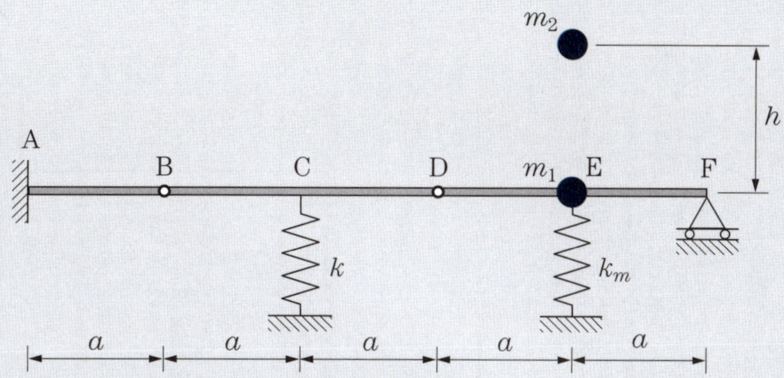

Figura 5.7
Associação em paralelo de molas para exemplo de choque vertical.

A determinação do novo coeficiente de rigidez k_{eq} (Figura 5.8) pode ser feita da mesma forma que anteriormente, isto é, usando o teorema dos esforços virtuais ou o segundo teorema de Castigliano. Bastaria aplicar uma força F no ponto E do sistema da Figura 5.7. Entretanto, na sequência, será adotada uma abordagem alternativa, que se beneficia do resultado anterior, de modo a evitar a resolução explícita de uma estrutura hiperestática.

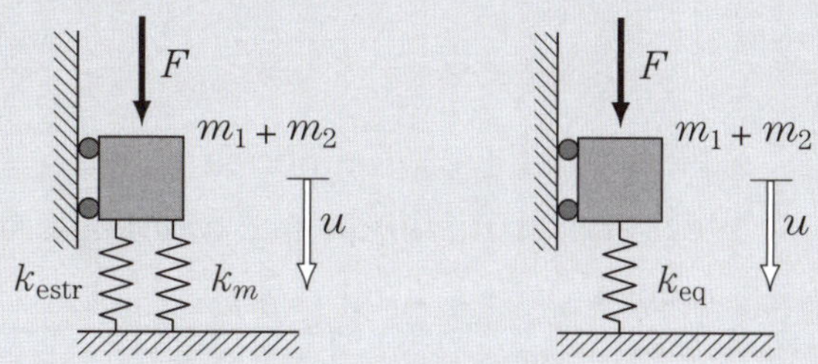

Figura 5.8
Associação em paralelo de molas para exemplo de choque vertical.

Do ponto de vista do modelo das Figuras 5.5b-d, bastaria considerar, no lugar de k_{estr}, o coeficiente de rigidez de uma mola k_{eq} equivalente à associação em paralelo de k_{estr} e k_m. Para tanto, considera-se a Figura 5.8, em que se percebe que o deslocamento imposto às molas individuais é igual ao da mola equivalente, e que a soma das forças nas molas individuais é igual à força total aplicada.

$$u = \frac{F}{k_{eq}} = \frac{F_{estr}}{k_{estr}} = \frac{F_m}{k_m} \tag{5.47}$$

e

$$F = F_{estr} + F_m. \tag{5.48}$$

Logo,

$$k_{eq}u = k_{estr}u + k_m u, \qquad \forall u, \tag{5.49}$$

ou

$$k_{eq} = k_{estr} + k_m. \tag{5.50}$$

O novo valor do deslocamento estático será:

$$u'_e = \frac{(m_1 + m_2)g}{k_{eq}} = \frac{(m_1 + m_2)g}{k_{estr}}\left(\frac{k_{estr}}{k_{eq}}\right) = u_e\left(\frac{k_{estr}}{k_{eq}}\right) = \frac{0{,}1}{\alpha}, \tag{5.51}$$

sendo evidente que o coeficiente

$$\alpha = \frac{k_{eq}}{k_{estr}} \tag{5.52}$$

deverá ser maior do que a unidade, pois $k_{eq} > k_{estr}$. Para a mesma altura de queda (h = 1,2 m) e u'_{max} = 0,1 m, o novo valor do coeficiente de impacto será:

$$D' = \frac{u'_{max}}{u'_e} = \frac{0{,}1}{\frac{0{,}1}{\alpha}} = \alpha = 1 + \frac{750}{3750}\sqrt{1 + \frac{2 \times 1{,}2}{0{,}1}\alpha}. \tag{5.53}$$

Aproveita-se apenas a raiz da equação anterior na variável α que é maior do que a unidade, no caso $\alpha = 2{,}5892$, e, portanto,

$$k_{\text{eq}} = 2{,}5892\ k_{\text{estr}} = k_{\text{estr}} + k_m. \tag{5.54}$$

Assim,

$$k_m = 1{,}5892\ k_{\text{estr}} = 5{,}960 \times 10^5\ \text{N/m} \tag{5.55}$$

é a rigidez da mola que reduz o deslocamento máximo para 0,1 m.

■

6 VIBRAÇÕES FORÇADAS HARMÔNICAS EM SISTEMAS DE UM GRAU DE LIBERDADE

Considere-se a equação do movimento amortecido para o caso em que o carregamento dinâmico é harmônico, $p(t) = p_0 \operatorname{sen}\bar{\omega}t$. O problema não amortecido pode ser estudado como caso particular $(c = 0)$. Portanto, como caso geral, será abordado o caso amortecido:

$$m\ddot{u} + c\dot{u} + ku = p_0 \operatorname{sen}\bar{\omega}t. \tag{6.1}$$

A solução completa de (6.1) pode ser obtida somando-se à solução da equação homogênea $u_h(t)$ – que corresponde a um problema de vibrações livres amortecidas – uma solução particular $u_p(t)$. Supõe-se o caso de amortecimento subcrítico $(\xi < 1)$:

$$u(t) = u_h(t) + u_p(t) = e^{-\xi\omega t}\,\rho\cos(\omega_D t - \theta) + \bar{\rho}\operatorname{sen}(\bar{\omega}t - \bar{\theta}), \tag{6.2}$$

$$\dot{u}(t) = e^{-\xi\omega t}\,\rho[-\xi\omega\cos(\omega_D t - \theta) - \omega_D\operatorname{sen}(\omega_D t - \theta)] + \bar{\omega}\bar{\rho}\cos(\bar{\omega}t - \bar{\theta}), \tag{6.3}$$

em que ρ e θ decorrem das condições iniciais u_0 e $\dot{u}_0$, bem como de $\bar{\rho}$ e $\bar{\theta}$. Impondo-se respeito às condições iniciais, isto é:

$$u_0 = \rho\cos\theta - \bar{\rho}\text{sen}\bar{\theta}, \tag{6.4}$$

$$\dot{u}_0 = -\xi\omega\rho\cos\theta + \omega_D\rho\text{sen}\theta + \bar{\omega}\bar{\rho}\cos\bar{\theta}, \tag{6.5}$$

chega-se a:

$$\rho = \sqrt{\left(u_0 + \bar{\rho}\text{sen}\bar{\theta}\right)^2 + \left[\frac{\dot{u}_0 - \bar{\omega}\bar{\rho}\cos\bar{\theta} + \xi\omega\left(u_0 + \bar{\rho}\text{sen}\bar{\theta}\right)}{\omega_D}\right]^2}, \tag{6.6}$$

$$\theta = \arctan\frac{\dot{u}_0 - \bar{\omega}\bar{\rho}\cos\bar{\theta} + \xi\omega\left(u_0 + \bar{\rho}\text{sen}\bar{\theta}\right)}{\omega_D\left(u_0 + \bar{\rho}\text{sen}\bar{\theta}\right)}. \tag{6.7}$$

Pode-se verificar por simples substituição de (6.2) em (6.1) que

$$\bar{\rho} = Du_e, \tag{6.8}$$

$$\bar{\theta} = \arctan\left(\frac{2\xi\beta}{1-\beta^2}\right), \qquad 0 \le \bar{\theta} \le \pi, \tag{6.9}$$

sendo β a relação entre a frequência do carregamento e a frequência natural do sistema não amortecido, isto é,

$$\beta = \frac{\bar{\omega}}{\omega}. \tag{6.10}$$

Em (6.8), u_e representa o deslocamento que ocorreria se o carregamento de intensidade p_0 tivesse sido aplicado estaticamente, isto é:

$$u_e = \frac{p_0}{k} \tag{6.11}$$

e o coeficiente D é dado por:

$$D = \frac{1}{\sqrt{\left(1-\beta^2\right)^2 + \left(2\xi\beta\right)^2}}. \tag{6.12}$$

A solução particular para um carregamento $p(t) = p_0\,\text{sen}\bar{\omega}t$ pode, alternativamente, ser escrita como:

$$u_p(t) = \frac{p_0}{k} D^2 \left[\left(1 - \beta^2\right) \text{sen}\bar{\omega}t - (2\xi\beta)\cos\bar{\omega}t \right]. \tag{6.13}$$

Já para um carregamento $p(t) = p_0 \cos\bar{\omega}t$, a solução particular será:

$$u_p(t) = \frac{p_0}{k} D^2 \left[(2\xi\beta)\text{sen}\bar{\omega}t + \left(1 - \beta^2\right)\cos\bar{\omega}t \right]. \tag{6.14}$$

Durante os primeiros ciclos de vibração, a solução da equação homogênea decairá rapidamente, se o sistema for amortecido, de sorte que apenas a solução particular perdurará em regime permanente. A resposta dinâmica permanente é caracterizada por uma vibração harmônica de frequência igual à do carregamento, porém defasada deste de um ângulo $\bar{\theta}$ (Figuras 6.1 e 6.2). A amplitude forçada $\bar{\rho}$ é uma função não linear de β (frequência relativa) e de ξ (taxa de amortecimento), sendo caracterizada pelo coeficiente D (Figuras 6.3 e 6.4). Note-se que D, muito apropriadamente, é denominado coeficiente de amplificação dinâmica, pois indica quantas vezes a resposta estática deverá ser amplificada para que seja atingida a resposta dinâmica máxima, em regime estacionário, para um carregamento harmônico de mesma intensidade. Além disso, para o sistema sem amortecimento ($\xi = 0$), $\bar{\rho}$ tende para infinito quando β tende a 1 (ressonância clássica ou externa). Entretanto, esse resultado carece de significado físico

Figura 6.1
Defasagem entre carregamento e resposta, com $\bar{\theta}(\beta)$ para distintos valores de ξ.

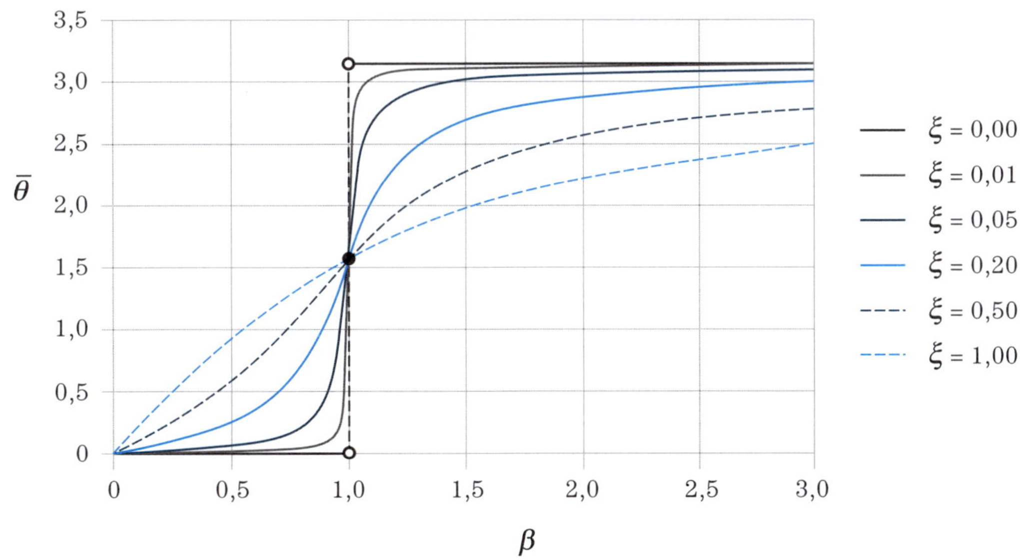

em sistemas estruturais da prática da engenharia, já que sempre há dissipação de energia. De qualquer forma, a discussão do caso de carregamento ressonante e sistema não amortecido será retomada posteriormente, com maior profundidade. Observa-se que, para carregamento não ressonante ($\beta \neq 1$) e sistema idealmente não amortecido ($\xi = 0$), a solução da equação homogênea não decairá, sendo a resposta dinâmica o resultado da soma de duas funções harmônicas de frequências em geral distintas. Isso poderá caracterizar, excepcionalmente, uma resposta periódica (caso exista uma relação racional entre as frequências ϖ e ω) ou, ainda, quase periódica tendendo a um período muito longo.

Figura 6.2
Defasagem entre carregamento e resposta $\bar{\theta}(\beta, \xi)$.

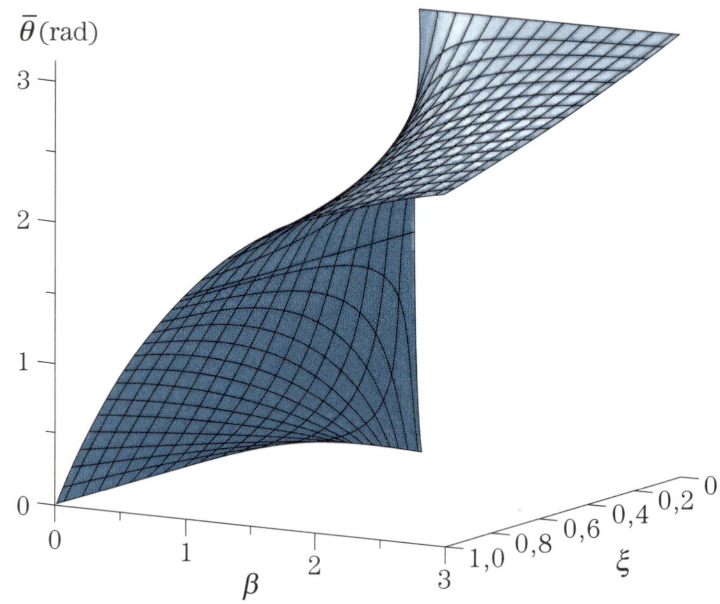

Figura 6.3
Coeficiente de amplificação dinâmica, com $D(\beta)$ para distintos valores de ξ.

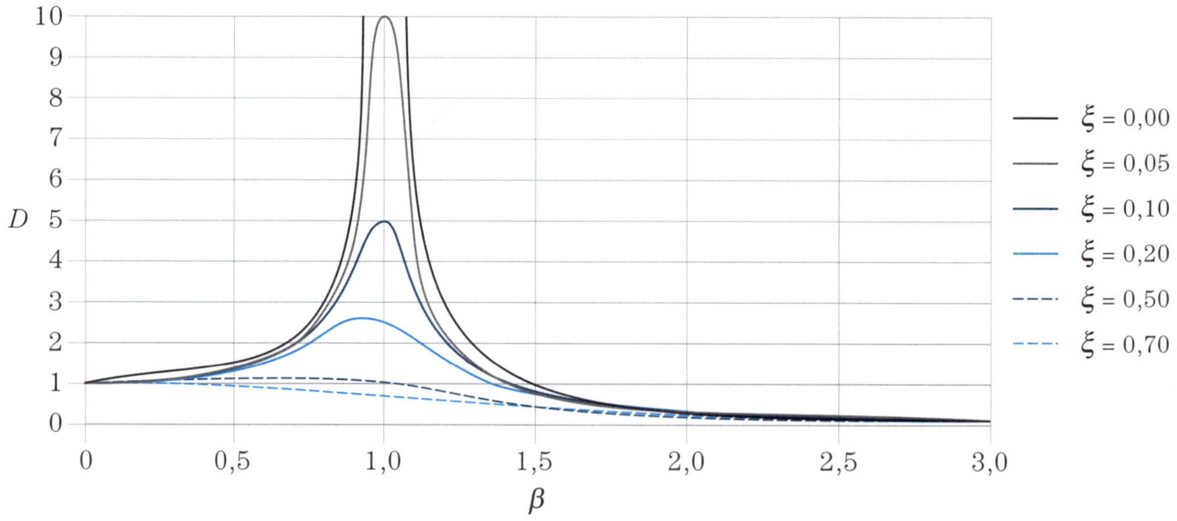

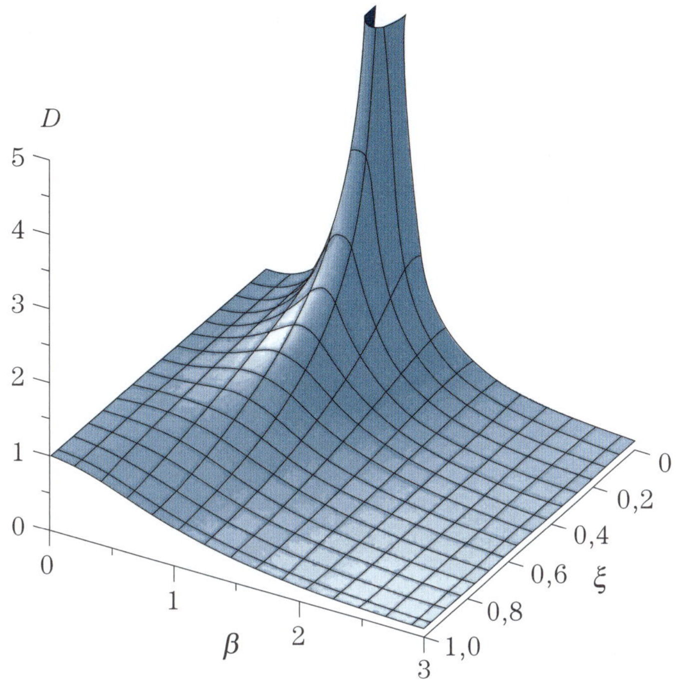

Figura 6.4
Coeficiente de amplificação dinâmica $D(\beta, \xi)$.

6.1 Interpretação gráfica da resposta em regime estacionário

A resposta de um sistema de um grau de liberdade sob carregamento harmônico, em regime estacionário, pode ser interpretada graficamente no plano de Argand, em que se representam valores reais no eixo das abscissas e imaginários no eixo das ordenadas. Assim, suponha-se o vetor girante $\overrightarrow{OA}$ de módulo p_0, com velocidade angular $\bar{\omega}$, conforme a Figura 6.5.

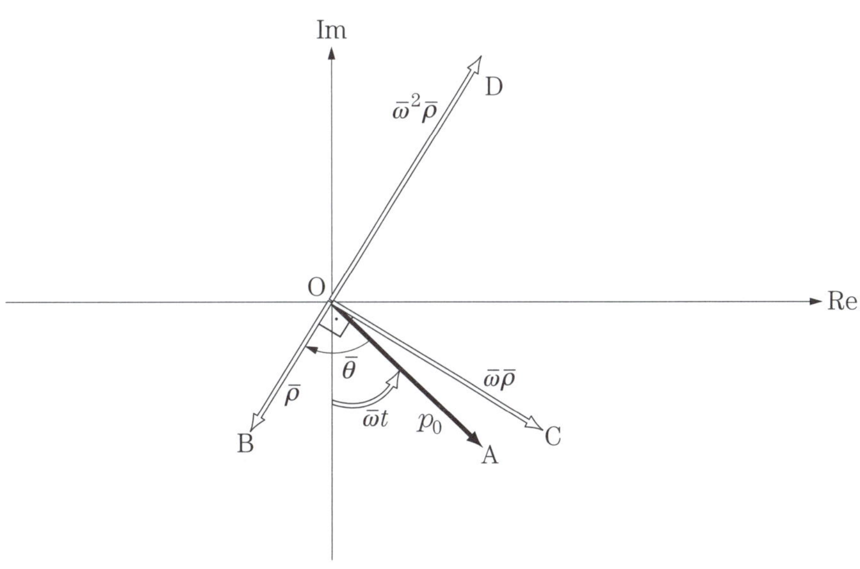

Figura 6.5
Representação gráfica da resposta dinâmica no plano de Argand.

Note-se que a projeção do vetor girante $\overrightarrow{OA}$ sobre o eixo das abscissas (real) fornece o carregamento $p(t) = p_0\ \text{sen}\bar{\omega}t$. Sabe-se que a resposta em regime permanente, para um sistema amortecido, é dada por $u(t) = \bar{\rho}\text{sen}(\bar{\omega}t - \bar{\theta})$, com $\bar{\rho} = \dfrac{Dp_0}{k}$, e $\bar{\theta} = \arctan\left(\dfrac{2\xi\beta}{1-\beta^2}\right)$. Tal resposta também pode ser caracterizada por um vetor girante $\overrightarrow{OB}$ de módulo $\bar{\rho}$, com velocidade angular também igual a $\bar{\omega}$, porém atrasado de um ângulo $\bar{\theta}$ com relação ao vetor que caracteriza o carregamento, conforme indica a Figura 6.5. Ainda mais, a velocidade $\dot{u}(t) = \bar{\omega}\bar{\rho}\cos(\bar{\omega}t - \bar{\theta}) = \bar{\omega}\bar{\rho}\text{sen}\left(\bar{\omega}t - \bar{\theta} + \dfrac{\pi}{2}\right)$ também pode ser representada por um vetor girante $\overrightarrow{OC}$, com velocidade angular $\bar{\omega}$ e módulo $\bar{\omega}\bar{\rho}$, adiantado de $\dfrac{\pi}{2}$ em relação ao vetor $\overrightarrow{OB}$ que caracteriza o deslocamento, como também mostra a Figura 6.5. Finalmente, a aceleração $\ddot{u}(t) = -\bar{\omega}^2\bar{\rho}\text{sen}(\bar{\omega}t - \bar{\theta})$ é caracterizada por um vetor girante $\overrightarrow{OD}$, com velocidade angular $\bar{\omega}$, módulo $\bar{\omega}^2\bar{\rho}$ e sentido oposto ao do vetor $\overrightarrow{OB}$ que caracteriza o deslocamento.

A representação no plano de Argand do equilíbrio dinâmico, dado pela equação (6.1), está indicada na Figura 6.6.

Figura 6.6
Representação do equilíbrio dinâmico no plano de Argand.

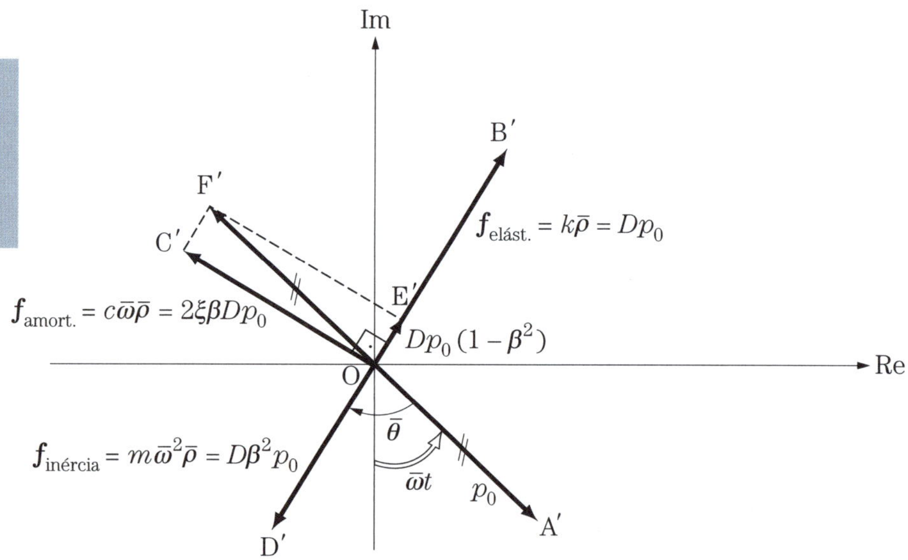

Nessa figura, mostra-se que a composição vetorial da força elástica da mola ($\overrightarrow{OB'}$) com a força de inércia ($\overrightarrow{OD'}$) dá uma força ($\overrightarrow{OE'}$) que, composta com a força do amortecedor ($\overrightarrow{OC'}$), dá uma força ($\overrightarrow{OF'}$) que equilibra a força harmônica aplicada ($\overrightarrow{OA'}$).

A representação gráfica descrita é extremamente interessante para compreender, por exemplo, o papel do amortecimento no caso de carregamento ressonante. De fato, para $\beta = 1$, a força elástica da mola e a força de inércia se anulam mutuamente, de sorte que toda a responsabilidade do equilíbrio dinâmico recai sobre a força de amortecimento, que deve necessariamente ser oposta ao carregamento externo. Percebe-se, ainda, que nesse caso o ângulo $\bar{\theta}$ deve ser necessariamente $\frac{\pi}{2}$. Na ressonância, se não houver amortecimento, não há como se equilibrar o carregamento externo, o que acarreta crescimento não contido da amplitude de vibração.

6.2 Resposta ressonante em regime estacionário: sistema amortecido

Considerando o caso amortecido, conclui-se que, para valores usuais de amortecimento estrutural na engenharia civil ($0 < \xi < 0{,}10$), o valor máximo de D ocorre para $\beta \cong 1$:

$$D_{\text{max}} \cong \frac{1}{2\xi}. \tag{6.15}$$

Rigorosamente, mostra-se que

$$D_{\text{max}} = \frac{1}{2\xi}\frac{1}{\sqrt{1-\xi^2}}, \qquad \text{para} \quad 0 \le \xi \le \frac{\sqrt{2}}{2}, \tag{6.16}$$

correspondendo a

$$\beta_{\text{max}} = \sqrt{1-2\xi^2}. \tag{6.17}$$

Note-se que, para $\xi > \frac{\sqrt{2}}{2}$, a máxima amplificação dinâmica vale $D_{\text{max}} = 1$, e ocorre para $\beta = 0$, isto é, a aplicação estática do carregamento é mais crítica do que a produzida por qualquer carregamento harmônico.

A estimativa experimental da taxa de amortecimento, além do ensaio de vibrações livres de que se ocupou o Exemplo 1, pode ser também efetuada em um ensaio de vibrações forçadas harmônicas, determinando-se a amplificação dinâmica na ressonância e usando-se (6.15). Observe-se que $\xi \le 0{,}10$ leva a $D_{\text{max}} \ge 5$, ou seja, ocorre uma grande amplificação do efeito estático. Taxas de amortecimento elevadas ($\xi \ge 0{,}7$), como é típico de sistemas de controle passivo de vibrações, levam a $D \le 1$, indicando que a resposta dinâmica não é mais crítica do que a estática.

EXEMPLO 5 — Dimensionamento de sistema elementar de controle passivo

A estrutura representada na Figura 6.7a, que já tem amortecimento estrutural inicial modelado por um amortecedor equivalente de constante c, está submetida a um carregamento harmônico ressonante aplicado à massa, na direção horizontal. Foi constatado que o fator de amplificação dinâmica, nessa situação, é $D_a = 4$.

Figura 6.7
Estudo do controle de vibrações para uma estrutura.

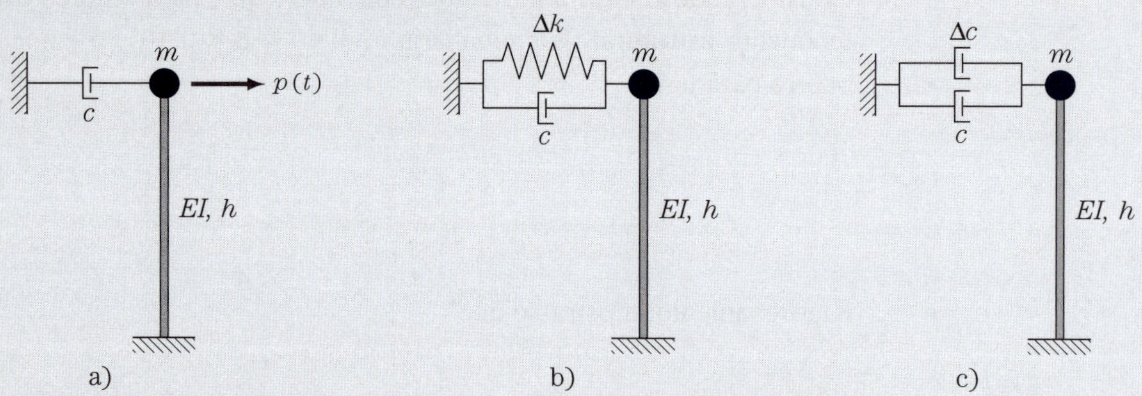

Pedem-se:

a) a frequência do carregamento e a taxa de amortecimento estrutural;

b) a rigidez Δk da mola (elemento de controle passivo) que deve ser colocada em paralelo (Figura 6.7b) para reduzir, nas mesmas condições de carregamento, a amplificação dinâmica à metade;

c) a constante Δc do amortecedor (elemento de controle passivo) que deve ser colocado em paralelo (Figura 6.7c) para reduzir, nas mesmas condições de carregamento, a amplificação dinâmica à metade.

São conhecidos: $m = 10^6$ kg, $h = 15$ m, $E = 3 \times 10^{10}$ Nm^{-2}, $I = 2{,}25$ m^4. Despreza-se a massa da coluna, que se supõe também inextensível.

Apresenta-se, a seguir, a solução do problema.

a) Tratando-se de carregamento ressonante, $\bar{\omega} = \omega_a = \sqrt{\dfrac{k_a}{m}}$, com $k_a = \dfrac{3EI}{h^3}$.
Efetuados os cálculos, chega-se a $k_a = 60 \times 10^6$ N/m e $\bar{\omega} = \omega_a = 7{,}746$ rad/s:

A taxa de amortecimento $\xi_a = \dfrac{c}{2m\omega_a}$ pode ser determinada sabendo-se que $D_a = \dfrac{1}{2\xi_a} = 4$ ou $\xi_a = 0{,}125$. Daí, $c = 1{,}937 \times 10^6$ Ns/m.

b) A colocação da mola de rigidez Δk, em paralelo com a estrutura, leva a $k_b = k_a + \Delta k$ e, portanto, ao aumento da frequência natural $\omega_b = \sqrt{\dfrac{k_b}{m}} > \omega_a$.
Logo: $\beta_b = \dfrac{\bar{\omega}}{\omega_b} = \dfrac{\omega_a}{\omega_b} < \beta_a = 1$.

Para a mesma constante do amortecedor (mesmo c), a taxa ξ_b modifica-se para:

$$\xi_b = \frac{c}{2m\omega_b} = \frac{c}{2m\omega_a}\left(\frac{\omega_a}{\omega_b}\right) = \xi_a\beta_b = 0{,}125\beta_b < \xi_a. \tag{6.18}$$

Isto é, o enrijecimento do sistema estrutural faz com que, relativamente, haja uma diminuição da taxa de amortecimento estrutural.

Impõe-se, agora, a condição de projeto:

$$D_b = 2 = \frac{1}{\sqrt{\left[1-(\beta_b)^2\right]^2 + \left[0{,}25\,(\beta_b)^2\right]^2}}. \tag{6.19}$$

Resolvendo-se a equação do segundo grau que resulta em $(\beta_b)^2$, chega-se a duas raízes: $(\beta_b)^2 = 1{,}365$ ou $(\beta_b)^2 = 0{,}517$. A primeira raiz deve ser desprezada, pois se sabe que β_b deve resultar menor do que 1. Da segunda raiz retira-se: $\beta_b = 0{,}719 = \dfrac{7{,}746}{\omega_b}$ e $\omega_b = 10{,}773$ rad/s.

Como $k_b = k_a + \Delta k = m(\omega_b)^2 = 10^6 \times (10{,}773)^2 = 116{,}055 \times 10^6$ N/m, deve-se ter $\Delta k = 56{,}055 \times 10^6$ N/m.

Note-se que o aumento de rigidez $\left(\frac{k_b - k_a}{k_a}\right)$ foi da ordem de 93%. Se esse aumento tivesse que ser conseguido às custas de ampliação das dimensões da coluna (aumento de momento de inércia), seria necessário majorar em cerca de 25% a altura da seção transversal, mantendo-se a sua base. Em um caso prático, isso não seria totalmente aplicável, pois o aumento da rigidez viria acompanhado de aumento da massa do sistema, que tem um efeito redutor na sua frequência natural. Ou seja, o aumento da altura da seção transversal teria de ser maior.

Observe-se, ainda, que, no caso b, a amplitude de deslocamento do sistema enrijecido é da ordem de um quarto da amplitude original, apesar de o coeficiente de amplificação dinâmico D_b ser a metade de D_a:

$$\bar{\rho}_b = \frac{p_0}{m\omega_b^2} D_b = \left(\frac{p_0}{m\omega_a^2} D_a\right) \frac{\omega_a^2}{\omega_b^2} \frac{D_b}{D_a} = \bar{\rho}_a \beta_b^2 \frac{D_b}{D_a} = 0,258\bar{\rho}_a. \tag{6.20}$$

c) A colocação do amortecedor de constante Δc em paralelo com a estrutura leva a $c_c = c_a + \Delta c$ e, portanto:

$$\xi_c = \frac{c_c}{2m\omega_c} = \frac{c_a + \Delta c}{2m\omega_a}. \tag{6.21}$$

Impondo-se $D_c = 2 = \frac{1}{2\xi_c}$, vem $\xi_c = 0,25 = 2\xi_a$, de onde $c_c = c_a + \Delta c = 2m\omega_a\xi_c = 3,873 \times 10^6$ Ns/m $= 2c_a$. Logo, $\Delta c = 1,937 \times 10^6$ Ns/m.

Embora não seja necessariamente o caso deste exemplo, frequentemente uma solução aumentando a capacidade de dissipação da energia cinética da estrutura resulta mais econômica do que aumentando a rigidez.

■

EXEMPLO 6 Excitação de suporte harmônica

Este exemplo introduz a questão das vibrações induzidas nos sistemas estruturais quando seus vínculos são submetidos a movimentos impostos. A análise de estruturas submetidas à ação sísmica é um caso de aplicação dentro do vasto e complexo campo de estudo das excitações de suporte.

A Figura 6.8 representa uma excitação de suporte harmônica $s(t) = s_0 \text{sen}\bar{\omega}t$ aplicada a uma estrutura com as mesmas características da Figura 6.7a. Deseja-se determinar o maior momento fletor na base da coluna. São dados:

$c = 1{,}937 \times 10^6$ Ns/m, $h = 15$ m, $m = 10^6$ kg, $s_0 = 0{,}010$ m, $E = 3 \times 10^{10}$ Nm^{-2}, $\bar{\omega} = 7$ rad s^{-1}, $I = 2{,}25$ m^4.

O deslocamento total u_T da massa, em relação ao observador supostamente inercial, é:

$$u_T = x - a = s(t) + u. \tag{6.22}$$

A aceleração total vale, então,

$$\ddot{u}_T = \ddot{s} + \ddot{u}. \tag{6.23}$$

Observa-se que, para efeito de determinação das forças elásticas e de amortecimento, interessam apenas o deslocamento e a velocidade relativos. Assim, pela segunda lei de Newton:

$$m(\ddot{u} + \ddot{s}) + c\dot{u} + ku = 0, \tag{6.24}$$

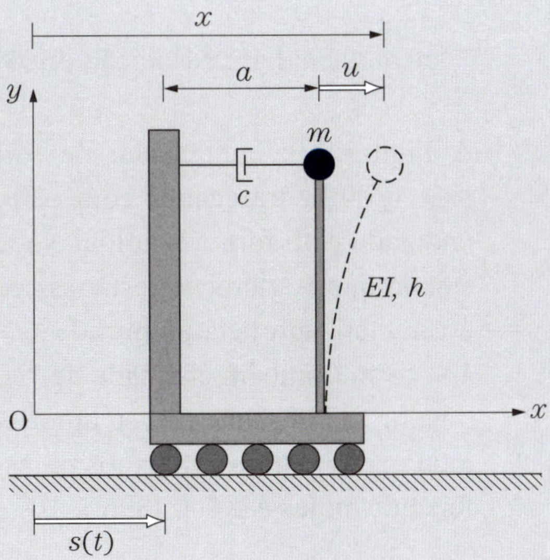

Figura 6.8
Estrutura submetida a excitação de suporte.

ou

$$m\ddot{u} + c\dot{u} + ku = p_{\text{eq}}(t), \tag{6.25}$$

sendo

$$p_{eq}(t) = -m\ddot{s} = m\bar{\omega}^2 s_0 \operatorname{sen}\bar{\omega}t. \tag{6.26}$$

Ou seja, tudo se passa como se fosse aplicado à massa m um carregamento equivalente $p_{\text{eq}}(t)$ harmônico de intensidade $m\bar{\omega}^2 s_0$ e frequência $\bar{\omega}$. Sabe-se que $k = 6 \times 10^7$ N/m e, portanto,

$$u_e = \frac{m\bar{\omega}^2 s_0}{k} = 0{,}0082 \text{ m}. \tag{6.27}$$

Como $\omega = 7{,}746$ rad/s, $\beta = \dfrac{7}{7{,}746} = 0{,}9037$ e $\xi = \dfrac{c}{2m\omega} = 0{,}125$, decorre de (6.12) que $D = 3{,}437$.

O maior deslocamento horizontal no topo da coluna será $u_{\max} = Du_e \cong 0{,}028$m, o que levará a uma força horizontal máxima $ku_{\max} \cong 1{,}680 \times 10^6$ N, aplicada como cortante no topo do pilar $(V_{\max})$. O máximo momento na base será então $M_{\max} = V_{\max} \times h \cong 25200$ kNm.

■

EXEMPLO 7 Transmissibilidade e isolação de vibrações

A Figura 6.9a representa, de forma simplificada, um veículo de massa $m = 1200$ kg trafegando com velocidade $V = 72$ km/h sobre um pavimento ondulado com forma senoidal, suficientemente longo para que se possa considerar que as vibrações estão em regime estacionário. O pavimento senoidal é caracterizado pela amplitude $s_0 = 0{,}03$ m e pela distância entre "cristas" $\lambda = 12$ m (também chamada de "comprimento de onda"). Deseja-se estimar o valor da constante de seu amortecedor para que o deslocamento dinâmico total máximo transmitido aos passageiros seja 5 cm. A rigidez equivalente do feixe de molas é $k = 1{,}4865 \times 10^5$ N/m.

Figura 6.9
Modelo de veículo trafegando sobre pavimento ondulado com forma senoidal.

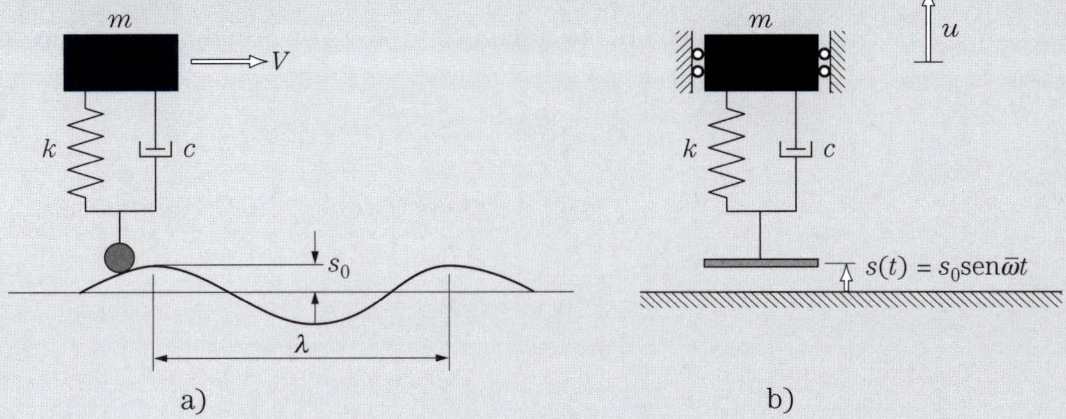

Ao invés de considerar o veículo viajando com velocidade V sobre o pavimento "fixo", pode-se imaginá-lo "parado" sobre um pavimento que "desliza" no sentido oposto sob suas rodas, impondo-lhe movimento vertical $s = s_0\text{sen}\bar{\omega}t$, conforme indica a Figura 6.9b. A frequência $\bar{\omega}$, como se verá a seguir, depende da velocidade V com que o veículo trafega sobre o pavimento.

Para resolver este problema é conveniente usar o conceito de transmissibilidade. Como se viu no exemplo anterior, uma excitação de suporte $s = s_0\text{sen}\bar{\omega}t$ (deslocamento imposto) pode ser modelada como um carregamento $p_{eq} = -m\ddot{s} = m\bar{\omega}^2 s_0\text{sen}\bar{\omega}t$.

O deslocamento em regime permanente relativo ao suporte é

$$u(t) = \bar{\rho}\text{sen}(\bar{\omega}t - \bar{\theta}), \tag{6.28}$$

com

$$\bar{\rho} = D\frac{m\bar{\omega}^2 s_0}{k} = D\beta^2 s_0 \tag{6.29}$$

e

$$\bar{\theta} = \arctan\left(\frac{2\xi\beta}{1-\beta^2}\right). \tag{6.30}$$

Enfatiza-se que está sendo negligenciada a solução da equação homogênea (solução transiente) e o efeito do peso próprio (que pode ser adicionado a qualquer tempo).

O deslocamento dinâmico total u_T, incluindo a excitação de suporte, é:

$$u_T(t) = u(t) + s(t) = D\beta^2 s_0 \text{sen}(\varpi t - \bar{\theta}) + s_0 \text{sen}(\varpi t) =$$

$$s_0(1 + D\beta^2 \cos\bar{\theta})\text{sen}\varpi t - s_0 D\beta^2 \text{sen}\bar{\theta}\cos\varpi t, \tag{6.31}$$

ou

$$u_T = u_{T\max} \text{sen}(\varpi t - \hat{\theta}), \tag{6.32}$$

com

$$u_{T\max} = TR\ s_0, \tag{6.33}$$

$$TR = \sqrt{1 + D^2\beta^4 + 2D\beta^2 \cos\bar{\theta}}. \tag{6.34}$$

O ângulo $\hat{\theta}$ não tem interesse particular para o que se segue. De (6.30) resulta

$$\cos\bar{\theta} = (1 - \beta^2)\, D, \tag{6.35}$$

e de (6.34) chega-se a

$$TR = D\sqrt{1 + (2\xi\beta)^2}, \tag{6.36}$$

denominado fator de transmissibilidade. As Figuras 6.10 e 6.11 mostram a variação de TR com β e ξ. Chama-se fator de isolação de vibrações η à diferença entre 1 e TR:

$$\eta = 1 - TR. \tag{6.37}$$

Figura 6.10
Fator de transmissibilidade, $TR(\beta, \xi)$.

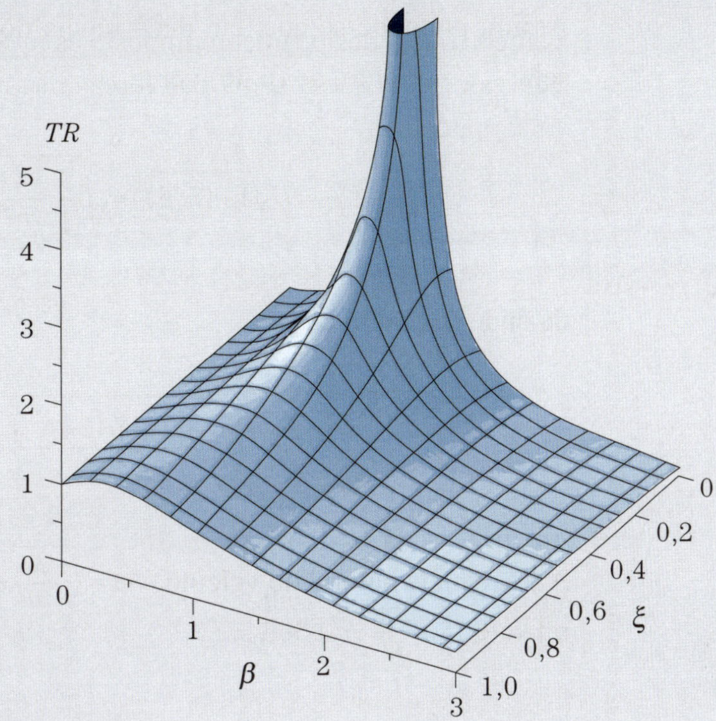

Figura 6.11
Fator de transmissibilidade, $TR(\beta)$, para distintos valores de ξ.

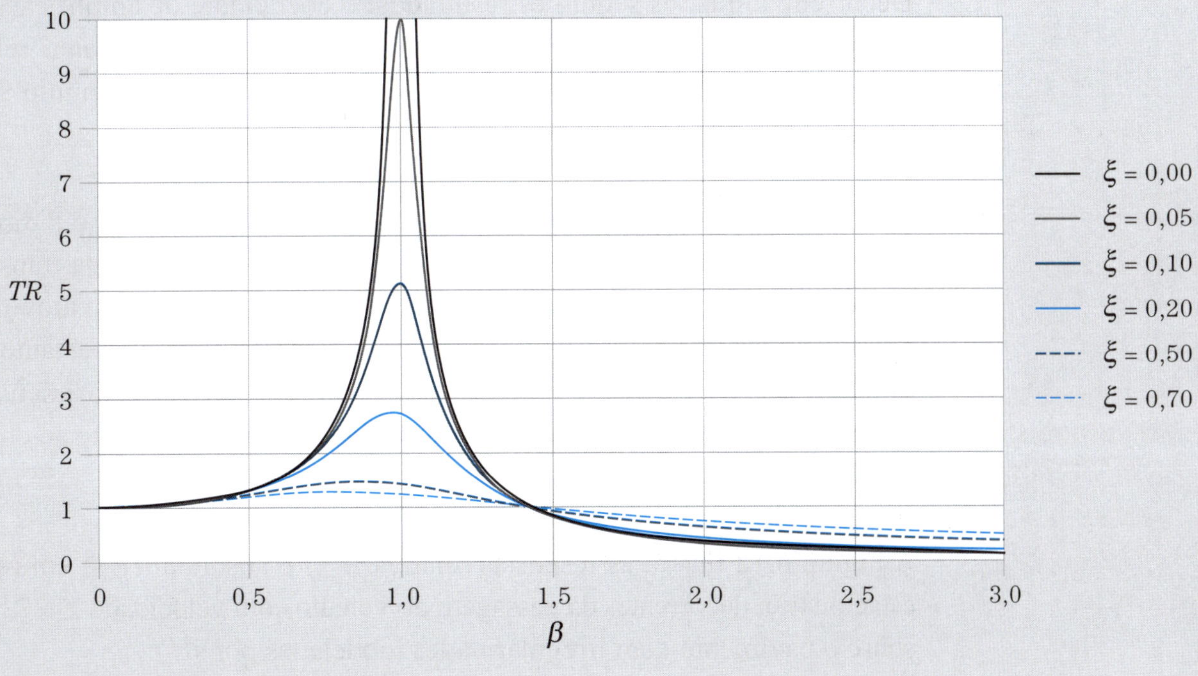

Assim, pretende-se que, em decorrência do critério de projeto adotado, TR seja $\frac{5}{3}$ e, portanto, de (6.36) vem:

$$\frac{5}{3} = D\sqrt{1+(2\xi\beta)^2} = \sqrt{\frac{1+(2\xi\beta)^2}{\left(1-\beta^2\right)^2+(2\xi\beta)^2}}, \tag{6.38}$$

de onde se obtém $\xi\ (\beta)$:

$$\xi = \frac{\sqrt{9-25\left(1-\beta^2\right)^2}}{8\beta}. \tag{6.39}$$

A frequência natural do veículo é $\omega = \sqrt{\frac{k}{m}} = 11{,}130$ rad/s e o período natural vale $T = \frac{2\pi}{\omega} = 0{,}565$ s.

À velocidade de $V = 72$ km/h $= 20$ m/s, o trecho de comprimento $\lambda = 12$ m é percorrido em $\bar{T} = \frac{\lambda}{V} = 0{,}6$ s, o que caracteriza a frequência $\bar{\omega} = \frac{2\pi}{T} = 10{,}472$ rad/s. Portanto, $\beta = \frac{\bar{\omega}}{\omega} = \frac{T}{\bar{T}} = 0{,}941$.

Nessas condições, de (6.39), resultam $\xi = 0{,}391$ e $c = 2\xi m\omega = 10450$ Ns/m. Decorrem, ainda, os seguintes resultados: o coeficiente de amplificação dinâmica, de (6.12), vale $D = 1{,}342$, e a amplitude do movimento relativo $\bar{\rho} = D\beta^2 s_0 = 3{,}56$ cm. Esse resultado será confrontado no Capítulo 9 com soluções numéricas.

É interessante notar que, para velocidades menores, $\bar{T}$ aumenta e β diminui, levando a TR menor, tendendo a 1 ($u_{T\max} \cong s_0$), a significar uma translação vertical do passageiro que acompanha o perfil do pavimento, sem movimento relativo ao chassis. Para velocidades bem maiores, β aumenta bastante e TR diminui, tendendo a zero ($u_{T\max} \cong 0$), isto é, o passageiro praticamente não se desloca em relação ao referencial absoluto, mas, relativamente ao chassis, seu deslocamento é $u(t) \cong -s(t)$.

A Figura 6.12 ilustra as respostas relativa $u(t)$ e absoluta $u_T(t)$ em regime estacionário, decorrentes da passagem do veículo com velocidade $V = 72$ km/h sobre o pavimento com irregularidades modeladas por $s(t)$.

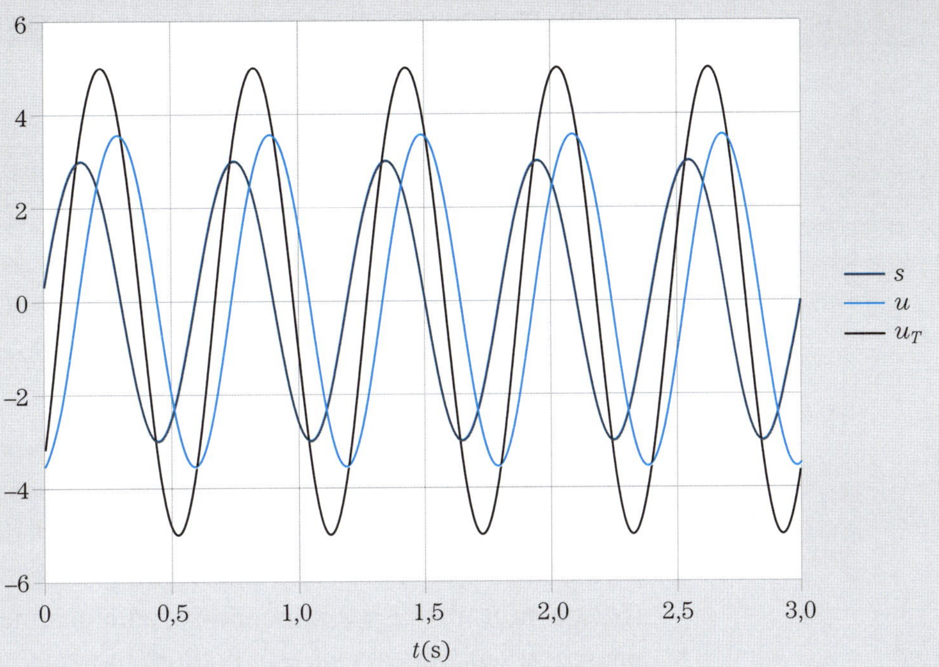

Figura 6.12
Deslocamentos $s(t)$, $u(t)$ e $u_T(t)$, desconsiderando o efeito do regime transitório.

■

Pode-se mostrar, ainda, que o fator de transmissibilidade permite calcular a intensidade da força transmitida por um sistema de isolação viscoelástico às fundações de máquina ou equipamento que produza carregamento harmônico, conforme representado na Figura 6.13.

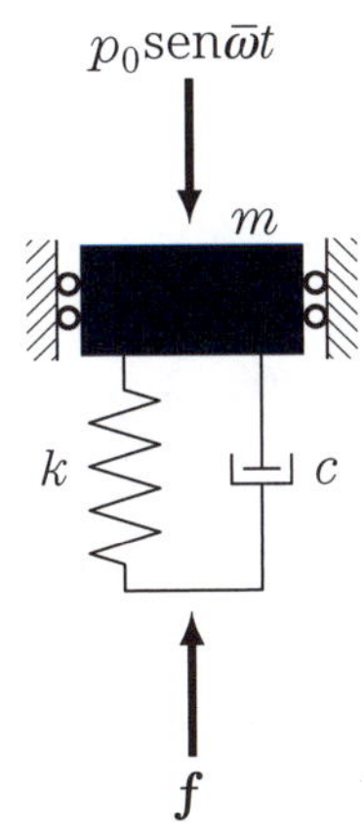

Figura 6.13
Sistema de isolação de uma fundação submetida a carregamento harmônico.

De fato, lembrando que

$$f_{\text{mola}} = ku = Dp_0 \text{sen}(\bar{\omega} t - \bar{\theta}) \tag{6.40}$$

$$f_{\text{amort}} = c\dot{u} = 2\xi\beta Dp_0 \cos(\bar{\omega} t - \bar{\theta}), \tag{6.41}$$

a máxima força transmitida para as fundações, considerando que há uma defasagem de $\frac{\pi}{2}$ radianos entre a força elástica e a força de amortecimento, é:

$$f_{max} = \sqrt{(ku_{max})^2 + (c\dot{u}_{max})^2} = \sqrt{(Dp_0)^2 + (2\xi\beta Dp_0)^2} = p_0 D\sqrt{1+(2\xi\beta)^2} = TR\,p_0. \quad (6.42)$$

6.3 Resposta ressonante transitória: sistema amortecido e não amortecido

Embora a resposta transitória seja pouco relevante para a análise de sistemas amortecidos sob carregamento harmônico ressonante, conforme já exposto, é instrutivo compreendê-la em maior profundidade, pois, numa situação limite, permitirá abordar o caso não amortecido. Retorna-se, assim, à solução completa (6.2), com $\beta = 1$ e $\xi \neq 0$, supondo-se, adicionalmente, que o sistema parta do repouso, ou seja, $u_0 = 0$ e $\dot{u}_0 = 0$. Pode-se mostrar que a razão $R(t)$ entre a resposta dinâmica e a resposta estática será tal que:

$$R(t) = \frac{u(t)}{u_e} = \frac{1}{2\xi}\left[\frac{1}{\sqrt{1-\xi^2}}e^{-\xi\omega t}\cos(\omega_D t - \theta) + \operatorname{sen}(\omega t - \bar{\theta})\right]$$
$$= \frac{1}{2\xi}\left[\frac{1}{\sqrt{1-\xi^2}}e^{-\xi\omega t}\cos(\omega_D t - \theta) - \cos\omega t\right], \quad (6.43)$$

pois $\bar{\theta}$, de (6.9), vale $\frac{\pi}{2}$. É oportuno lembrar que ω_D está definido em (4.16) e que

$$\theta = \arctan\frac{\xi}{\sqrt{1-\xi^2}}, \quad (6.44)$$

conforme (6.7).

Uma aproximação satisfatória para (6.43), em sistemas fracamente amortecidos $(0 < \xi \ll 1)$, é obtida ao se fazer

$$R(t) = \frac{u(t)}{u_e} \cong \frac{1}{2\xi}\,[e^{-\xi\omega t} - 1]\cos\omega t. \quad (6.45)$$

Evidentemente, para ξ tendendo a 0, a resposta $u(t)$ ficará indefinida, conforme indicam (6.43) e (6.45). Pode-se, entretanto, usar a regra de L'Hôpital em (6.43) para calcular o limite para o qual tenderá $\frac{u(t)}{u_e}$, quando $\xi \to 0$, obtendo-se o seguinte resultado:

$$\lim_{\xi \to 0} R(t) = \lim_{\xi \to 0} \frac{u(t)}{u_e} = \frac{1}{2}\left[\text{sen}\omega t - \omega t\cos\omega t\right]. \tag{6.46}$$

As Figuras 6.14 e 6.15 ilustram a resposta ressonante transitória, respectivamente para o sistema amortecido e para o não amortecido, evidenciando-se que, no primeiro caso, a resposta tende assintoticamente, com envoltória $\pm\frac{1}{2\xi}\left[e^{-\xi\omega t} - 1\right]$, para a resposta em regime permanente, com coeficiente de amplificação dinâmica $D = \frac{1}{2\xi}$,e, no segundo caso, cresce sem limites, com envoltória $\pm\frac{\omega t}{2}$.

Figura 6.14 Razão entre a resposta dinâmica transitória e a resposta estática para $\beta = 1$ e $\xi = 0{,}10$.

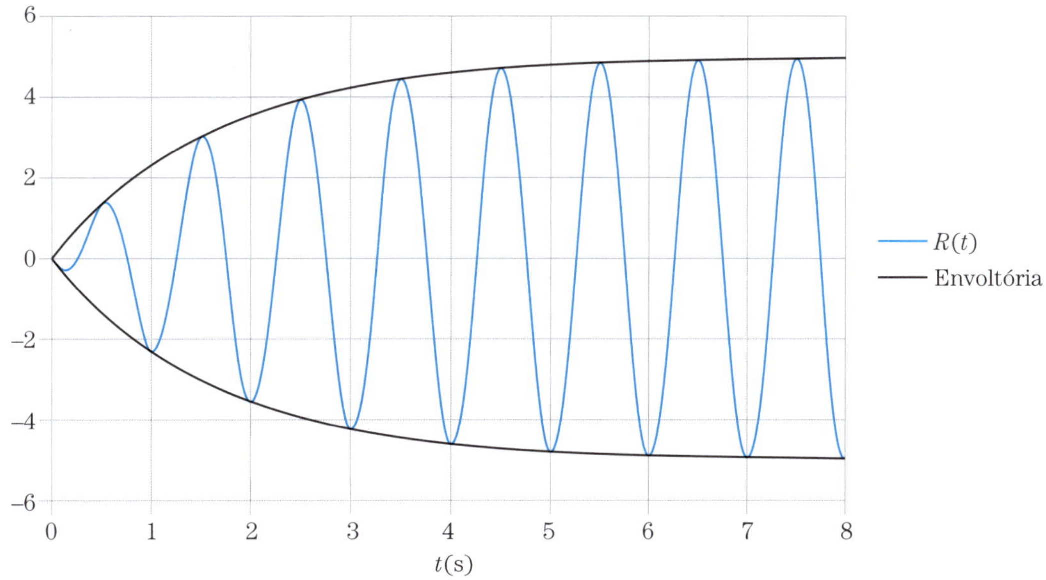

Figura 6.15 Razão entre a resposta dinâmica transitória e a resposta estática para $\beta = 1$ e $\xi = 0$.

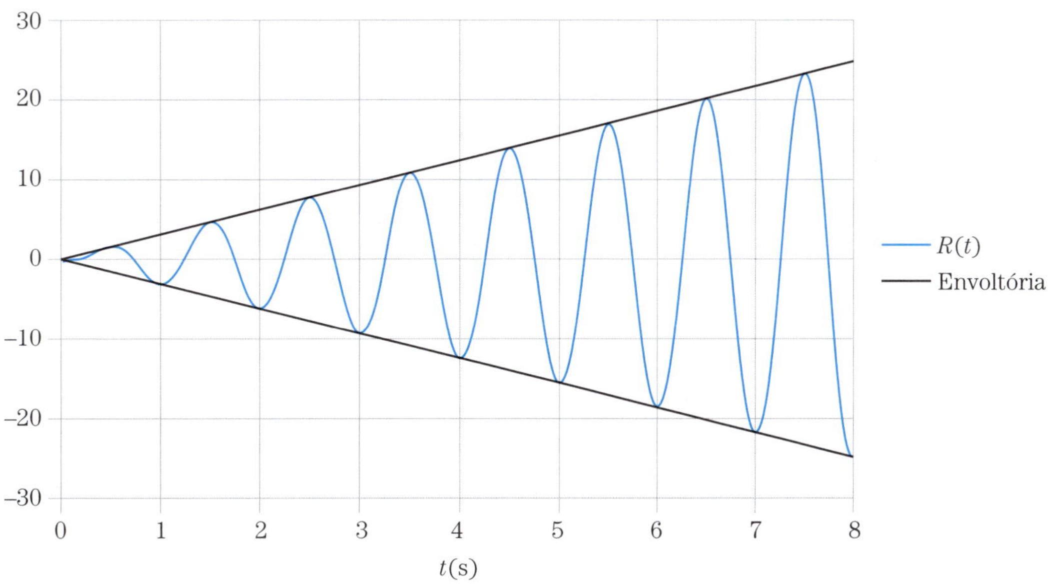

6.4 Amortecimento viscoso linear equivalente

Até o momento, pressupôs-se que a força dissipativa do oscilador de um grau de liberdade fosse proporcional à sua velocidade, isto é, que o amortecimento fosse viscoso linear. Essa é, efetivamente, uma hipótese fisicamente plausível quando se usam amortecedores em que êmbolos se deslocam axialmente dentro de cilindros contendo fluido no seu interior, podendo esse fluido passar de um lado para outro do êmbolo através de um pequeno orifício. A modelagem do oscilador com amortecimento viscoso linear, como se viu nas seções anteriores, é matematicamente simples, ou seja, recai em equação diferencial linear com coeficientes constantes para descrever o movimento.

Entretanto, não raramente as forças dissipativas são de modelagem mais complexa. É o que ocorre, por exemplo, quando se manifesta o atrito Coulomb entre superfícies secas ou mal lubrificadas, ou ainda o amortecimento histerético, típico de certos sistemas estruturais constituídos por material inelástico. Nesse último caso, os diagramas de tensão × deformação (ou força × deslocamento) são caracterizados por ciclos histeréticos, isto é, com trajetórias distintas na carga e na descarga, individualizando área proporcional à energia dissipada em cada ciclo. Nessas situações, pode-se recair em equações diferenciais não lineares do movimento. Numa abordagem aproximada, considera-se que a força dissipativa seja calculada como se o amortecimento fosse viscoso linear, com taxa de amortecimento equivalente ξ_{eq} criteriosamente escolhida. Com isso, a modelagem matemática simplifica-se extraordinariamente. Trata-se, pois, de calibrar o modelo matemático, como se indica a seguir.

No caso do atrito Coulomb, admite-se que a força dissipativa seja proporcional à força normal N atuante sobre as superfícies que se deslocam uma em relação a outra, e tenha sentido oposto a velocidade impressa $\dot{u}$. Nesse caso, a equação de movimento seria

$$m\ddot{u}+ku=p(t)-\mu_D N\frac{\dot{u}}{|\dot{u}|} \quad \text{ou} \quad m\ddot{u}+\mu_D N\frac{\dot{u}}{|\dot{u}|}+ku=p(t), \tag{6.47}$$

em que μ_D é o coeficiente de atrito dinâmico. Note-se que há uma singularidade na equação diferencial quando a velocidade $\dot{u}$ troca de sinal, isto é, passa por zero, fato que introduz grande dificuldade na análise da resposta dinâmica. A Figura 6.16b ilustra a força de atrito Coulomb e a energia dissipada ao longo de um ciclo completo.

É possível definir uma força de amortecimento viscoso linear equivalente, adotando-se as seguintes premissas:

i) para pequenas forças dissipativas, a resposta em regime permanente para um carregamento harmônico $p_0 \mathrm{sen}\,\bar{\omega}t$ é aproximadamente harmônica, ou seja,

$$u(t) = \bar{\rho}\mathrm{sen}(\bar{\omega}t - \bar{\theta}); \tag{6.48}$$

ii) a taxa de amortecimento viscoso linear equivalente ξ_{eq} deve ser tal que a energia dissipada em um ciclo de carregamento, atingindo-se a mesma amplitude $\bar{\rho}$ de deslocamento, seja a mesma que no caso de atrito Coulomb. Ora, a energia dissipada em um ciclo completo pela força de amortecimento viscoso linear equivalente é dada por:

$$\mathcal{E} = \oint c_{\mathrm{eq}}\dot{u}\,du = \int_0^{\frac{2\pi}{\bar{\omega}}} 2\xi_{\mathrm{eq}} m\omega\dot{u}^2\,dt = \int_0^{\frac{2\pi}{\bar{\omega}}} 2\xi_{\mathrm{eq}} m\omega\bar{\omega}^2\bar{\rho}^2\cos^2(\bar{\omega}t - \bar{\theta})dt = 2\pi\xi_{\mathrm{eq}} m\omega\bar{\omega}\bar{\rho}^2, \tag{6.49}$$

que é igual à área da elipse da Figura 6.16a.

Portanto, igualando-se o valor obtido em (6.49) à energia dissipada em um ciclo completo pela força de atrito Coulomb:

$$\mathcal{E} = 4\mu_D N\bar{\rho}, \tag{6.50}$$

chega-se a

$$\xi_{\mathrm{eq}} = \frac{2\mu_D N}{\pi m\omega\bar{\omega}\bar{\rho}} = \frac{2\mu_D N}{\pi k\beta\bar{\rho}}, \tag{6.51}$$

já que $k = m\omega^2$. Nota-se que a taxa de amortecimento equivalente é tanto maior quanto maior a força de atrito $\mu_D N$, menor a relação $\beta = \frac{\bar{\omega}}{\omega}$ entre a frequência da resposta e a natural do sistema estrutural, e menor a amplitude da resposta.

Já para o amortecimento histerético, um modelo matemático aproximado e relativamente simples, sem entrar em considerações sobre inelasticidade, é aquele que propõe ser a força dissipativa proporcional ao modulo do deslocamento $|u|$, porém com sentido oposto à velocidade impressa $\dot{u}$. Nesse caso, a equação de movimento seria

$$m\ddot{u} + ku = p(t) - \zeta k|u|\frac{\dot{u}}{|\dot{u}|} \quad \text{ou} \quad m\ddot{u} + \zeta k|u|\frac{\dot{u}}{|\dot{u}|} + ku = p(t), \tag{6.52}$$

em que ζ é o coeficiente de amortecimento histerético. Note-se que novamente ocorrem singularidades na equação diferencial quando a velocidade $\dot{u}$ troca de sinal, isto é, passa por zero, fato que introduz grande dificuldade na análise da resposta dinâmica. A Figura 6.16c ilustra a força de amortecimento histerético e a energia dissipada ao longo de um ciclo completo.

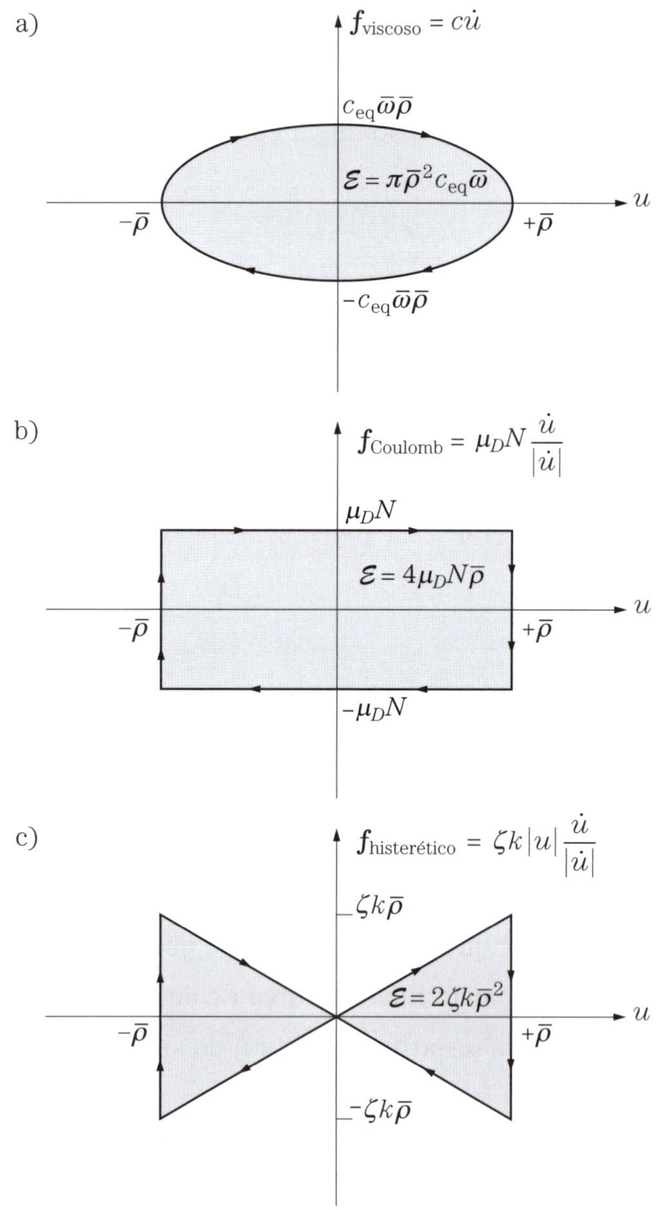

Figura 6.16
Energia dissipada em um ciclo completo (área sombreada).

Novamente, é possível definir uma taxa de amortecimento viscoso linear equivalente para o caso de amortecimento histerético, adotando-se premissas análogas a (i) e (ii) indicadas acima e impondo-se que a energia dissipada em um ciclo completo pela força de amortecimento histerético

$$\mathcal{E} = 2\zeta k \bar{\rho}^2 \tag{6.53}$$

seja igual ao valor indicado em (6.49), decorrendo

$$\xi_{eq} = \frac{\zeta}{\pi\beta}. \tag{6.54}$$

Nota-se que a taxa de amortecimento equivalente é tanto maior quanto maior o coeficiente de amortecimento histerético ζ e menor a relação $\beta = \dfrac{\bar{\omega}}{\omega}$ entre a frequência da resposta e a natural do sistema estrutural.

Para efeito de comparação, a Figura 6.16a ilustra a força de amortecimento viscoso linear e a energia dissipada ao longo de um ciclo completo.

7 CARREGAMENTOS PERIÓDICOS

No capítulo anterior discutiu-se a resposta de sistemas de um grau de liberdade submetidos a carregamentos harmônicos, que são caso particular de carregamento periódico. Neste capítulo, sistematiza-se o procedimento para análise da resposta dinâmica em regime permanente sob ação de carregamentos periódicos genéricos. A Figura 7.1 ilustra um carregamento periódico qualquer.

Figura 7.1
Carregamento periódico de período T_p.

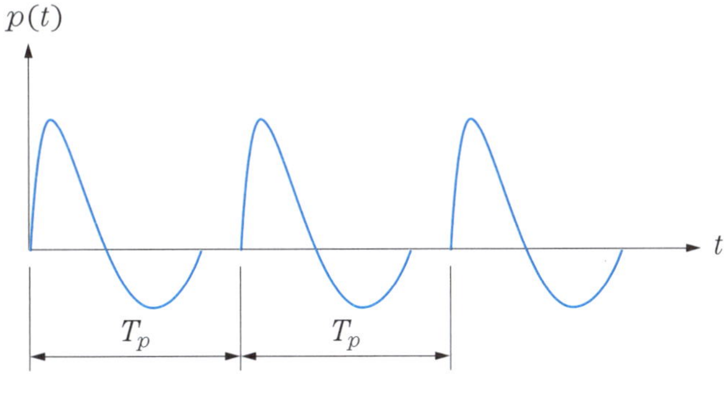

Quando se trata de um carregamento periódico geral, pode-se representá-lo pc meio de série de Fourier:

$$p(t) = a_0 + \sum_{n=1}^{\infty} a_n \cos\bar{\omega}_n t + \sum_{n=1}^{\infty} b_n \operatorname{sen}\bar{\omega}_n t, \tag{7.1}$$

sendo

$$a_0 = \frac{1}{T_p}\int_0^{T_p} p(t)\,dt \tag{7.2}$$

o carregamento médio e

$$\bar{\omega}_n = n\left(\frac{2\pi}{T_p}\right) \tag{7.3}$$

a frequência do enésimo harmônico. Os coeficientes a_n e b_n, dados por

$$a_n = \frac{2}{T_p}\int_0^{T_p} p(t)\cos\bar{\omega}_n t\,dt \tag{7.4}$$

$$b_n = \frac{2}{T_p}\int_0^{T_p} p(t)\operatorname{sen}\bar{\omega}_n t\,dt \tag{7.5}$$

são as amplitudes das componentes do enésimo harmônico.

A partir da decomposição do carregamento original em componentes harmôni cas, recair-se-á em uma superposição de respostas a carregamentos harmônicos o que é válido para sistemas lineares, ou seja, a resposta $u(t)$ do sistema de un grau de liberdade em regime estacionário

$$m\ddot{u} + c\dot{u} + ku = a_0 + \sum_{n=1}^{\infty} a_n \cos\bar{\omega}_n t + \sum_{n=1}^{\infty} b_n \operatorname{sen}\bar{\omega}_n t \tag{7.6}$$

poderá ser escrita, para o regime estacionário, usando (6.13) e (6.14), na forma

$$u(t) = \frac{a_0}{k} + \frac{1}{k}\sum_{n=1}^{\infty} D_n^2\left[\left(1-\beta_n^2\right)b_n + \left(2\xi\beta_n\right)a_n\right]\operatorname{sen}\bar{\omega}_n t$$
$$+\frac{1}{k}\sum_{n=1}^{\infty} D_n^2\left[\left(1-\beta_n^2\right)a_n - \left(2\xi\beta_n\right)b_n\right]\cos\bar{\omega}_n t \tag{7.7}$$

ou

$$u(t) = c_0 + \sum_{n=1}^{\infty} c_n \operatorname{sen}\left(\bar{\omega}_n t - \bar{\theta}_n\right), \tag{7.8}$$

onde

$$c_0 = \frac{a_0}{k} \tag{7.9}$$

$$c_n = \frac{D_n}{k}\sqrt{a_n^2 + b_n^2}, \qquad n = 1, 2, 3, \ldots, \tag{7.10}$$

são, respectivamente, a resposta média em deslocamento e a enésima componente harmônica da resposta em deslocamento;

$$\bar{\theta}_n = \arctan\left[-\frac{\left(1-\beta_n^2\right)a_n - (2\xi\beta_n)b_n}{\left(1-\beta_n^2\right)b_n - (2\xi\beta_n)a_n}\right] \tag{7.11}$$

é o ângulo de fase do enésimo harmônico, com $0 < \bar{\theta}_n < 2\pi$, escolhendo o quadrante de forma a atender:

$$\cos\left(\bar{\theta}_n\right) = \frac{D_n^2}{kc_n}\left[\left(1-\beta_n^2\right)b_n - (2\xi\beta_n)a_n\right] \tag{7.12}$$

$$\operatorname{sen}\left(\bar{\theta}_n\right) = -\frac{D_n^2}{kc_n}\left[\left(1-\beta_n^2\right)a_n - (2\xi\beta_n)b_n\right] \tag{7.13}$$

Recorda-se que

$$\beta_n = \frac{\bar{\omega}_n}{\omega} = n\left(\frac{T}{T_p}\right) \tag{7.14}$$

é a frequência do enésimo harmônico normalizada em relação à frequência natural do sistema;

$$D_n = \frac{1}{\sqrt{\left(1-\beta_n^2\right)^2 + (2\xi\beta_n)^2}} \tag{7.15}$$

é o coeficiente de amplificação dinâmica do enésimo harmônico.

Abordagem alternativa é a que se utiliza da notação exponencial complexa. No lugar de (7.1), o carregamento pode ser expresso pela série de Fourier na forma

$$p(t) = \sum_{n=-\infty}^{\infty} P_n e^{i\bar{\omega}_n t}, \tag{7.16}$$

com

$$P_0 = \frac{1}{T_p} \int_0^{T_p} p(t)dt = a_0 \tag{7.17}$$

$$P_n = \frac{1}{T_p} \int_0^{T_p} p(t)e^{-i\bar{\omega}_n t}dt = \frac{1}{2}(a_n - ib_n), \quad n \neq 0 \tag{7.18}$$

onde $i = \sqrt{-1}$ é a unidade imaginária.

É fácil perceber que P_n e P_{-n} são complexos conjugados, da mesma forma que $P_n \exp(i\bar{\omega}_n t)$ e $P_{-n}\exp(i\bar{\omega}_{-n}t)$ o são, garantindo-se, assim, que $p(t)$, dado por (7.16), seja um número real.

Nesse ponto, é interessante recorrer à chamada função complexa de resposta em frequência $H(\bar{\omega})$, por meio da qual se pode determinar a resposta em regime permanente de um sistema de um grau de liberdade submetido a um carregamento harmônico complexo $\exp(i\bar{\omega}t)$, de módulo unitário e frequência $\bar{\omega}$. Pode-se verificar, por simples substituição, que a solução em regime permanente da equação de movimento (3.1), em tal situação, é

$$u(t) = H(\bar{\omega})e^{i\bar{\omega}t} \tag{7.19}$$

$$H(\bar{\omega}) = \frac{1}{-\bar{\omega}^2 m + i\bar{\omega}c + k} = \frac{(1-\beta^2)D^2}{k} - \frac{2\beta\xi D^2}{k}i, \tag{7.20}$$

sendo β, ξ e D, conforme definidos em (6.10), (4.13) e (6.12). Portanto, no caso de carregamento periódico expresso por (7.16), invocando os princípios da superposição de efeitos e o da proporcionalidade entre causa e efeito, pode-se escrever a resposta dinâmica em regime permanente na forma

$$u(t) = \sum_{n=-\infty}^{\infty} P_n H(\bar{\omega}_n)e^{i\bar{\omega}_n t} = C_0 + \sum_{n=1}^{\infty} C_n \operatorname{sen}(\bar{\omega}_n t - \hat{\theta}_n); \tag{7.21}$$

$$C_0 = \frac{a_0}{k} = c_0 \tag{7.22}$$

$$C_n = \frac{D_n}{k}\sqrt{a_n^2 + b_n^2} = c_n \tag{7.23}$$

$$\hat{\theta}_n = \arctan\left[-\frac{(1-\beta_n^2)a_n - (2\xi\beta_n)b_n}{(1-\beta_n^2)b_n - (2\xi\beta_n)a_n}\right] = \bar{\theta}_n, \tag{7.24}$$

sendo o coeficiente de amplificação dinâmico do enésimo harmônico D_n dado por (7.15). A expressão (7.21) é totalmente equivalente à (7.8). A resposta a carregamentos periódicos em notação exponencial complexa (7.21) é particularmente interessante para a análise no domínio da frequência, conforme se verá no Capítulo 9.

EXEMPLO 8

Resposta dinâmica em regime estacionário de sistema de um grau de liberdade submetido a carregamento periódico "dente de serra"

Seja o carregamento ilustrado na Figura 7.2 aplicado a um oscilador amortecido com $\xi = 0{,}05$ e período natural $T = \frac{3}{4}T_p$, de sorte que $\beta_n = \frac{3n}{4}$, conforme indica (7.14). Deseja-se determinar a resposta dinâmica do oscilador, em regime estacionário, até o quarto harmônico.

Figura 7.2
Carregamento periódico "dente de serra".

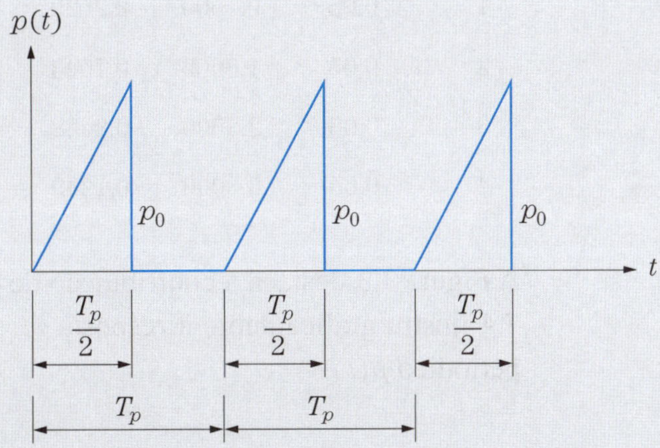

De (7.2), (7.4) e (7.5), resultam

$$a_0 = \frac{p_0}{4}; \tag{7.25}$$

$$a_n = 0 \quad \text{(para } n \neq 0 \text{ e par)} \quad \text{ou} \quad -\frac{2p_0}{(\pi n)^2} \quad \text{(para } n \text{ ímpar)}; \tag{7.26}$$

$$b_n = -\frac{p_0}{\pi n} \quad \text{(para } n \neq 0 \text{ e par)} \quad \text{ou} \quad \frac{p_0}{\pi n} \quad \text{(para } n \text{ ímpar)}. \tag{7.27}$$

A Tabela 7.1 contém os valores a serem considerados até o quarto harmônico.

A resposta pode, então, ser escrita conforme (7.8) ou (7.21), obtendo-se, até o quarto harmônico, a seguinte expressão para a razão $r(t)$ definida por:

$$r(t) = \frac{u(t)}{\frac{p_0}{k}} = 0{,}2500 + 0{,}8501\,\mathrm{sen}\left(\frac{2\pi}{T_p}t - 0{,}7367\right) + 0{,}1264\,\mathrm{sen}\left(\frac{4\pi}{T_p}t - 6{,}1638\right)$$
$$+\, 0{,}0267\,\mathrm{sen}\left(\frac{6\pi}{T_p}t - 3{,}2954\right) + 0{,}0099\,\mathrm{sen}\left(\frac{8\pi}{T_p}t - 6{,}2457\right). \tag{7.28}$$

Tabela 7.1 – Cálculos auxiliares para determinação da resposta a carregamento periódico

n	ξ	β_n	D_n	$\left(\frac{1}{p_0}\right)a_n$	$\left(\frac{1}{p_0}\right)b_n$	$\left(\frac{k}{p_0}\right)c_n$	$\bar{\theta}_n$
1	0,05	0,7500	2,2529	–0,2026	0,3183	0,8501	0,7367
2	0,05	1,5000	0,7943	0,0000	–0,1592	0,1264	6,1638
3	0,05	2,2500	0,2458	–0,0225	0,1061	0,0267	3,2954
4	0,05	3,0000	0,1249	0,0000	–0,0796	0,0099	6,2457

A Figura 7.3 destaca a contribuição de cada harmônico para $r(t)$ e a Figura 7.4 ilustra graficamente a resposta $r(t)$, em conjunto com o carregamento periódico $p(t)$.

Figura 7.3
Contribuição de cada harmônico na resposta dinâmica.

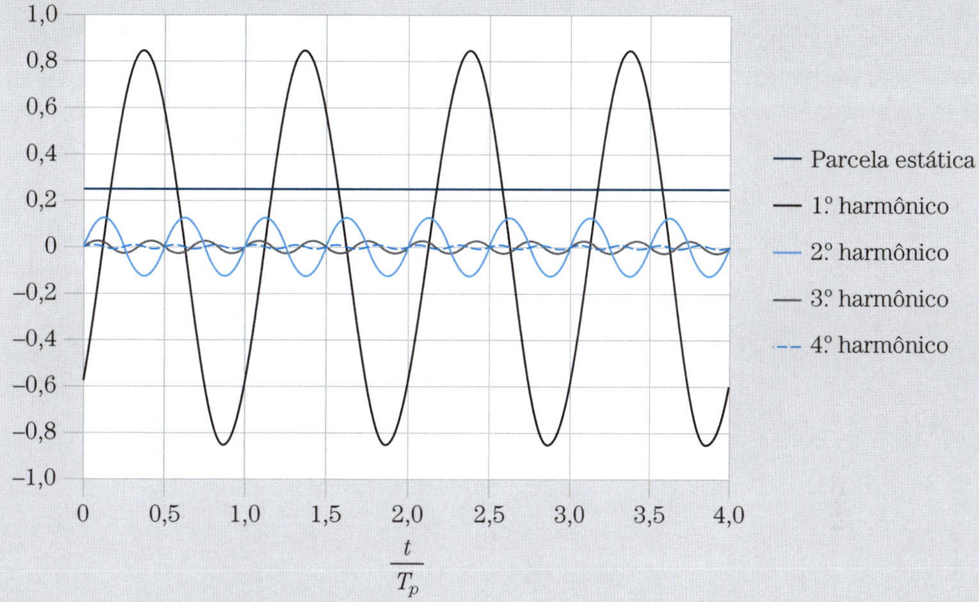

Figura 7.4
Resposta em regime estacionário de sistema de um grau de liberdade submetido a carregamento periódico.

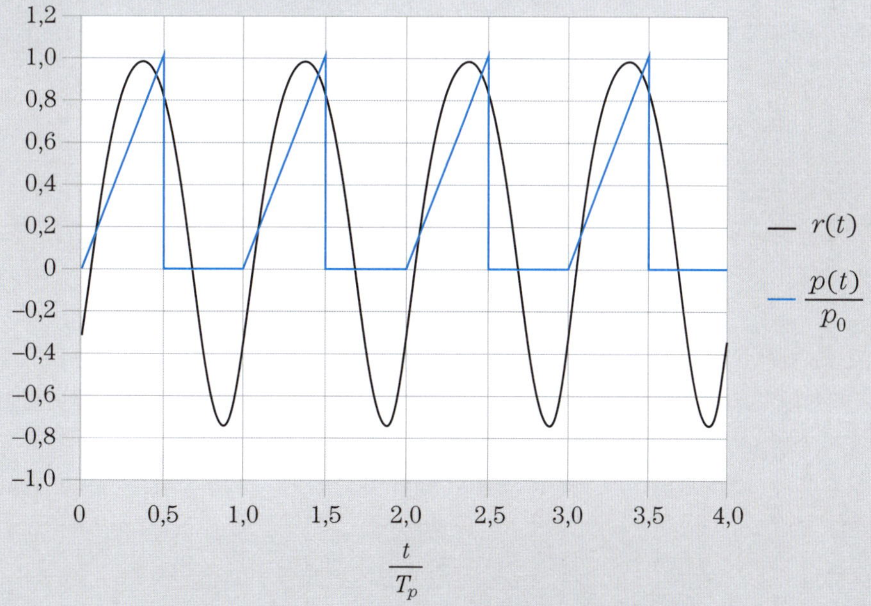

■

8 CARREGAMENTOS IMPULSIVOS EM SISTEMAS DE UM GRAU DE LIBERDADE

Carregamentos de duração t_1 curta, com relação ao período natural de vibração T do sistema de um grau de liberdade, são denominados impulsivos, como se indica esquematicamente na Figura 8.1.

Figura 8.1
Carregamento impulsivo.

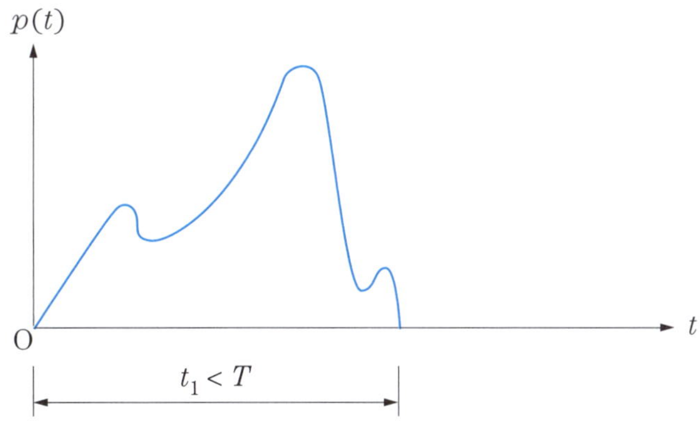

Pode-se dividir a análise em duas fases:

- fase 1 ($0 \leq t \leq t_1$): vibrações forçadas;
- fase 2 ($t > t_1$): vibrações livres, tendo como condições "iniciais" o deslocamento e a velocidade atingidos em t_1, quando cessa o carregamento.

Para $t_1 < T$ é usual desprezar-se o efeito do amortecimento, se a estrutura partir do repouso, pois as velocidades atingidas serão pequenas no intervalo $0 \leq t \leq t_1$. Mesmo na fase de vibrações livres, em sistemas fracamente amortecidos, é usual ignorar-se o efeito do amortecimento para a estimação, a favor da segurança, das respostas máximas (primeiros extremos).

8.1 Pulso retangular

Considere-se o caso de um carregamento do tipo pulso retangular $p(t) = p_0$, para $0 \leq t \leq t_1$, e $p(t) = 0$, para $t > t_1$.

- **Fase 1** ($0 \leq t \leq t_1$):

A equação de movimento do sistema não amortecido é $m\ddot{u} + ku = p_0$. Para o sistema partindo do repouso ($u_0 = 0$ e $\dot{u}_0 = 0$), a solução é:

$$u(t) = \frac{p_0}{k}(1 - \cos\omega t) = u_e(1 - \cos\omega t), \tag{8.1}$$

onde $u_e = \dfrac{p_0}{k}$.

Se a duração do carregamento for tal que $\dfrac{T}{2} \leq t_1$, sendo $T = \dfrac{2\pi}{\omega}$ o período e ω a frequência natural do sistema, haverá tempo suficiente para que se atinja o valor máximo $u_{\max} = 2u_e$, que é o dobro do valor que corresponderia à aplicação estática de p_0, isto é, o coeficiente de amplificação dinâmica vale $D = 2$, conforme indica a Figura 8.2.

Figura 8.2

Resposta dinâmica para pulso retangular com $\frac{t_1}{T} = 0{,}70$, para o qual $D = 2$.

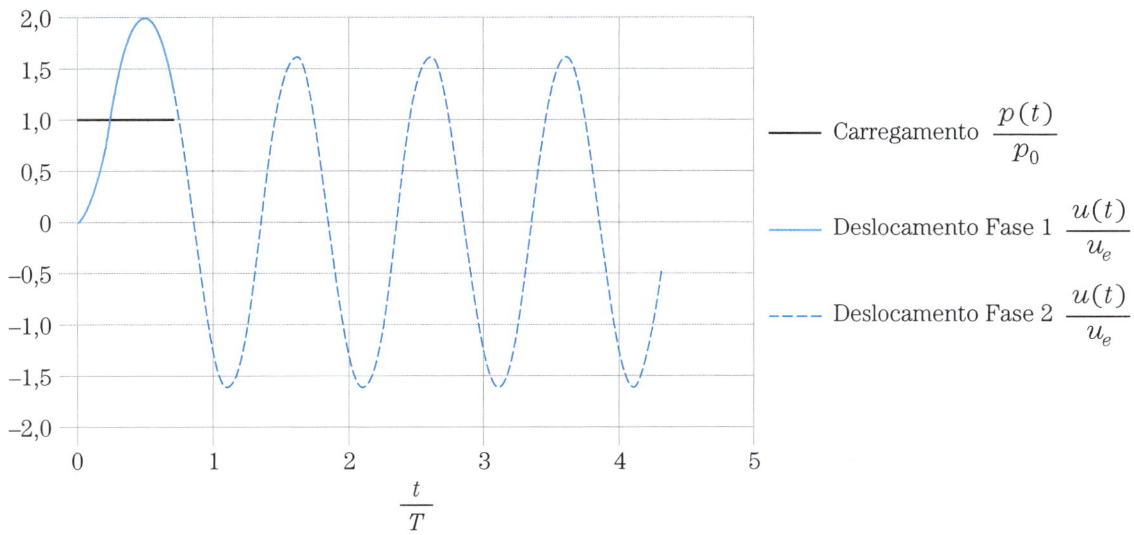

Nota:

Se o carregamento se mantivesse constante indefinidamente, poder-se-ia interpretar o resultado como uma vibração em torno da configuração de "equilíbrio" $u_e = \frac{p_0}{k}$. Havendo dissipação de energia no modelo, a amplitude da oscilação diminuiria, com a resposta dinâmica tendendo à estática. Pode-se, aqui, interpretar a energia de deformação complementar $\mathcal{U}^*$ como a energia cinética que seria fornecida ao sistema sob aplicação instantânea do carregamento. Para a elasticidade linear, como $\mathcal{U}^* = \mathcal{U}$ (energia de deformação), haveria instantes em que a energia cinética seria totalmente convertida em energia potencial interna, somando-se a $\mathcal{U}$, e duplicando os deslocamentos. Havendo dissipação de energia, ao final do processo restaria apenas $\mathcal{U}$, e o deslocamento final se estabilizaria na solução estática.

- **Fase 2** $(t > t_1)$:

Definem-se $\bar{t} = t - t_1 > 0$ e $\bar{u}(\bar{t}) = u(t)$. Escreve-se a equação de movimento como $m\ddot{\bar{u}} + k\bar{u} = 0$, com condições iniciais $\bar{u}(0) = u(t_1)$ e $\dot{\bar{u}}(0) = \dot{u}(t_1)$. A resposta dinâmica será dada por (4.6) – (4.10):

$$\bar{u}(\bar{t}) = \bar{\rho}\cos(\omega\bar{t} - \bar{\theta}) \tag{8.2}$$

$$\bar{\theta} = \arctan\left[\frac{\dot{u}(t_1)}{\omega u(t_1)}\right], \tag{8.3}$$

$$\bar{\rho} = \sqrt{[u(t_1)]^2 + \left[\frac{\dot{u}(t_1)}{\omega}\right]^2}. \tag{8.4}$$

Pode-se mostrar que:

$$\bar{\rho} = 2 \text{ sen}\left(\frac{\omega t_1}{2}\right) u_e = 2 \text{ sen}\left(\frac{\pi t_1}{T}\right) u_e \tag{8.5}$$

$$\bar{\theta} = \arctan\left(\frac{\text{sen}\omega t_1}{1 - \cos\omega t_1}\right). \tag{8.6}$$

Observa-se que, para $\frac{t_1}{T} = \frac{1}{2}$, $\bar{\rho} = 2u_e$, conforme já visto no estudo da fase 1. Para durações menores do carregamento $\left(\frac{t_1}{T} < \frac{1}{2}\right)$, a maior amplificação dinâmica

$$D = \frac{\bar{\rho}}{u_e} = 2 \text{ sen}\left(\frac{\pi t_1}{T}\right) \tag{8.7}$$

ocorrerá na fase 2, como se ilustra na Figura 8.3.

Figura 8.3
Resposta para pulso retangular com $\frac{t_1}{T}$ = 0,35, para o qual D = 1,78.

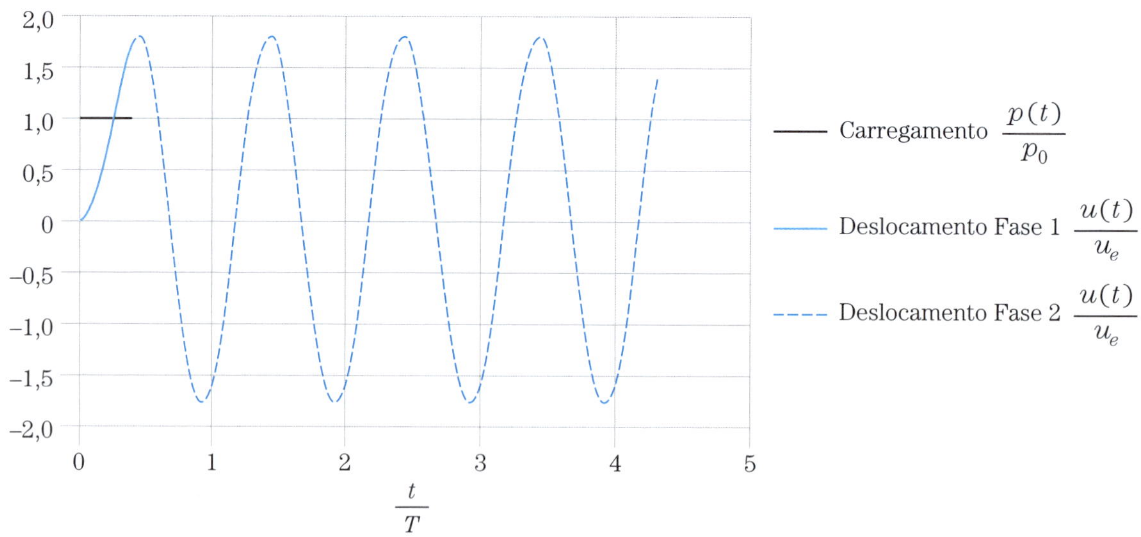

8.2 Pulso senoidal

Considere-se o caso de um carregamento do tipo pulso senoidal $p(t) = p_0 \text{sen}\,\bar{\omega}t$ para $0 \leq t \leq t_1 = \frac{\pi}{\bar{\omega}}$, e $p(t) = 0$, para $t > t_1$.

- **Fase 1** $(0 \leq t \leq t_1 = \frac{\pi}{\bar{\omega}})$:

A equação de movimento do sistema não amortecido é $m\ddot{u} + ku = p_0 \text{sen}\,\bar{\omega}t$. Para o sistema partindo do repouso ($u_0 = 0$ e $\dot{u}_0 = 0$), a solução é:

$$u(t) = \frac{1}{1-\beta^2}(\text{sen}\bar{\omega}t - \beta \text{sen}\omega t)u_e, \tag{8.8}$$

onde $\beta = \frac{\bar{\omega}}{\omega}$ e $u_e = \frac{p_0}{k}$.

Se a duração do carregamento for tal que $\frac{T}{2} \leq t_1$, sendo $T = \frac{2\pi}{\omega}$ o período e ω a frequência natural do sistema, o máximo ocorrerá para $\dot{u}(t) = 0$, ou seja, para $t = \frac{2\pi}{(1+\beta)\omega}$. É condição necessária e suficiente para que esse instante t seja menor ou igual à duração t_1 do carregamento, que:

$$\frac{2\pi}{(1+\beta)\omega} \leq \frac{\pi}{\bar{\omega}}. \tag{8.9}$$

Resulta da inequação (8.9) que:

$$\beta \leq 1. \tag{8.10}$$

Assim, se $\beta \leq 1$, o máximo deslocamento ocorrerá certamente na fase 1. A amplificação dinâmica, nessas condições, será:

$$D = \frac{u_{\max}}{u_e} = \left| \frac{1}{1-\beta^2}\left[\text{sen}\left(\frac{2\pi\beta}{1+\beta}\right) - \beta\ \text{sen}\left(\frac{2\pi}{1+\beta}\right)\right] \right|. \tag{8.11}$$

A Figura 8.4 ilustra o caso de $\beta = \frac{2}{3}$.

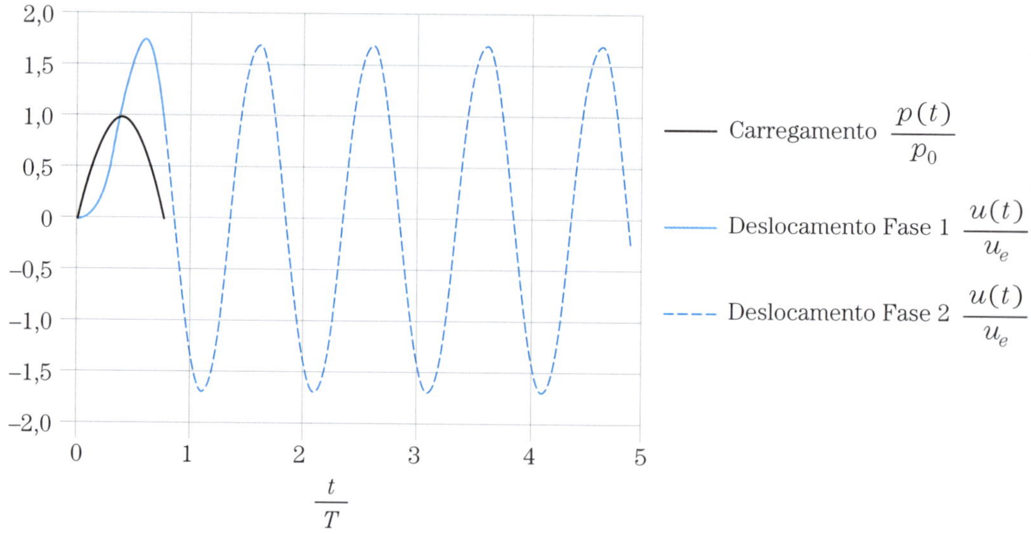

Figura 8.4 Resposta dinâmica para pulso senoidal com $\beta = \frac{2}{3}$, para o qual $D = 1{,}76$.

Evidentemente, se $\beta > 1$, a máxima resposta dinâmica ocorrerá para $t > t_1$, isto é, na fase 2, que se estuda a seguir.

- **Fase 2** ($t > t_1$):

Definem-se $\bar{t} = t - t_1 > 0$ e $\bar{u}(\bar{t}) = u(t)$. Escreve-se a equação de movimento como $m\ddot{\bar{u}} + k\bar{u} = 0$, com condições iniciais $\bar{u}(0) = u(t_1) = \frac{-\beta u_e}{1-\beta^2}\operatorname{sen}\frac{\pi}{\beta}$ e $\dot{\bar{u}}(0) = \dot{u}(t_1) = \frac{\bar{\omega} u_e}{1-\beta^2}\left(1 + \cos\frac{\pi}{\beta}\right)$. A resposta dinâmica será dada por (4.6) – (4.10):

$$\bar{u}(\bar{t}) = \bar{\rho}\cos(\omega\bar{t} - \bar{\theta}), \tag{8.12}$$

com

$$\bar{\theta} = \arctan\left[\frac{\dot{u}(t_1)}{\omega u(t_1)}\right],$$
$$\bar{\rho} = \sqrt{[u(t_1)]^2 + \left[\frac{\dot{u}(t_1)}{\omega}\right]^2}. \tag{8.13}$$

Pode-se mostrar que o coeficiente de amplificação dinâmica valerá:

$$D = \frac{u_{\max}}{u_e}\left|\frac{2\beta}{1-\beta^2}\cos\frac{\pi}{2\beta}\right|. \tag{8.14}$$

A título de exemplo, a Figura 8.5 apresenta o resultado correspondente a $\beta = \frac{4}{3}$, quando o coeficiente de amplificação dinâmica atinge o valor $D = 1{,}31$, na fase 2, isto é, após a cessação de carregamento.

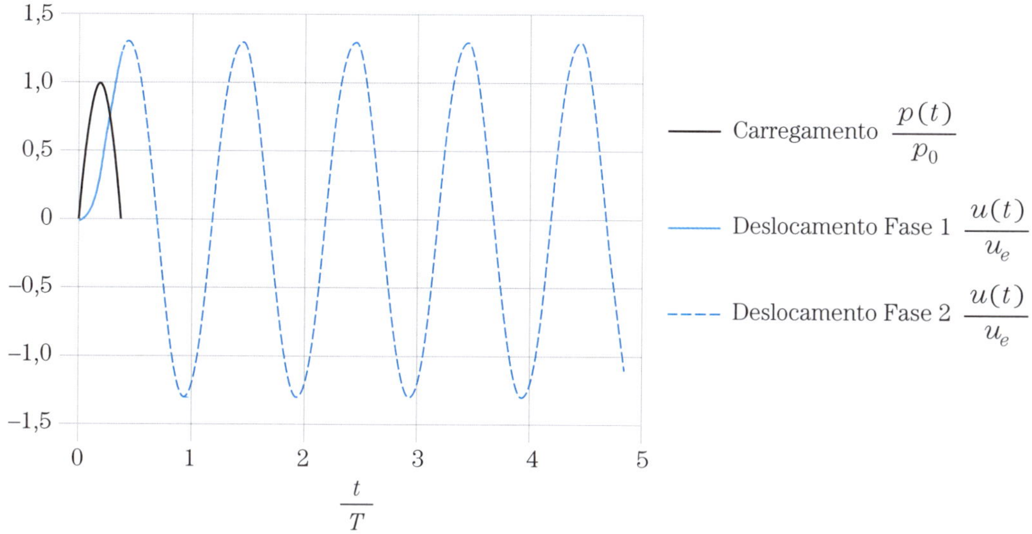

Figura 8.5 Resposta dinâmica para pulso senoidal com $\beta = \frac{4}{3}$, para o qual $D = 1{,}31$.

8.3 Pulso triangular

Considere-se o caso de um carregamento do tipo pulso triangular $p(t) = p_0\,(1 - \frac{t}{t_1})$, para $0 \leq t \leq t_1$, e $p(t) = 0$, para $t > t_1$.

- **Fase 1** $(0 \leq t \leq t_1)$:

A equação de movimento do sistema não amortecido é $m\ddot{u} + ku = p_0\,(1 - \frac{t}{t_1})$. Para o sistema partindo do repouso ($u_0 = 0$ e $\dot{u}_0 = 0$), a solução é:

$$u(t) = u_e\left(1 - \frac{t}{t_1}\right) + \rho\cos(\omega t - \theta), \tag{8.15}$$

$$\rho = u_e\sqrt{1 + \left(\frac{1}{\omega t_1}\right)^2}, \tag{8.16}$$

$$\theta = \arctan\left(\frac{-1}{\omega t_1}\right), \qquad 0 \leq \theta \leq \pi. \tag{8.17}$$

onde $u_e = \dfrac{p_0}{k}$.

- **Fase 2** ($t > t_1$):

Definem-se $\bar{t} = t - t_1 > 0$ e $\bar{u}(\bar{t}) = u(t)$. Escreve-se a equação do movimento como $m\ddot{\bar{u}} + k\bar{u} = 0$, com condições iniciais $\bar{u}(0) = u(t_1)$ e $\dot{\bar{u}}(0) = \dot{u}(t_1)$. A resposta dinâmica será dada por (4.6) – (4.10):

$$\bar{u}(\bar{t}) = \bar{\rho}\cos(\omega\bar{t} - \bar{\theta}), \tag{8.18}$$

$$\bar{\theta} = \arctan\left[\frac{\dot{u}(t_1)}{\omega u(t_1)}\right], \tag{8.19}$$

$$\bar{\rho} = \sqrt{[u(t_1)]^2 + \left[\frac{\dot{u}(t_1)}{\omega}\right]^2}. \tag{8.20}$$

Para pequenas durações do carregamento, a maior amplificação dinâmica ocorrerá na fase 2, como se ilustra na Figura 8.7. Caso contrário, ocorrerá na fase 1, como se ilustra na Figura 8.6.

Figura 8.6
Resposta dinâmica para pulso triangular com $\frac{t_1}{T}$ = 0,70, para o qual D = 1,39.

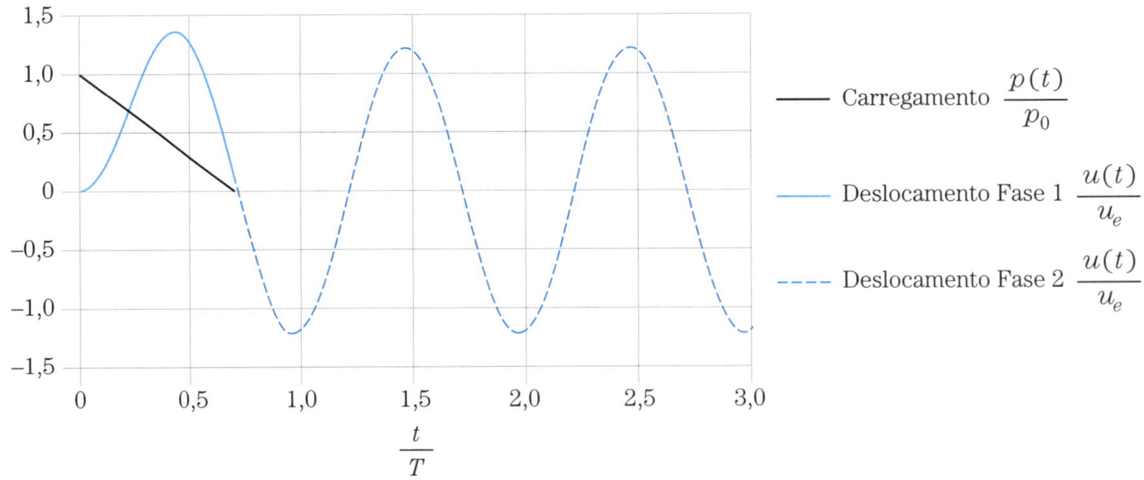

Figura 8.7
Resposta dinâmica para pulso triangular com $\frac{t_1}{T}$ = 0,20, para o qual D = 0,60.

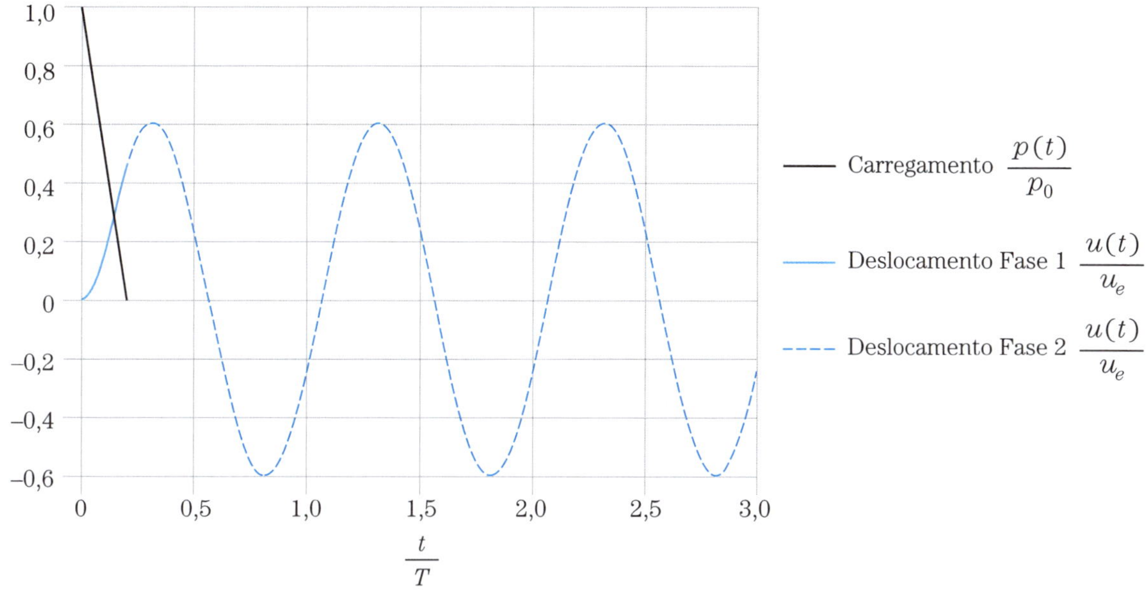

8.4 Pulsos de curtíssima duração

Para relações $\frac{t_1}{T} < 0{,}25$, fala-se de pulso de "curtíssima duração". Nesse caso, as forças que prevalecem durante a aplicação do carregamento são as inerciais (além das forças dissipativas, as elásticas são também desprezíveis). O equilíbrio dinâmico é, agora, caracterizado aproximadamente por

$$m\ddot{u} = p(t), \qquad 0 \le t \le t_1. \tag{8.21}$$

Integrando-se essa equação uma vez no tempo, chega-se ao teorema do impulso, cuja tese afirma que a variação da quantidade de movimento $\Delta\mathcal{Q}$ deve ser igual ao impulso $\mathcal{I}$ da força aplicada:

$$\Delta\mathcal{Q} = m\left[\dot{u}(t_1) - \dot{u}_0\right] = \int_0^{t_1} p(t)dt = \mathcal{I}. \tag{8.22}$$

Supondo que o sistema esteja inicialmente em repouso ($u_0 = 0$ e $\dot{u}_0 = 0$), obter-se-á:

$$\dot{u}(t_1) = \frac{\mathcal{I}}{m}. \tag{8.23}$$

Para tais pulsos, a resposta máxima ocorrerá na fase 2 (vibrações livres) e poderá ser estimada a partir de

$$u(t) \cong \frac{\dot{u}(t_1)}{\omega}\,\text{sen}\omega\,(t-t_1) = \frac{\mathcal{I}}{m\omega}\,\text{sen}\omega\,(t-t_1). \tag{8.24}$$

Note que a consideração do efeito de amortecimento na fase 2, para todos os casos já estudados, seria extremamente simples. A título de exemplo, ilustra-se, a seguir, a consideração do efeito do amortecimento para os pulsos de "curtíssima duração":

$$u(t) \cong \frac{\mathcal{I}}{m\omega_D}\,e^{-\xi\omega(t-t_1)}\text{sen}\omega_D\,(t-t_1), \tag{8.25}$$

com valor máximo

$$u_{\max} = u\left(t_1 + \frac{\pi}{2\omega_D}\right) \cong \frac{\mathcal{I}}{m\omega_D}\,e^{-\frac{\xi\pi}{2}}, \qquad \text{para} \qquad \xi \ll 1. \tag{8.26}$$

EXEMPLO 9 Carregamento impulsivo sobre caixa d'água elevada

A caixa d'água representada nas Figuras 8.8a-b é submetida a uma explosão, caracterizada pelo carregamento $p(t)$ da Figura 8.8c. Calcular o máximo momento na base da torre. São dados: $m = 7 \times 10^5$ kg, $k = 7 \times 10^7$ N/m, $h = 45$ m.

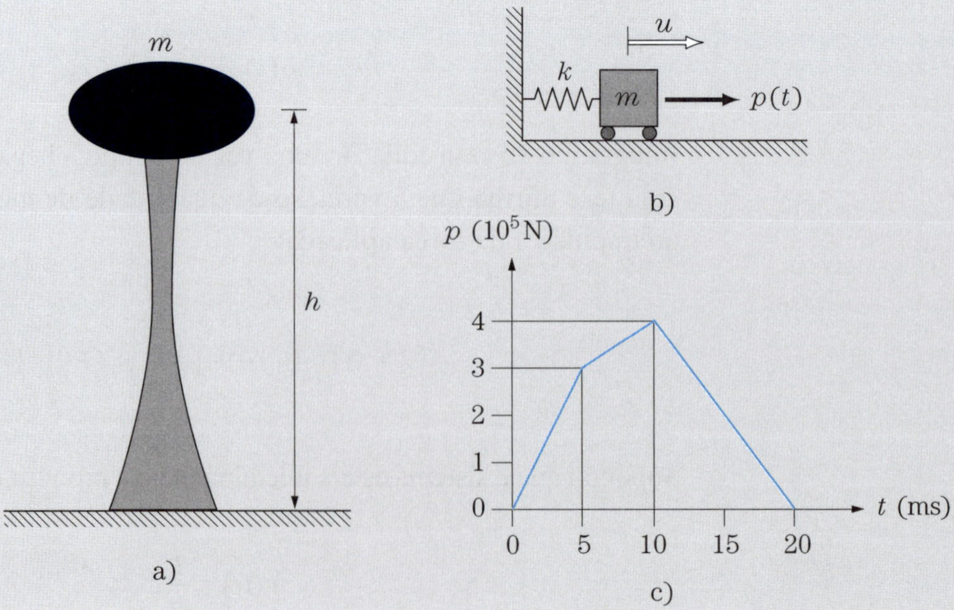

Figura 8.8
Exemplo de estrutura submetida a carregamento impulsivo.

A frequência e o período natural do modelo de um grau de liberdade são:

$$\omega = \sqrt{\frac{k}{m}} = 10 \text{ rad/s} \quad \text{e} \quad T = \frac{2\pi}{\omega} = 0,6283 \text{ s} \tag{8.27}$$

e, portanto, $\dfrac{t_1}{T} = \dfrac{0,02}{0,6283} = 0,0318 < 0,25.$

Pode-se estimar a resposta máxima considerando-se o pulso como de "curtíssima duração". Desprezando o amortecimento, vem:

$$u_{\max} = \frac{\mathcal{I}}{m\omega} = 0,000643 \text{ m.} \tag{8.28}$$

A máxima força elástica (cortante no topo da torre) valerá: $F_{\max} = ku_{\max} = 45$ kN. Decorre que o momento máximo na base será: $M_{\max} = F_{\max}\, h = 2025$ kNm.

■

EXEMPLO 10 Resposta dinâmica de sistema de um grau de liberdade submetido a carregamento impulsivo periódico

Um oscilador linear de um grau de liberdade de massa m, taxa de amortecimento $\xi = 0,05$ e frequência natural ω está submetido ao carregamento impulsivo periódico da Figura 8.9.

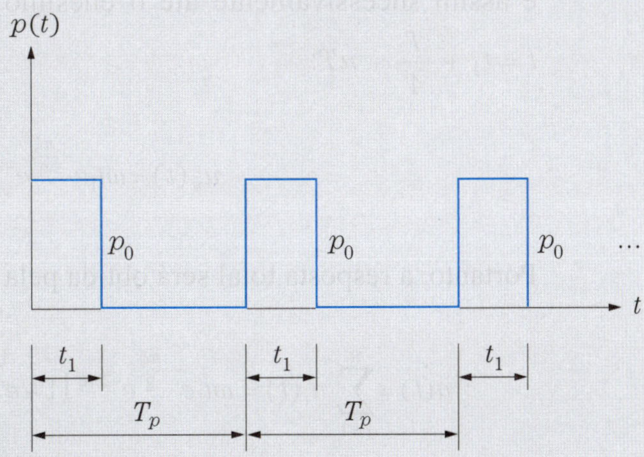

Figura 8.9
Carregamento impulsivo periódico retangular.

Considera-se o caso mais crítico, em que o período do carregamento T_p seja igual ao período natural do oscilador, isto é, $T_p = T = \frac{2\pi}{\omega}$. Supõe-se, ainda, que a duração de cada pulso t_1 seja igual a um décimo do período natural do oscilador, isto é, $t_1 = \frac{T}{10} = \frac{\pi}{5\omega}$. Deseja-se calcular a resposta $u(t)$ no instante $t = t_1 + \frac{T}{4} + nT$, onde n é um número inteiro de ciclos, calculando-se, a seguir, seu limite quando $n \to \infty$.

Como se sabe, para pulsos de curtíssima duração $\left(\frac{t_1}{T} < 0{,}25\right)$, de (8.25) pode-se escrever a parcela $u_1(t)$ com que o primeiro pulso contribui para a resposta em $t = t_1 + \frac{T}{4} + nT$

$$u_1(t) = \frac{I}{m\omega} e^{-\xi\omega\left(\frac{T}{4}+nT\right)} \operatorname{sen}\omega\left(\frac{T}{4}+nT\right) \tag{8.29}$$

$$u_1(t) = \frac{p_0 t_1}{m\omega} e^{-\frac{\pi\xi}{2}} e^{-2n\pi\xi} = \frac{p_0 \omega t_1}{k} e^{-\frac{\pi\xi}{2}} e^{-2n\pi\xi} = \omega t_1 e^{-\frac{\pi\xi}{2}} e^{-2n\pi\xi} u_e. \tag{8.30}$$

Aqui se supõe, como é razoável para sistemas pouco amortecidos, que a frequência natural amortecida seja aproximadamente igual à não amortecida. A contribuição do segundo pulso, de forma análoga, é:

$$u_2(t) = \omega t_1 e^{-\frac{\pi\xi}{2}} e^{-2(n-1)\pi\xi} u_e \tag{8.31}$$

e assim sucessivamente até o enésimo e último pulso antes do instante $t = t_1 + \frac{T}{4} + nT$:

$$u_n(t) = \omega t_1 e^{-\frac{\pi\xi}{2}} e^{-2\pi\xi} u_e. \tag{8.32}$$

Portanto, a resposta total será obtida pela soma destas parcelas:

$$u(t) = \sum_{i=1}^{n} u_i(t) = \omega t_1 e^{-\frac{\pi\xi}{2}} e^{-2\pi\xi} \left[1 + e^{-2\pi\xi} + \ldots + e^{-2\pi(n-1)\xi}\right] u_e. \tag{8.33}$$

Para passar a resposta ao limite quando $n \to \infty$, é oportuno reconhecer que o termo entre colchetes da expressão (8.33) é uma progressão geométrica de razão $q = e^{-2\pi\xi} < 1$, de sorte que a soma para infinitos termos pode ser calculada dividindo-se seu primeiro termo por $1 - q$, ou seja:

$$\lim_{n\to\infty} u(t) = \omega t_1 e^{-\frac{5\pi\xi}{2}} \left(\frac{1}{1-e^{-2\pi\xi}}\right) u_e. \tag{8.34}$$

Note-se que o valor calculado corresponde à máxima resposta, de modo que o coeficiente de amplificação dinâmica é, aqui, dado por

$$D = \omega t_1 e^{-\frac{5\pi\xi}{2}} \left(\frac{1}{1-e^{-2\pi\xi}}\right). \tag{8.35}$$

Para duração do pulso $t_1 = \dfrac{T}{10}$ e taxa de amortecimento $\xi = 0{,}05$, o coeficiente de amplificação dinâmica é $D = 1{,}57$, mostrando que este carregamento, impulsivo e periódico-ressonante, amplifica a resposta estática em quase 60%.

■

9 CARREGAMENTOS DINÂMICOS GERAIS EM SISTEMAS DE UM GRAU DE LIBERDADE

Estudam-se, neste capítulo, distintas abordagens para a obtenção da resposta dinâmica de um sistema de um grau de liberdade submetido a um carregamento geral, a saber: análise no domínio do tempo por meio da integral de Duhamel; análise no domínio da frequência por meio das transformadas de Fourier; integração numérica das equações integrais do movimento no domínio do tempo; integração numérica das equações diferenciais do movimento no domínio do tempo pelo método de Runge-Kutta de 4ª ordem, pelo método de Euler-Gauss, pelo método de Newmark e pelo método de Wilson-θ.

9.1 Análise no domínio do tempo: integral de Duhamel

A solução aproximada (8.25) para a resposta dinâmica em regime permanente do oscilador de um grau de liberdade submetido a um pulso de curtíssima duração pode ser evocada, paradoxalmente, para justificar a solução exata da resposta dinâmica do mesmo sistema sob carregamento dinâmico geral. De fato, para um carregamento dinâmico geral, tal qual o representado na Figura 9.1, pode-se considerar, inicialmente, a contribuição que um pulso infinitesimal de intensidade $p(\tau)d\tau$ dá para a resposta dinâmica a partir do instante τ, recorrendo a (8.25).

O que seria uma solução aproximada para pulsos de duração finita é uma solução exata para pulsos de duração infinitesimal:

$$du(t) = \frac{p(\tau)d\tau}{m\omega_D} e^{-\xi\omega(t-\tau)}\text{sen}\omega_D(t-\tau), \qquad t > \tau. \tag{9.1}$$

Note-se que, em (9.1), $du(t)$ não representa a variação infinitesimal de u no intervalo dt, mas a resposta devida ao impulso infinitesimal $p(\tau)d\tau$ para todo instante $t > \tau$. Portanto, para considerar todas as contribuições de pulsos infinitesimais até um determinado instante t e, também, a solução homogênea que depende das condições iniciais, escreve-se:

$$\begin{aligned} u(t) = e^{-\xi\omega t}&\left[\left(\frac{\dot{u}_0 + u_0\xi\omega}{\omega_D}\right)\text{sen}\omega_D t + u_0\cos\omega_D t\right] \\ &+ \int_0^t \frac{p(\tau)}{m\omega_D} e^{-\xi\omega(t-\tau)}\text{sen}\omega_D(t-\tau)d\tau. \end{aligned} \tag{9.2}$$

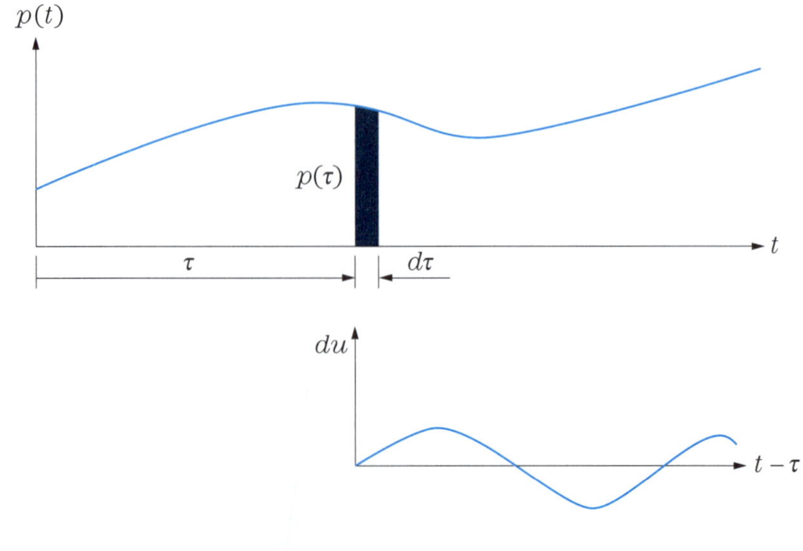

Figura 9.1
Carregamento dinâmico geral e resposta infinitesimal du ao impulso infinitesimal $p(\tau)d\tau$.

É usual desconsiderar a solução homogênea e introduzir a função de resposta para carregamento unitário

$$h(t) = \frac{1}{m\omega_D} e^{-\xi\omega t} \operatorname{sen}\omega_D t, \tag{9.3}$$

para escrever o resultado na forma compacta

$$u(t) = \int_0^t p(\tau) h(t-\tau) d\tau. \tag{9.4}$$

A expressão (9.4) é conhecida como integral de Duhamel ou integral de convolução, sendo a solução da equação diferencial de segunda ordem (3.1), a menos da solução homogênea que, como se sabe, decai rapidamente para sistemas amortecidos. Alternativamente, pode-se apresentar a resposta na forma:

$$u(t) = A(t)\operatorname{sen}\omega_D t - B(t)\cos\omega_D t, \tag{9.5}$$

$$A(t) = \frac{1}{m\omega_D} \int_0^t p(\tau) e^{-\xi\omega(t-\tau)} \cos\omega_D \tau d\tau, \tag{9.6}$$

$$B(t) = \frac{1}{m\omega_D} \int_0^t p(\tau) e^{-\xi\omega(t-\tau)} \operatorname{sen}\omega_D \tau d\tau, \tag{9.7}$$

9.2 Análise no domínio da frequência: transformadas de Fourier

Um carregamento dinâmico geral pode ser compreendido como um carregamento periódico com período tendendo a infinito, como sugere a Figura 9.2.

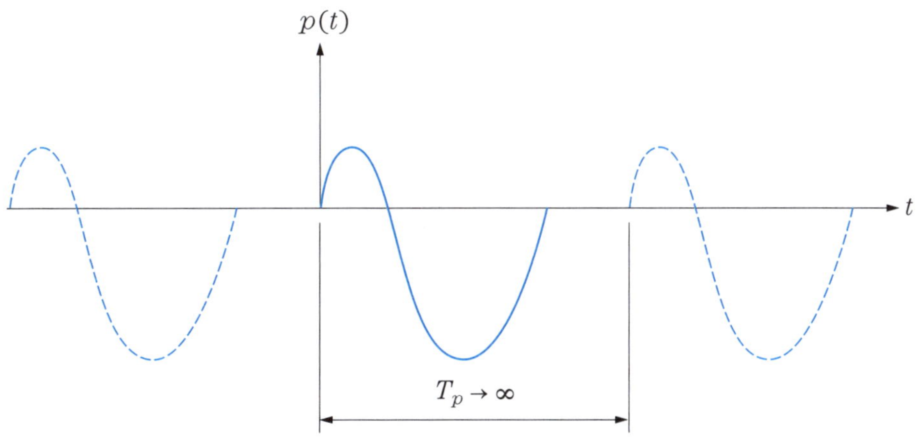

Figura 9.2
Carregamento dinâmico geral interpretado como carregamento periódico com período tendendo a infinito.

Introduz-se, em (7.16) e (7.18), a notação $P(\bar{\omega}_n) = T_p P_n$ e faz-se o período $T_p \to \infty$, o que implica que a frequência do carregamento $\bar{\omega} = \dfrac{2\pi}{T_p} \to d\bar{\omega}$, chegando respectivamente a:

$$p(t) = \lim_{T_p \to \infty} \frac{1}{T_p} \sum_{n=-\infty}^{\infty} (T_p P_n) \exp(i\bar{\omega}_n t) = \lim_{T_p \to \infty} \frac{1}{T_p} \sum_{n=-\infty}^{\infty} P(\bar{\omega}_n) \exp(i\bar{\omega}_n t)$$

$$= \frac{1}{2\pi} \int_{-\infty}^{\infty} P(\bar{\omega}) \exp(i\bar{\omega}t)\, d\bar{\omega}; \tag{9.8}$$

$$P(\bar{\omega}) = \lim_{T_p \to \infty} (T_p P_n) = \lim_{T_p \to \infty} \int_0^{T_p} p(t) \exp(-i\bar{\omega}_n t)\, dt$$

$$= \lim_{T_p \to \infty} \int_{-\frac{T_p}{2}}^{\frac{T_p}{2}} p(t) \exp(-i\bar{\omega}_n t) dt = \int_{-\infty}^{\infty} p(t) \exp(-i\bar{\omega}t) dt. \tag{9.9}$$

As expressões (9.8) e (9.9) caracterizam um par de transformadas de Fourier. É oportuno mencionar que a existência das transformadas de Fourier está condicionada a ser finita a integral $\int_{-\infty}^{\infty} |p(t)| dt$.

A generalização da resposta dinâmica, (7.21), faz-se por meio de:

$$u(t) = \frac{1}{2\pi} \int_{-\infty}^{\infty} P(\bar{\omega}) H(\bar{\omega}) \exp(i\bar{\omega}t)\, d\bar{\omega}, \tag{9.10}$$

com $H(\bar{\omega})$ dado por (7.20).

As equações integrais de movimento no domínio do tempo (9.4) e no domínio da frequência (9.10) correspondem a formulações duais, sendo inclusive possível mostrar que, da mesma forma que $P(\bar{\omega})$ e $p(t)$ são pares de transformadas de Fourier, as funções $H(\bar{\omega})$, definida em (7.20), e $h(t)$, definida em (9.3), também o são, isto é:

$$h(t) = \frac{1}{2\pi} \int_{-\infty}^{\infty} H(\bar{\omega})\, e^{i\bar{\omega}t}\, d\bar{\omega}; \tag{9.11}$$

$$H(\bar{\omega}) = \int_{-\infty}^{\infty} h(t)\, e^{-i\bar{\omega}t}\, dt, \tag{9.12}$$

o que pode ser verificado por substituição das funções anteriormente definidas em (7.20) e (9.3).

EXEMPLO 11

Solução em regime permanente no domínio da frequência para oscilador de um grau de liberdade com carregamento harmônico

Seja o oscilador de um grau de liberdade definido por (6.1) com frequência forçante igual a Ω

$$m\ddot{u} + c\dot{u} + ku = p_0 \text{sen}\Omega t. \tag{9.13}$$

A transformada de Fourier do carregamento $p(t) = p_0\text{sen}\Omega t$ é dada por:

$$P(\bar{\omega}) = -p_0 \pi i[\delta(\bar{\omega} - \Omega) - \delta(\bar{\omega} + \Omega)], \tag{9.14}$$

onde $i = \sqrt{-1}$ e $\delta(x)$ é a função delta de Dirac, para a qual $\delta(0) \to +\infty$, $\delta(x) = 0$ para $x \neq 0$ e

$$\int_{-\infty}^{+\infty} \delta(x)dx = 1 \tag{9.15}$$

De (7.20), recorda-se que

$$H(\bar{\omega}) = \frac{(1-\bar{\beta}^2)\bar{D}^2}{k} - \frac{2\bar{\beta}\xi\bar{D}^2}{k} i \tag{9.16}$$

com

$$\bar{\beta} = \frac{\bar{\omega}}{\omega} \tag{9.17}$$

$$\bar{D} = \frac{1}{\sqrt{(1-\bar{\beta}^2)^2 + (2\xi\bar{\beta})^2}}. \tag{9.18}$$

Nessas condições, de (9.10), a resposta em regime permanente, conforme análise no domínio da frequência, será:

$$\begin{aligned} u(t) &= \frac{p_0}{2} i\left[\frac{(1-\beta^2)}{k} D^2 (e^{-i\Omega t} - e^{i\Omega t}) + \frac{2\xi\beta}{k} D^2 i (e^{-i\Omega t} + e^{i\Omega t})\right] \\ &= \frac{p_0}{k} D^2 i\left[-i(1-\beta^2)\text{sen}\Omega t + i(2\xi\beta)\cos\Omega t\right] \\ &= \frac{p_0}{k} D^2 \left[(1-\beta^2)\text{sen}\Omega t - (2\xi\beta)\cos\Omega t\right] \end{aligned} \tag{9.19}$$

com

$$\beta = \frac{\Omega}{\omega} \tag{9.20}$$

$$D = \frac{1}{\sqrt{(1-\beta^2)^2 + (2\xi\beta)^2}} \tag{9.21}$$

que recupera (6.13), obtida diretamente no domínio do tempo, quando se faz a frequência forçada $\bar{\omega} = \Omega$.

■

9.3 Integração numérica

Pode-se pensar em utilizar métodos de integração numérica tanto para resolver as equações integrais de movimento no domínio do tempo (9.4) ou no domínio da frequência (9.10), quanto a própria equação diferencial de movimento (3.1), para carregamentos $p(t)$ gerais.

9.3.1 Solução numérica da equação integral de movimento

Para integrar (9.4), pode-se usar a regra do somatório simples, ou a regra trapezoidal, ou ainda a regra de Simpson, cujos resultados são respectivamente:

$$\begin{aligned}
&\text{somatório simples}^{1} && \int_0^t y(\tau)d\tau = \Delta\tau(y_0 + y_1 + \ldots + y_{N-1}), \\
&\text{trapezoidal}^{2} && \int_0^t y(\tau)d\tau = \frac{\Delta\tau}{2}(y_0 + 2y_1 + \ldots + 2y_{N-1} + y_N), \\
&\text{Simpson}^{3} && \int_0^t y(\tau)d\tau = \frac{\Delta\tau}{3}(y_0 + 4y_1 + 2y_2 + \ldots + 4y_{N-1} + y_N),
\end{aligned} \tag{9.22}$$

---

[1] Aproximação por funções constantes.

[2] Aproximação por funções lineares.

[3] Aproximação por funções quadráticas.

sendo $\Delta\tau$ o passo ou intervalo de integração e $N = \dfrac{t}{\Delta\tau}$ o número de intervalos de integração. Evidentemente, para se aplicar a regra de Simpson, é necessário escolher $\Delta\tau$ de tal sorte que N resulte um número par. A Figura 9.3 esclarece a notação usada em (9.22).

No caso da integração numérica da resposta dinâmica no domínio da frequência, raciocínio análogo se aplica à (9.10), escolhendo-se, agora, N intervalos de frequência $\Delta\bar{\omega}$.

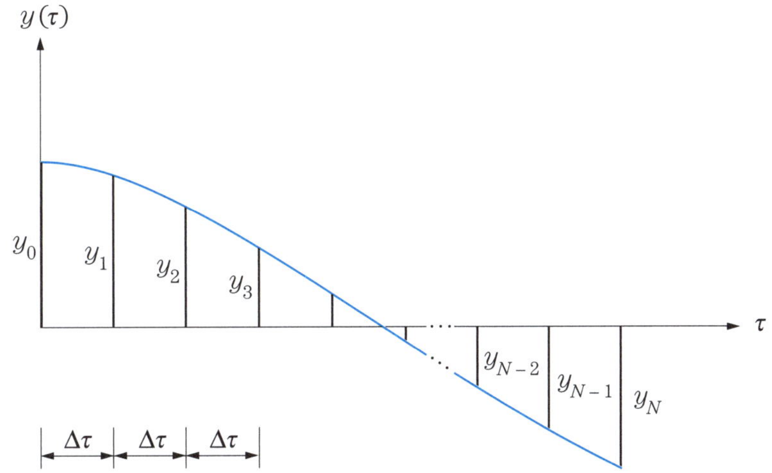

Figura 9.3
Discretização de uma função $y(\tau)$ para cálculo numérico de $\int_0^t y(\tau)d\tau$.

EXEMPLO 12

Cálculo numérico da integral de Duhamel, pela regra de Simpson, para um sistema de um grau de liberdade submetido a carregamento harmônico

Pretende-se calcular numericamente a resposta dinâmica do Exemplo 7, nos instantes t = 1,46 s, t = 1,48 s e t = 1,50 s, a título de ilustração, usando a integral de Duhamel e a regra de Simpson, considerando $u_0 = 0$ e $\dot{u}_0 = 0$.

Nesse caso: m = 1200 kg, c = 10450 Ns/m e k = 148650 N/m. O carregamento equivalente à excitação de suporte é dado por $p(t) = p_0 \operatorname{sen}\bar{\omega}t$, com $\bar{\omega}$ = 10,472 rad/s para o veículo trafegando com velocidade 72 km/h (20 m/s) e $p_0 = m\bar{\omega}^2 s_0$ = 3948 N para s_0 = 0,03 m. A frequência natural não amortecida do sistema é $\omega = \sqrt{\dfrac{k}{m}}$ = 11,130 rad/s e a taxa de amortecimento é $\xi = \dfrac{c}{2m\omega}$ = 0,391. Consequentemente, a frequência natural amortecida vale $\omega_D = \omega\sqrt{1 - \xi^2}$ = 10,241 rad/s. Adotar-se-á aqui $\Delta\tau$ = 0,01 s para o passo de integração da regra de Simpson.

A Tabela 9.1 apresenta os valores que decorrem da aplicação da regra de Simpson ao cálculo da integral de Duhamel – ver (9.5)-(9.7) – para os referidos instantes. O deslocamento obtido para o instante t = 1,48 s é igual a 3,56 cm. A propósito, sabe-se, da solução analítica, que a resposta máxima do movimento relativo corresponde a esse instante e vale $\bar{\rho} = D\beta^2 s_0 = 3{,}56$ cm, de acordo com o Exemplo 7, observando-se perfeita concordância.

Tabela 9.1 – Resultados obtidos pela regra de Simpson aplicada à integral de Duhamel

t_i (s)	A_i	B_i	u_i (m)
1,46	0,0059	0,0416	0,0344
1,48	0,0040	0,0392	0,0356
1,50	0,0031	0,0363	0,0352

■

9.3.2 Solução numérica da equação diferencial de movimento

Para integrar (3.1), há diversos métodos possíveis (Bathe, 1982), dentre os quais o de Runge-Kutta de 4ª ordem, o de Euler-Gauss, o de Newmark e o de Wilson -θ, que serão apresentados a seguir.

Método de Runge-Kutta de 4ª ordem

A aplicação do método de Runge-Kutta de 4ª ordem à integração da equação diferencial de segunda ordem, que caracteriza o movimento de um oscilador de um grau de liberdade, pressupõe a transformação de (3.1) em um sistema de duas equações diferenciais de primeira ordem, o que se pode fazer com uma simples mudança de variáveis. Sejam

$$x = u, \tag{9.23}$$

$$y = \dot{u}. \tag{9.24}$$

Note-se que x e y nada mais são do que o deslocamento e a velocidade da massa do oscilador, sendo conhecidos seus valores em $t = 0$, isto é, as condições iniciais $x_0 = u_0$ e $y_0 = \dot{u}_0$. Derivando-se membro a membro (9.23)-(9.24) e usando (3.1), obtém-se o sistema de primeira ordem e as funções auxiliares $f(y)$ e $g(x, y, t)$.

$$\dot{x} = f(y) = y, \tag{9.25}$$

$$\dot{y} = g(x, y, t) = \frac{1}{m}\,[\,p(t) - cy - kx\,]. \tag{9.26}$$

Considera-se, por conveniência, que o tempo seja discretizado em intervalos de duração Δt constante (denominada passo de integração). Assim, conhecendo-se as condições iniciais para o deslocamento u_0 e a velocidade $\dot{u}_0$, pretende-se determinar o deslocamento u_i e a velocidade $\dot{u}_i$ em um instante $t_i = i\Delta t$. Pode-se obter fórmulas recorrentes, de sorte que os valores do deslocamento x_{i+1} e da velocidade y_{i+1} em um instante t_{i+1} sejam calculados a partir dos correspondentes valores x_i e y_i em um instante t_i, conforme se indica:

$$x_{i+1} = x_i + \frac{\Delta t}{6}\,(f_1 + 2f_2 + 2f_3 + f_4), \tag{9.27}$$

$$y_{i+1} = y_i + \frac{\Delta t}{6}\,(g_1 + 2g_2 + 2g_3 + g_4), \tag{9.28}$$

onde

$$\begin{aligned} f_1 &= f\,(y_i), \\ f_2 &= f\left(y_i + \frac{\Delta t}{2}\,g_1\right), \\ f_3 &= f\left(y_i + \frac{\Delta t}{2}\,g_2\right), \\ f_4 &= f\,(y_i + \Delta t g_3), \end{aligned} \tag{9.29}$$

$$\begin{aligned} g_1 &= g\,(x_i, y_i, t_i), \\ g_2 &= g\left[\left(x_i + \frac{\Delta t}{2}\,f_1\right), \left(y_i + \frac{\Delta t}{2}\,g_1\right), \left(t_i + \frac{\Delta t}{2}\right)\right], \\ g_3 &= g\left[\left(x_i + \frac{\Delta t}{2}\,f_2\right), \left(y_i + \frac{\Delta t}{2}\,g_2\right), \left(t_i + \frac{\Delta t}{2}\right)\right], \\ g_3 &= g\,[\,(x_i + \Delta t\, f_3), (y_i + \Delta t g_3), (t_i + \Delta t)\,]. \end{aligned} \tag{9.30}$$

Para que essa solução seja uma boa aproximação da resposta, é recomendável adotar para Δt valor da ordem de $\frac{T^*}{20}$, sendo T^* o mínimo entre o período natural do sistema e o menor período forçante relevante.

EXEMPLO 13 Integração numérica, pelo método de Runge-Kutta de 4ª ordem, para um sistema de um grau de liberdade com carregamento harmônico

Pretende-se integrar a equação de movimento do Exemplo 7, usando o método de Runge-Kutta de 4ª ordem, considerando $u_0 = 0$ e $\dot{u}_0 = 0$.

Nesse caso: $m = 1200$ kg, $c = 10450$ Ns/m e $k = 148650$ N/m. O carregamento equivalente à excitação de suporte é dado por $p(t) = p_0 \operatorname{sen} \bar{\omega} t$, com $\bar{\omega} = 10{,}472$ rad/s para o veículo trafegando com velocidade 72 km/h (20 m/s) e $p_0 = \mathrm{m}\bar{\omega}^2 s_0 = 3948$ N para $s_0 = 0{,}03$ m. Ou seja, deseja-se integrar a seguinte equação:

$$1200\ddot{u} + 10450\dot{u} + 148650u = 3948 \operatorname{sen}(10{,}472t), \tag{9.31}$$

com $u_0 = 0$ e $\dot{u}_0 = 0$. O período natural do sistema é $T = 2\pi\sqrt{\frac{m}{k}} = 0{,}565$ s. Adotar-se-á aqui $\Delta t = 0{,}03$ s.

Os resultados obtidos para os primeiros passos de integração estão apresentados na Tabela 9.2, e o gráfico da Figura 9.4 representa a resposta dinâmica. Constata-se que a amplitude (em regime) para o movimento relativo é aproximadamente 3,53 cm. Esse resultado deve ser confrontado com $\bar{\rho} = D\beta^2 s_0 = 3{,}56$ cm, amplitude do movimento relativo, de acordo com a solução analítica do Exemplo 7, e com o resultado obtido para a integral de Duhamel pela regra de Simpson, conforme o Exemplo 12, observando-se boa concordância. A propósito, se tivesse sido usado o valor $\Delta t = 0{,}01$ s, teria sido obtido 3,56 cm para a amplitude do movimento relativo, com concordância ainda melhor.

Tabela 9.2 – Resultados obtidos pelo método de Runge-Kutta com Δt = 0,03 s

t	x	y	f_1	g_1	f_2	g_2	f_3	g_3	f_4	g_4
0	0	0	0	0	0	0,514671	0,007720	0,447442	0,013423	0,871084
0,03	0,000144	0,013977	0,013977	0,877079	0,027133	1,213504	0,032179	1,145112	0,048330	1,375482
0,06	0,001049	0,048826	0,048826	1,378688	0,069506	1,500441	0,071332	1,446110	0,092209	1,463656
0,09	0,003163	0,092503	0,092503	1,464369	0,114468	1,370949	0,113067	1,342337	0,132773	1,160807
0,12	0,006564	0,132761	0,132761	1,159701	0,150157	0,882045	0,145992	0,885991	0,159341	0,546714
0,15	0,010986	0,158974	0,158974	0,544680	0,167144	0,137630	0,161038	0,175620	0,164243	–0,260688
0,18	0,015884	0,163526	0,163526	–0,262721	0,159586	–0,729823	0,152579	–0,661485	0,143682	–1,124246
0,21	0,020542	0,142678	0,142678	–1,125457	0,125797	–1,578846	0,118996	–1,488254	0,098031	–1,906727
0,24	0,024193	0,096847	0,096847	–1,906521	0,068249	–2,277623	0,062682	–2,176009	0,031566	–2,488134
0,27	0,026145	0,030337	0,030337	–2,486213	–0,006956	–2,719820	–0,010460	–2,620009	–0,048263	–2,779531
0,30	0,025881	–0,049390	–0,049390	–2,775915	–0,091029	–2,836208	–0,091933	–2,750963	–0,131919	–2,732246

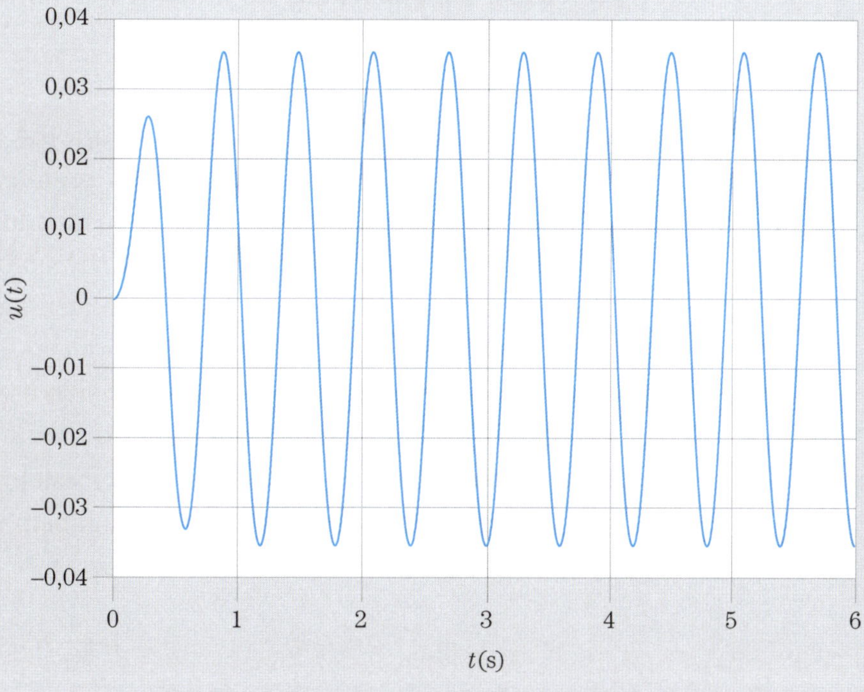

Figura 9.4
Resposta dinâmica segundo o método de Runge-Kutta de 4ª ordem com Δt = 0,03 s.

■

Método de Euler-Gauss

Considera-se, por conveniência, que o tempo seja discretizado em intervalos de duração Δt constante. Assim, conhecendo-se as condições iniciais para o deslocamento u_0, a velocidade $\dot{u}_0$ e a aceleração $\ddot{u}_0$, pretende-se determinar o deslocamento, a velocidade e a aceleração em instantes $t_i = i\Delta t$, $i = 1, 2, 3...$ Observa-se inicialmente, que $\ddot{u}_0$ pode ser calculado diretamente da equação de equilíbrio dinâmico em $t_0 = 0$, uma vez dados u_0, $\dot{u}_0$ e $p_0 = p(0)$:

$$\ddot{u}_0 = \frac{p_0}{m} - \frac{k}{m} u_0 - \frac{c}{m} \dot{u}_0. \tag{9.32}$$

Propõe-se uma solução aproximada baseada na hipótese de movimento uniformemente acelerado com aceleração igual à média das acelerações no início e no final do intervalo. Por isso, esse método também é conhecido como o "método da aceleração média constante". Sejam, então, dois instantes consecutivos $t_i = i\Delta t$ e $t_{i+1} = (i + 1)\Delta t$. Supõem-se conhecidos u_i, $\dot{u}_i$ e $\ddot{u}_i$ (note-se que o processo pode ser inicializado, pois efetivamente se conhecem u_0, $\dot{u}_0$ e $\ddot{u}_0$). Deseja-se calcular u_{i+1}, $\dot{u}_{i+1}$ e $\ddot{u}_{i+1}$. A aceleração média constante referente a esse intervalo entre t_i e t_{i+1} é dada por $\frac{\ddot{u}_i + \ddot{u}_{i+1}}{2}$. Depende da aceleração no final do intervalo, que é uma incógnita, caracterizando um método implícito. Para a velocidade, da cinemática de movimentos uniformemente acelerados, pode-se escrever:

$$\dot{u}_{i+1} = \dot{u}_i + \frac{1}{2}(\ddot{u}_i + \ddot{u}_{i+1})\Delta t, \tag{9.33}$$

e, por integração no tempo, obtém-se para o deslocamento:

$$u_{i+1} = u_i + \dot{u}_i \Delta t + \frac{1}{4}(\ddot{u}_i + \ddot{u}_{i+1})\Delta t^2, \tag{9.34}$$

Pode-se entender (9.33) e (9.34) como um sistema nas incógnitas $\dot{u}_{i+1}$ e $\ddot{u}_{i+1}$ que, uma vez "resolvido" em função de u_{i+1} (também incógnito), u_i, $\dot{u}_i$ e $\ddot{u}_i$, conduz a

$$\ddot{u}_{i+1} = \frac{4}{\Delta t^2}(u_{i+1} - u_i) - \frac{4}{\Delta t}\dot{u}_i - \ddot{u}_i \tag{9.35}$$

$$\dot{u}_{i+1} = \dot{u}_i + \frac{\Delta t}{2}\ddot{u}_i + \frac{\Delta t}{2}\ddot{u}_{i+1}. \tag{9.36}$$

Note-se que, em (9.36), a aceleração $\ddot{u}_{i+1}$ deve ser calculada conforme (9.35). Impõe-se, agora, respeito à equação de equilíbrio dinâmico no instante t_{i+1}:

$$m\ddot{u}_{i+1} + c\dot{u}_{i+1} + ku_{i+1} = p_{i+1}. \tag{9.37}$$

Levando-se (9.35) e (9.36) em (9.37), recai-se em uma equação de "equilíbrio" do tipo

$$\hat{k}u_{i+1} = \hat{R}_{i+1}, \tag{9.38}$$

em que

$$\hat{k} = k + \frac{4}{\Delta t^2} m + \frac{2}{\Delta t} c \quad \text{e} \tag{9.39}$$

$$\hat{R}_{i+1} = p_{i+1} + m\left(\frac{4}{\Delta t^2} u_i + \frac{4}{\Delta t} \dot{u}_i + \ddot{u}_i\right) + c\left(\frac{2}{\Delta t} u_i + \dot{u}_i\right). \tag{9.40}$$

Portanto, de (9.38)-(9.40) retira-se o valor de u_{i+1}, retornando-se a (9.35) para obter $\ddot{u}_{i+1}$ e a (9.36) para obter $\dot{u}_{i+1}$. Para o passo seguinte, procede-se de forma idêntica.

O método de Euler-Gauss é incondicionalmente estável, no sentido de que é convergente para uma solução. Para que essa solução seja uma boa aproximação da resposta, é recomendável adotar para Δt valor da ordem de $\frac{T^*}{20}$, sendo T^* o mínimo entre o período natural do sistema e o menor período forçante relevante.

EXEMPLO 14

Integração numérica, pelo método de Euler-Gauss, de sistema de um grau de liberdade com carregamento harmônico

Pretende-se integrar a equação de movimento do Exemplo 7 usando o método de Euler-Gauss, considerando $u_0 = 0$ e $\dot{u}_0 = 0$.

Nesse caso: $m = 1200$ kg, $c = 10450$ Ns/m e $k = 148650$ N/m. O carregamento equivalente à excitação de suporte é dado por $p(t) = p_0 \operatorname{sen}\bar{\omega}t$, com $\bar{\omega} = 10{,}472$ rad/s para o veículo trafegando com velocidade 72 km/h (20 m/s) e $p_0 = \mathrm{m}\bar{\omega}^2 s_0 = 3948$ N para $s_0 = 0{,}03$ m. Ou seja, deseja-se integrar a seguinte equação:

$$1200\ddot{u} + 10450\dot{u} + 148650u = 3948 \operatorname{sen}(10{,}472t), \tag{9.41}$$

com $u_0 = 0$ e $\dot{u}_0 = 0$. O período natural do sistema é $T = 2\pi\sqrt{\frac{m}{k}} = 0{,}565$ s. Adotar-se-á aqui $\Delta t = 0{,}03$ s.

Os resultados obtidos para os primeiros passos de integração estão apresentados na Tabela 9.3, e o gráfico da Figura 9.5 representa a resposta dinâmica.

Constata-se que a amplitude (em regime) para o movimento relativo é 3,51 cm. Este resultado deve ser confrontado com $\overline{\rho} = D\beta^2 s_0 = 3{,}56$ cm, amplitude do movimento relativo, de acordo com a solução analítica do Exemplo 7, com o resultado obtido para a integral de Duhamel pela regra de Simpson, conforme o Exemplo 12, e, ainda, com o resultado obtido pelo método de Runge-Kutta de 4ª ordem do Exemplo 13, observando-se boa concordância. A propósito, se tivesse sido usado $\Delta t = 0{,}01$ s, teria sido obtido o valor 3,56 cm para amplitude do movimento relativo com concordância ainda melhor.

Tabela 9.3 – Resultados obtidos pelo método de Euler-Gauss com Δt = 0,03 s

t(s)	u(m)	$\dot{u}$(ms^{-1})	$\ddot{u}$(ms^{-2})	$\hat{k}$(Nm^{-1})	$\hat{R}$(N)
0	0	0	0	6178650	1220
0,03	0,000197	0,013164	0,877575	6178650	6808
0,06	0,001102	0,047131	1,386894	6178650	19536
0,09	0,003162	0,090201	1,484492	6178650	39977
0,12	0,006470	0,130354	1,192323	6178650	66613
0,15	0,010781	0,157042	0,586914	6178650	96237
0,18	0,015576	0,162599	–0,216442	6178650	124571
0,21	0,020162	0,143120	–1,082188	6178650	146991
0,24	0,023790	0,098785	–1,873455	6178650	159264
0,27	0,025777	0,033643	–2,469391	6178650	158204
0,30	0,025605	–0,045086	–2,779199	6178650	142157

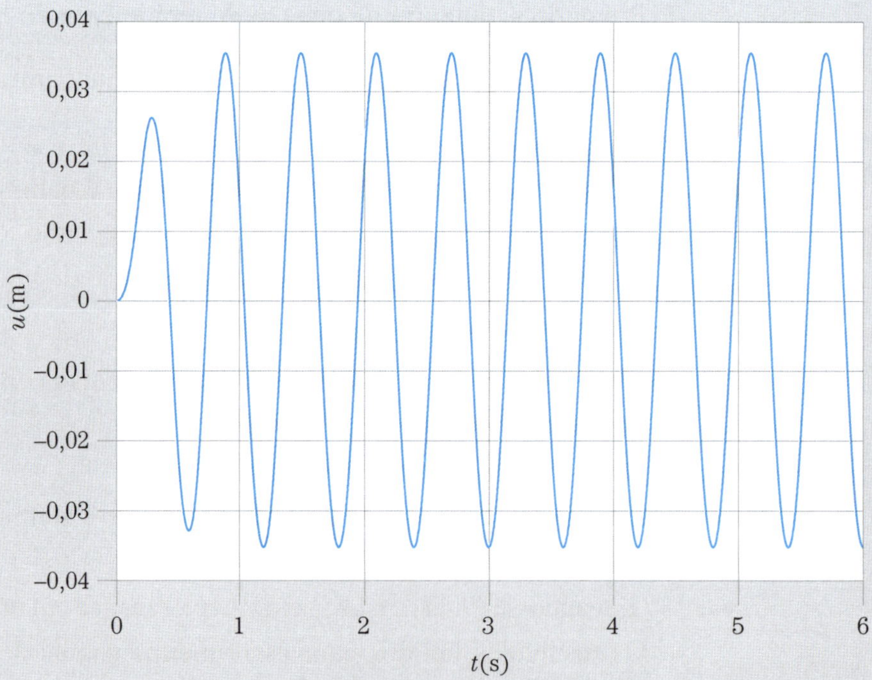

Figura 9.5
Resposta dinâmica segundo o método de Euler-Gauss com Δt = 0,03 s.

■

Método de Newmark

Trata-se, agora, de uma generalização do método de Euler-Gauss. Da mesma forma que nesse método, considera-se aqui, por conveniência, que o tempo seja discretizado em intervalos de duração Δt constante. Assim, conhecendo-se as condições iniciais para o deslocamento u_0, a velocidade $\dot{u}_0$ e a aceleração $\ddot{u}_0$, pretende-se determinar o deslocamento, a velocidade e a aceleração em instantes $t_i = i\Delta t$, $i = 1, 2, 3...$ Observa-se, inicialmente, que $\ddot{u}_0$ pode ser calculado diretamente da equação de equilíbrio dinâmico em $t_0 = 0$, uma vez dados u_0, $\dot{u}_0$ e $p_0 = p(0)$, como em (9.32).

Sejam, então, dois instantes consecutivos $t_i = i\Delta t$ e $t_{i+1} = (i + 1)\Delta t$. Supõem-se conhecidos u_i, $\dot{u}_i$ e $\ddot{u}_i$ (note-se que o processo pode ser inicializado, pois efetivamente se conhecem u_0, $\dot{u}_0$ e $\ddot{u}_0$). Deseja-se calcular u_{i+1}, $\dot{u}_{i+1}$ e $\ddot{u}_{i+1}$, admitindo-se válidas as expressões:

$$\dot{u}_{i+1} = \dot{u}_i + (1 - \delta)\, \Delta t\ddot{u}_i + \delta\Delta t\ddot{u}_{i+1}, \tag{9.42}$$

$$u_{i+1} = u_i + \dot{u}_i\Delta t + \left(\frac{1}{2} - \alpha\right)\Delta t^2\ddot{u}_i + \alpha\Delta t^2\ddot{u}_{i+1}. \tag{9.43}$$

Nota-se que o método de Euler-Gauss é um caso particular do método de Newmark, com $\delta = \dfrac{1}{2}$ e $\alpha = \dfrac{1}{4}$. O chamado "método da aceleração linear" também é um caso particular do método de Newmark, agora com $\delta = \dfrac{1}{2}$ e $\alpha = \dfrac{1}{6}$. Pode-se entender (9.42) e (9.43) como um sistema nas incógnitas $\dot{u}_{i+1}$ e $\ddot{u}_{i+1}$ que, uma vez "resolvido" em função de u_{i+1} (também incógnito), u_i, $\dot{u}_i$ e $\ddot{u}_i$, conduz a:

$$\ddot{u}_{i+1} = \frac{1}{\alpha\Delta t^2}(u_{i+1} - u_i) - \frac{1}{\alpha\Delta t}\dot{u}_i - \left(\frac{1}{2\alpha} - 1\right)\ddot{u}_i \tag{9.44}$$

$$\dot{u}_{i+1} = \dot{u}_i + (1 - \delta)\, \Delta t\ddot{u}_i + \delta\Delta t\ddot{u}_{i+1}. \tag{9.45}$$

Em (9.45), a aceleração $\ddot{u}_{i+1}$ deve ser calculada conforme (9.44) . Impõe-se, agora, respeito à equação de equilíbrio dinâmico no instante t_{i+1}:

$$m\ddot{u}_{i+1} + c\dot{u}_{i+1} + ku_{i+1} = p_{i+1}. \tag{9.46}$$

Levando-se (9.44) e (9.45) em (9.46), recai-se em uma equação de equilíbrio do tipo

$$\hat{k}u_{i+1} = \hat{R}_{i+1}, \tag{9.47}$$

em que

$$\hat{k} = k + \frac{1}{\alpha \Delta t^2} m + \frac{\delta}{\alpha \Delta t} c \tag{9.48}$$

$$\hat{R}_{i+1} = p_{i+1} + m \left[\frac{1}{\alpha \Delta t^2} u_i + \frac{1}{\alpha \Delta t} \dot{u}_i + \left(\frac{1}{2\alpha} - 1 \right) \ddot{u}_i \right] + c \left[\frac{\delta}{\alpha \Delta t} u_i + \left(\frac{\delta}{\alpha} - 1 \right) \dot{u}_i + \left(\frac{\delta}{\alpha} - 2 \right) \frac{\Delta t}{2} \ddot{u}_i \right]. \tag{9.49}$$

Portanto, de (9.47)-(9.49) retira-se o valor de u_{i+1}, retornando-se a (9.44) para obter $\ddot{u}_{i+1}$ e a (9.45) para obter $\dot{u}_{i+1}$. Para o passo seguinte, procede-se de forma idêntica.

O método de Newmark será incondicionalmente estável, no sentido de que convergirá para uma solução, se $\delta \geq \frac{1}{2}$ e $\alpha \geq \frac{1}{4}\left(\frac{1}{2} + \delta\right)^2$ (Bathe, 1982). Ou seja, o método de Euler-Gauss, como já se havia afirmado, enquadra-se na categoria dos métodos incondicionalmente estáveis para análise linear. Este não é, entretanto, o caso do método da aceleração linear. Para que a solução obtida seja uma boa aproximação da resposta, é recomendável adotar Δt da ordem de $\frac{T^*}{20}$, sendo T^* o mínimo entre o período natural do sistema e o menor período forçante relevante.

EXEMPLO 15 — Integração numérica, pelo método da aceleração linear, de sistema de um grau de liberdade com carregamento harmônico

Pretende-se integrar a equação de movimento do Exemplo 7 usando o método da aceleração linear, considerando $u_0 = 0$ e $\dot{u}_0 = 0$.

Nesse caso: m = 1200 kg, c = 10450 Ns/m e k = 148650 N/m. O carregamento equivalente à excitação de suporte é dado por $p(t) = p_0 \operatorname{sen} \bar{\omega} t$, com $\bar{\omega}$ = 10,472 rad/s para o veículo trafegando com velocidade 72 km/h (20 m/s) e $p_0 = m\bar{\omega}^2 s_0 = 3948$ N para $s_0 = 0{,}03$ m. Ou seja, deseja-se integrar a seguinte equação:

$$1200\ddot{u} + 10450\dot{u} + 148650u = 3948 \operatorname{sen}(10{,}472t), \tag{9.50}$$

com $u_0 = 0$ e $\dot{u}_0 = 0$. O período natural do sistema é $T = 2\pi\sqrt{\frac{m}{k}} = 0{,}565$ s. Adotar-se-á aqui $\Delta t = 0{,}03$ s.

Os resultados obtidos para os primeiros passos de integração estão apresentados na Tabela 9.4, e o gráfico da Figura 9.6 representa a resposta dinâmica.

Constata-se que a amplitude (em regime) para o movimento relativo é $3{,}53$ cm. Esse resultado deve ser confrontado com $\bar{\rho} = D\beta^2 s_0 = 3{,}56$ cm, amplitude do movimento relativo, de acordo com a solução analítica do Exemplo 7, com o resultado obtido para a integral de Duhamel pela regra de Simpson, conforme o Exemplo 12, com o resultado obtido pelo método de Runge-Kutta de 4ª ordem do Exemplo 13 e, ainda, com o método de Euler-Gauss do Exemplo 14, observando-se boa concordância. A propósito, se tivesse sido usado o valor $\Delta t = 0{,}01$ s, teria sido obtido o valor $3{,}56$ cm para a amplitude do movimento relativo, com concordância ainda melhor.

Tabela 9.4 – Resultados obtidos pelo método da aceleração linear com Δ*t* = 0,03 s

t(s)	u(m)	$\dot{u}$(ms^{-1})	$\ddot{u}$(ms^{-2})	$\hat{k}$(Nm^{-1})	$\hat{R}$(N)
0	0	0	0	9193650	1220
0,03	0,000133	0,013270	0,884670	9193650	9245
0,06	0,001006	0,047477	1,395805	9193650	28245
0,09	0,003072	0,090773	1,490613	9193650	59037
0,12	0,006421	0,131021	1,192544	9193650	99263
0,15	0,010797	0,157609	0,580022	9193650	144016
0,18	0,015665	0,162863	–0,229761	9193650	186785
0,21	0,020317	0,142922	–1,099686	9193650	220562
0,24	0,023991	0,098048	–1,891882	9193650	238959
0,27	0,025992	0,032392	–2,485168	9193650	237193
0,30	0,025800	–0,046722	–2,789086	9193650	212817

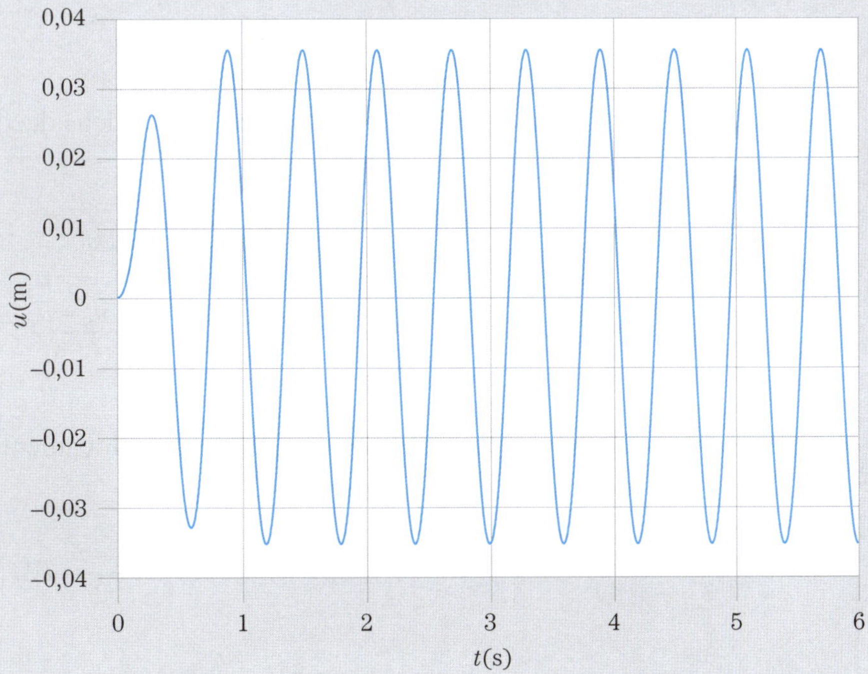

Figura 9.6
Resposta dinâmica segundo o método da aceleração linear com Δ*t* = 0,03 s.

Método de Wilson-θ

O método de Wilson-θ adota a extrapolação da hipótese da aceleração linear para além do passo de integração Δt, conforme sugerido na Figura 9.7.

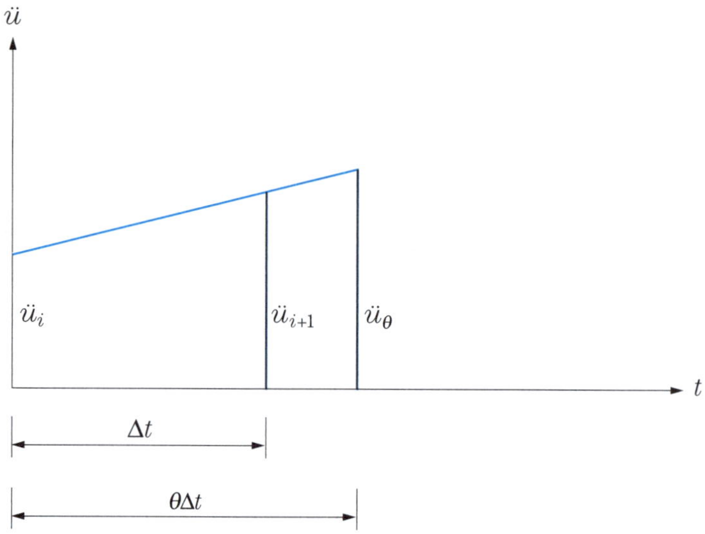

Figura 9.7
Extrapolação da hipótese de aceleração linear além do passo Δt, com $\theta > 1$.

Para que o método seja incondicionalmente estável, é necessário que $\theta > 1{,}37$, sendo usual adotar-se $\theta = 1{,}40$ (Bathe, 1982). A extrapolação da aceleração linear permite escrever

$$\ddot{u} = \ddot{u}_i + \frac{\ddot{u}_\theta - \ddot{u}_i}{\theta \Delta t} t \tag{9.51}$$

e, por integração, as expressões cinemáticas decorrem diretamente

$$\dot{u} = \dot{u}_i + \ddot{u}_i t + \frac{\ddot{u}_\theta - \ddot{u}_i}{2\theta \Delta t} t^2, \tag{9.52}$$

$$u = u_i + \dot{u}_i t + \frac{\ddot{u}_i}{2} t^2 + \frac{\ddot{u}_\theta - \ddot{u}_i}{6\theta \Delta t} t^3. \tag{9.53}$$

No instante $t = \theta \Delta t$, a velocidade e o deslocamento calculam-se a partir de (9.52) e (9.53), respectivamente:

$$\dot{u}_\theta = \dot{u}_i + \ddot{u}_i \theta \Delta t + \frac{\ddot{u}_\theta - \ddot{u}_i}{2} \theta \Delta t, \tag{9.54}$$

$$u_\theta = u_i + \dot{u}_i \theta \Delta t + \frac{\ddot{u}_i}{2} (\theta \Delta t)^2 + \frac{\ddot{u}_\theta - \ddot{u}_i}{6} (\theta \Delta t)^2. \tag{9.55}$$

Pode-se entender (9.54) e (9.55) como um sistema nas incógnitas $\dot{u}_\theta$ e $\ddot{u}_\theta$ que, uma vez "resolvido" em função de u_θ (também incógnito), u_i, $\dot{u}_i$ e $\ddot{u}_i$, conduz a:

$$\ddot{u}_\theta = \frac{6}{(\theta\Delta t)^2}(u_\theta - u_i) - \frac{6}{\theta\Delta t}\dot{u}_i - 2\ddot{u}_i, \tag{9.56}$$

$$\dot{u}_\theta = \frac{3}{\theta\Delta t}(u_\theta - u_i) - 2\dot{u}_i - \frac{\theta\Delta t}{2}\ddot{u}_i. \tag{9.57}$$

Escreve-se, agora, a equação de movimento no instante $t = \theta\Delta t$, admitindo-se adicionalmente a extrapolação linear para o carregamento

$$p_\theta = p_i + \theta(p_{i+1} - p_i), \tag{9.58}$$

ou seja,

$$m\ddot{u}_\theta + c\dot{u}_\theta + ku_\theta = p_\theta, \tag{9.59}$$

que pode ser reescrita, considerando (9.56) e (9.57), na forma de uma equação algébrica de equilíbrio

$$\hat{k}u_\theta = \hat{R}_\theta, \tag{9.60}$$

em que

$$\hat{k} = k + \frac{6}{(\theta\Delta t)^2}m + \frac{3}{\theta\Delta t}c \qquad \text{e} \tag{9.61}$$

$$\hat{R}_\theta = p_\theta + m\left[\frac{6}{(\theta\Delta t)^2}u_i + \frac{6}{\theta\Delta t}\dot{u}_i + 2\ddot{u}_i\right] + c\left[\frac{3}{\theta\Delta t}u_i + 2\dot{u}_i + \frac{\theta\Delta t}{2}\ddot{u}_i\right]. \tag{9.62}$$

A solução u_θ de (9.60) permitirá que seja calculada a aceleração $\ddot{u}_\theta$ no instante $t = \theta\Delta t$, por meio de (9.56) e, finalmente, que sejam calculados a aceleração $\ddot{u}_{i+1}$, a velocidade $\dot{u}_{i+1}$ e o deslocamento u_{i+1} ao final do passo, por meio de (9.51) a (9.53) com $t = \Delta t$:

$$\ddot{u}_{i+1} = \ddot{u}_i + \frac{\ddot{u}_\theta - \ddot{u}_i}{\theta}, \tag{9.63}$$

$$\dot{u}_{i+1} = \dot{u}_i + \ddot{u}_i\Delta t + \frac{\ddot{u}_\theta - \ddot{u}_i}{2\theta}\Delta t, \tag{9.64}$$

$$u_{i+1} = u_i + \dot{u}_i \Delta t + \frac{\ddot{u}_i}{2} \Delta t^2 + \frac{\ddot{u}_\theta - \ddot{u}_i}{6\theta} \Delta t^2. \qquad (9.65)$$

Para o passo seguinte, procede-se de forma idêntica. Para que essa solução seja uma boa aproximação da resposta, é recomendável adotar para Δt valor da ordem de $\frac{T^*}{20}$, sendo T^* o mínimo entre o período natural do sistema e o menor período forçante relevante.

EXEMPLO 16

Integração numérica, pelo método de Wilson-θ, de sistema de um grau de liberdade com carregamento harmônico

Pretende-se integrar a equação de movimento do Exemplo 7 usando o método de Wilson-θ, considerando $u_0 = 0$ e $\dot{u}_0 = 0$.

Nesse caso: m = 1200 kg, c = 10450 Ns/m e k = 148650 N/m. O carregamento equivalente à excitação de suporte é dado por $p(t) = p_0 \operatorname{sen}\varpi t$, com ϖ = 10,472 rad/s para o veículo trafegando com velocidade 72 km/h (20 m/s) e $p_0 = m\varpi^2 s_0$ = 3948 N para s_0 = 0,03 m. Ou seja, deseja-se integrar a seguinte equação:

$$1200\ddot{u} + 10450\dot{u} + 148650u = 3948 \operatorname{sen}(10{,}472t), \qquad (9.66)$$

com $u_0 = 0$ e $\dot{u}_0 = 0$. O período natural do sistema é $T = 2\pi\sqrt{\frac{m}{k}}$ = 0,565 s. Adotar-se-á aqui Δt = 0,03 s e θ = 1,4.

Os resultados obtidos para os primeiros passos de integração estão apresentados na Tabela 9.5, e o gráfico da Figura 9.8 representa a resposta dinâmica. Constata-se que a amplitude (em regime) para o movimento relativo é 3,58 cm. Esse resultado deve ser confrontado com $\overline{\rho} = D\beta^2 s_0$ = 3,56 cm, amplitude do movimento relativo, de acordo com a solução analítica do Exemplo 7, com o resultado obtido para a integral de Duhamel pela regra de Simpson, conforme o Exemplo 12, com o resultado obtido pelo método de Runge-Kutta de 4ª ordem do Exemplo 13, com o resultado do método de Euler-Gauss do Exemplo 14 e, ainda, com o resultado do método da aceleração linear do Exemplo 15, observando-se boa concordância. A propósito, se tivesse sido usado o valor Δt = 0,01 s, teria sido obtido o valor 3,57 cm para a amplitude do movimento relativo, com concordância ainda melhor.

Tabela 9.5 – Resultados obtidos pelo método de Wilson-θ para Δt = 0,03 s e θ = 1,4

t(s)	u(m)	$\dot{u}$(ms^{-1})	$\ddot{u}$(ms^{-2})	R(N)	R_e(N)	$\hat{k}$(Nm^{-1})	$\hat{R}_\theta$(N)	u_θ(m)	$\ddot{u}_\theta$(m)
0	0	0	0	0	1708	4976711	1708	0,000343	1,167344
0,03	0,000125	0,012507	0,833817	1220	2761	4976711	7954	0,001598	1,556619
0,06	0,000953	0,045266	1,350104	2321	3543	4976711	20387	0,004096	1,525329
0,09	0,002937	0,087647	1,475265	3194	3979	4976711	38882	0,007813	1,111746
0,12	0,006192	0,128010	1,215609	3755	4025	4976711	61723	0,012402	0,406650
0,15	0,010492	0,155811	0,637781	3948	3677	4976711	85972	0,017275	–0,463994
0,18	0,015335	0,163139	–0,149201	3755	2970	4976711	107996	0,021700	–1,358363
0,21	0,020033	0,145708	–1,012888	3194	1971	4976711	124062	0,024929	–2,138019
0,24	0,023828	0,103266	–1,816553	2321	780	4976711	130925	0,026307	–2,685094
0,27	0,026015	0,039464	–2,436940	1220	–488	4976711	126322	0,025383	–2,915759
0,30	0,026051	–0,038775	–2,778954	0	–1708	4976711	109333	0,021969	–2,788871

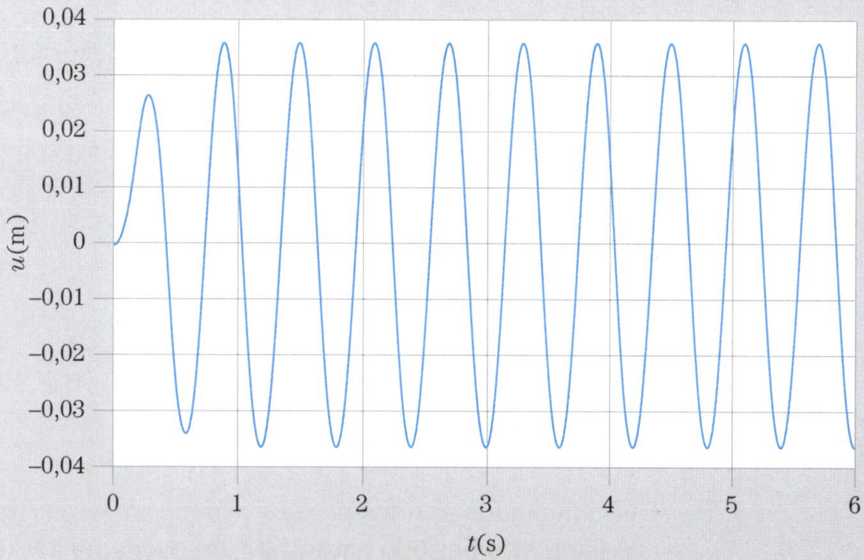

Figura 9.8
Resposta dinâmica segundo o método de Wilson-θ com Δt = 0,03 s e θ = 1,4

■

9.4 Espectro de resposta

Gráficos que forneçam valores máximos da resposta dinâmica – sejam eles deslocamentos, velocidades, acelerações, esforços solicitantes, tensões ou deformações –, em função do período (ou frequência) natural de um oscilador de um grau de liberdade, para uma dada ação dinâmica (carga ou excitação de suporte), são denominados "espectros de resposta". A título de exemplo, os resultados máximos de deslocamentos, ou dos fatores de amplificação dinâmica obtidos nas seções 8.1, 8.2 e 8.3 para carregamentos impulsivos, podem ser colocados em forma gráfica, resultando espectros de resposta não amortecida, conforme se indica na Figura 9.9. Assim, para um dado oscilador de um grau de liberdade, sem amortecimento, conhecendo-se seu período natural T, poder-se-á obter o fator de amplificação dinâmica D a ser utilizado para calcular seu deslocamento máximo, uma vez conhecida a relação $\left(\frac{t_1}{T}\right)$, sendo t_1 a duração de um determinado tipo de carregamento impulsivo.

Figura 9.9
Espectros de resposta de deslocamento para a amplificação dinâmica *D*, em função da duração de carregamento impulsivo relativa ao período natural do oscilador.

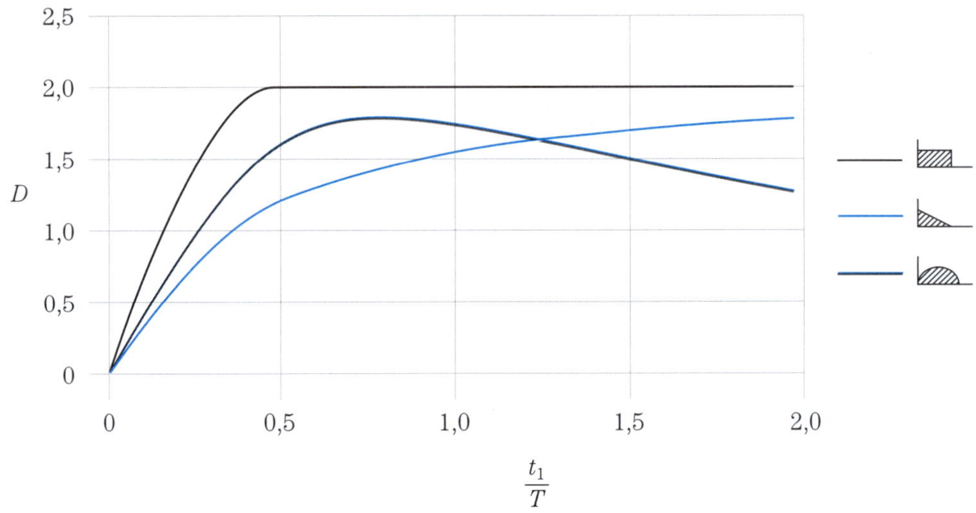

Assim, se o período natural de um oscilador for dois terços da duração do carregamento impulsivo – isto é, se $\frac{t_1}{T} = 1{,}5$ – os espectros de resposta da Figura 9.9 indicam que o fatores de amplificação dinâmica valerão $2{,}00$ se o pulso for retangular, $1{,}50$ se o pulso for senoidal e $1{,}68$ se o pulso for triangular decrescente.

Espectros de resposta são úteis na análise de excitações de suporte, como é o caso de terremotos. De fato, conforme discutido no Exemplo 6, o deslocamento relativo u, que é o que interessa para o cálculo dos esforços absorvidos pelo sistema estrutural, é igual à diferença entre o deslocamento total u_T e o deslocamento imposto no vínculo $s(t)$, os quais são definidos em relação a um referencial absoluto, ou seja,

$$u = u_T - s(t) \quad (9.67)$$

$$\dot{u} = \dot{u}_T - \dot{s}(t) \quad (9.68)$$

$$\ddot{u} = \ddot{u}_T - \ddot{s}(t), \quad (9.69)$$

conforme decorre de (6.22). A equação de movimento (6.24) pode ser reescrita na forma:

$$\ddot{u} + 2\xi\omega\dot{u} + \omega^2 u = -\ddot{s}(t). \quad (9.70)$$

Uma vez determinadas as funções $u(t)$, $\dot{u}(t)$ e $\ddot{u}(t)$ por integração analítica, se for possível, ou numérica de (9.70), para distintos osciladores de um grau de liberdade – variando-se sua frequência natural ω e sua taxa de amortecimento ξ –, poder-se-á obter os valores relativos máximos de deslocamentos, u_{max}, velocidades, $\dot{u}_{\text{max}}$, e acelerações, $\ddot{u}_{\text{max}}$, sendo possível construir os espectros de resposta de deslocamento S_d, velocidade S_v e aceleração S_a para uma dada excitação de suporte $s(t)$. Evidentemente, de (9.69) e (9.70) decorre que:

$$\ddot{u}_T = \ddot{u} + \ddot{s}(t) = -2\xi\omega\dot{u} - \omega^2 u. \quad (9.71)$$

Para sistemas pouco amortecidos, não se comete grande erro ao aproximar a aceleração absoluta $\ddot{u}_T$ pela parcela $-\omega^2 u$, denominada pseudoaceleração. Portanto, não se comete grande erro quando se aproxima a aceleração espectral S_a pelo espectro da pseudoaceleração $\hat{S}_a$, definido a partir do espectro de deslocamento S_d, por:

$$\hat{S}_a = -\omega^2 S_d. \quad (9.72)$$

De forma análoga, define-se o espectro de pseudovelocidade $\hat{S}_v$ por:

$$\hat{S}_v = \omega S_d, \quad (9.73)$$

o qual também é uma aceitável aproximação para a velocidade espectral S_v para sistemas com baixo amortecimento.

Para cada evento de excitação de suporte $s(t)$, são gerados espectros de resposta específicos. As normas técnicas e códigos de obras, procurando cobrir todos os prováveis eventos dentro de um certo período de retorno, após considerações estatísticas, propõem os chamados "espectros de projeto", que são de grande utilidade para realizar a análise dinâmica de um sistema estrutural submetido à excitação de suporte, ao fornecer estimativas da resposta máxima. A Figura 9.10 ilustra o espectro de projeto proposto pelo *International Building Code* para análise de estruturas sismo-resistentes.

Figura 9.10
Aceleração espectral relativa à aceleração da gravidade *g*, conforme o *International Building Code*.

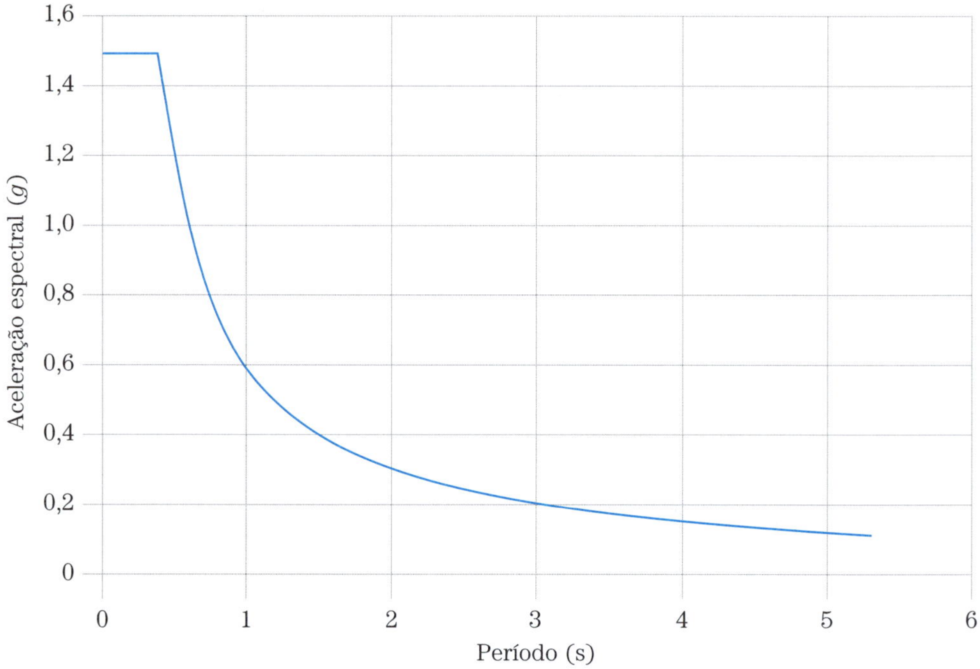

SEGUNDA PARTE

10 ELEMENTOS DE MECÂNICA ANALÍTICA

'á se mencionou, no Capítulo 2, que a mecânica analítica fundada por ˌeibniz representa, usualmente, a forma mais conveniente para a formula-:ão das equações de movimento, por ser baseada em grandezas escalares energia cinética, energia potencial total e trabalho das forças externas) ıo confronto com as correspondentes grandezas vetoriais ou tensoriais aceleração, tensões/deformações e forças externas), tipicamente usadas ıas formulações baseadas na segunda lei de Newton para pontos mate-'iais ou nas leis de Euler para sólidos deformáveis. Ainda mais, decor-'endo de princípios variacionais, desfruta de notáveis propriedades de nvariança em relação a mudanças de referenciais, justificando o entu-ˌiasmo de Lanczos (1949) a respeito de suas virtudes. Entretanto, requer ım nível maior de abstração matemática para sua adequada compreensão : utilização. Assim, a próxima seção dedicar-se-á a discutir os conceitos le espaços de configuração, vínculos, coordenadas e velocidades gene-'alizadas, espaços de fase, deslocamentos virtuais e reações vinculares ideais e não ideais para sistemas de pontos materiais, que são fundamentais para o desenvolvimento da mecânica analítica. Na sequência (Seção 10.2), tratar-se-á da transição e equivalência entre a mecânica vetorial, baseada na segunda lei de Newton, e a mecânica analítica, passando pelo princípio de D'Alembert, princípio de Hamilton e equação de Euler-Lagrange, para sistemas de pontos materiais. Os resultados contidos na Seção 10.2 poderão ser facilmente generalizados para sistemas discretos em geral, incluindo sólidos rígidos ou sólidos deformáveis, desde que estes últimos sejam modelados como sistemas discretizados. Finalmente, diversos exemplos de aplicação das formulações discutidas serão apresentados, visando ao desenvolvimento das habilidades no uso das ferramentas disponíveis para obtenção confiável e robusta das equações de movimento de alguns modelos estruturais simples. O próximo capítulo se ocupará da obtenção sistemática das equações matriciais de movimento para sistemas discretizados pelo método dos elementos finitos com resultados também aplicáveis à análise matricial de estruturas reticuladas.

10.1 Conceituação de espaço de configuração, vínculos, coordenadas e velocidades generalizadas, espaço de fase, deslocamentos virtuais, reações de vínculo ideais e não ideais

No espaço físico tridimensional, a posição de um ponto material de massa m_α livre de vínculos fica caracterizada por três coordenadas definidas em relação a um referencial do espaço afim Euclidiano[1] associado ao espaço físico. A Figura 10.1 representa, a título de exemplo, as coordenadas cartesianas $(x^1_\alpha, x^2_\alpha, x^3_\alpha)$ do ponto material de massa m_α, referidas a uma base ortonormal caracterizada pelos versores $\mathbf{e}_1$, $\mathbf{e}_2$, $\mathbf{e}_3$, bem como seu vetor posição $\mathbf{r}_\alpha$:

$$\mathbf{r}_\alpha = x^1_\alpha \mathbf{e}_1 + x^2_\alpha \mathbf{e}_2 + x^3_\alpha \mathbf{e}_3 = \sum_{i=1}^{3} x^i_\alpha \mathbf{e}_i. \tag{10.1}$$

É conveniente introduzir a notação indicial, ou notação de Einstein, que permite grande simplificação na representação de somatórios, indicando-os por um "mo

[1] Espaço vetorial com produto escalar definido.

nômio", pressupondo-se que haja uma soma destes, fazendo-se variar o índice repetido dentro de seu intervalo de definição. Portanto, a expressão (10.1) pode ser reescrita na forma:

$$\mathbf{r}_\alpha = x^i_\alpha \mathbf{e}_i, \qquad \text{soma em } i = 1, 2, 3. \tag{10.2}$$

Também está indicada na Figura 10.1 a trajetória percorrida pelo ponto material à medida que decorre o tempo, destacando-se dois instantes genéricos t_1 e t_2.

Figura 10.1
Vetor posição e coordenadas cartesianas de um ponto material.

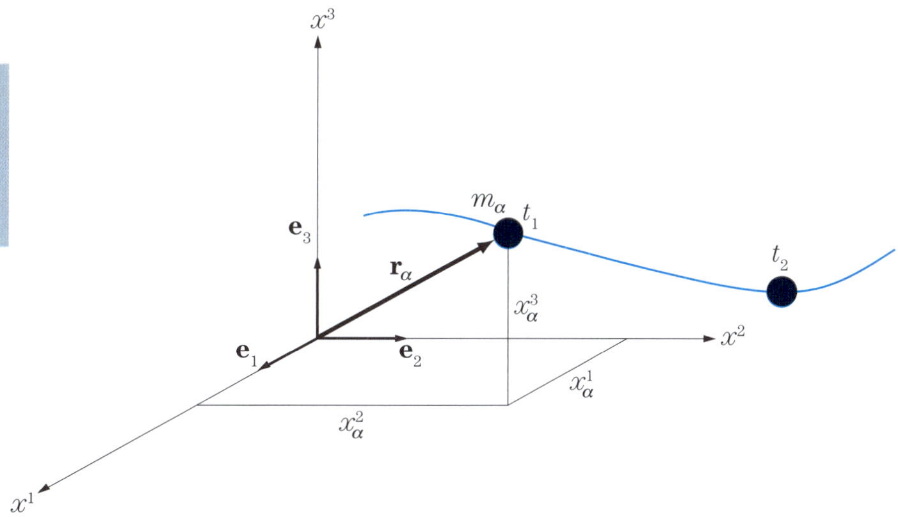

Consequentemente, o movimento do ponto material de massa m_α fica completamente caracterizado uma vez que se conheçam as funções coordenadas escalares $x^i_\alpha(t)$, para $i = 1, 2, 3$. Evidentemente, para um sistema de N pontos materiais livres de vínculos, o número de funções coordenadas necessário para caracterizar o movimento, de forma completa, é $3N$. Em vez de representar o movimento de todos os pontos materiais do sistema no espaço afim Euclidiano de dimensão três por meio de N trajetórias independentes, pode-se pensar em representá-lo em um espaço afim de dimensão $3N$, mediante igual número de coordenadas x^i_α, com $i = 1, 2, 3$ e $\alpha = 1, 2, ..., N$. A esse espaço se dá o nome de *espaço de configuração*. Evidentemente, embora se requeira um nível de abstração maior ao se abandonar a representação do movimento no espaço afim euclidiano de dimensão três em favor daquela no espaço afim de dimensão $3N$, a vantagem óbvia que se obtém é que as N trajetórias independentes dos pontos materiais do sistema passam a ser total e univocamente definidas por uma única trajetória.

No caso de existir um número inteiro $c > 0$ de restrições aos movimentos dos pontos materiais, ou c equações de vínculos, a dimensão do espaço de configuração será $n = 3N - c$, portanto menor do que $3N$. A dimensão n é igual ao número de graus de liberdade do sistema. Serão discutidos aqui, exclusivamente, os chamados vínculos holônomos, que podem ser escritos em forma integrável, em contraposição aos não holônomos, que não podem ser escritos em forma integrável. Os vínculos serão denominados reonômicos quando, além de serem holônomos, dependerem explicitamente do tempo. As c equações de vínculos reonômicos podem ser descritas por:

$$f_k(x_\alpha^i, t) = 0, \qquad k = 1, 2, \dots, c;\ i = 1, 2, 3 \text{ e } \alpha = 1, 2, \dots, N. \tag{10.3}$$

Em decorrência, assume-se que as funções coordenadas x_α^i, com $i = 1, 2, 3$ e $\alpha = 1, 2, \dots, N$, possam ser escritas na forma:

$$x_\alpha^i = x_\alpha^i[Q_1(t), Q_2(t), \dots, Q_n(t), t], \qquad i = 1, 2, 3 \text{ e } \alpha = 1, 2, \dots, N. \tag{10.4}$$

Em outras palavras, escolhe-se um espaço de configuração de dimensão mínima n que ainda permita a representação de forma unívoca do movimento do sistema de pontos materiais. As funções $Q_1(t), Q_2(t), \dots, Q_n(t)$ nesse novo espaço caracterizam as coordenadas independentes, por isso mesmo denominadas *coordenadas generalizadas*, a partir das quais todas as coordenadas físicas originais $x_\alpha^i(t)$ possam ser determinadas. Obviamente, há exigências matemáticas para que as equações (10.4) possam garantir a correspondência biunívoca entre o movimento descrito no espaço de configuração de dimensão mínima n, por intermédio das coordenadas generalizadas $Q_1(t), Q_2(t), \dots, Q_n(t)$, e o movimento descrito pelo sistema no espaço físico. São elas:

- que as funções $x_\alpha^i[Q_1(t), Q_2(t), \dots, Q_n(t), t]$, $i = 1, 2, 3$ e $\alpha = 1, 2, \dots, N$ sejam finitas e de classe C^1 (contínuas e diferenciáveis);
- que as coordenadas generalizadas $Q_1(t), Q_2(t), \dots, Q_n(t)$ definam univocamente as coordenadas x_α^i, com $i = 1, 2, 3$ e $\alpha = 1, 2, \dots, N$;
- que exista uma matriz Jacobiana de ordem n, extraída da matriz $\left[\dfrac{\partial x_\alpha^i}{\partial Q_j}\right]$ retangular $3N \times n$, não singular para qualquer $(Q_1, Q_2, \dots, Q_n)$, associada a (10.4).

Caso particular de vínculos holônomos é aquele em que as funções f_k não dependem explicitamente do tempo. Nesse caso, são chamados de *vínculos escleronômicos*. As equações (10.4), nesse caso, se simplificam:

$$x_\alpha^i = x_\alpha^i[Q_1(t), Q_2(t), \dots, Q_n(t)], \qquad i = 1, 2, 3 \text{ e } \alpha = 1, 2, \dots, N. \tag{10.5}$$

EXEMPLO 17 Ponto material deslocando-se sobre uma curva parabólica (vínculo escleronômico)

Considere-se um ponto material em movimento sobre uma trajetória parabólica no plano (x^2, x^3) do espaço físico, conforme indicado na Figura 10.2:

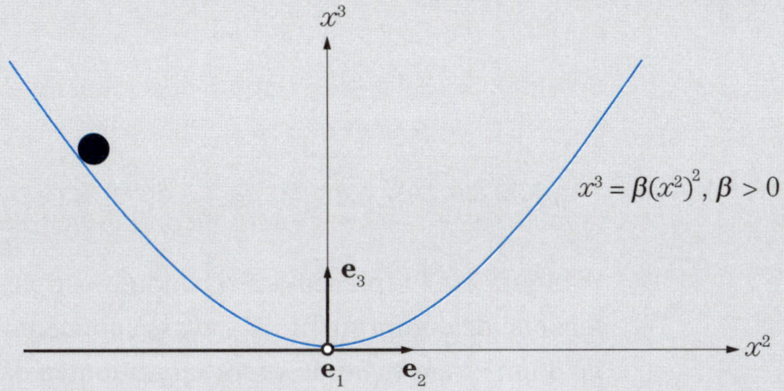

Figura 10.2
Ponto material sobre curva parabólica.

Trata-se de um sistema com um único grau de liberdade ($n = 1$). Se a coordenada generalizada Q for escolhida de tal forma que:

$$\begin{aligned} x^1 &= 0 \\ x^2 &= Q \\ x^3 &= \beta Q^2 \end{aligned} \tag{10.6}$$

as exigências matemáticas anteriormente referidas estarão satisfeitas, pois as funções x^i são efetivamente finitas e de classe C^1, a coordenada Q define univocamente a posição do ponto material no espaço físico em um instante qualquer e existe uma matriz Jacobiana de ordem $n = 1$, não singular para qualquer Q, pois $\dfrac{\partial x^2}{\partial Q} = 1$. Note-se que, se Q tivesse sido escolhido de tal forma que:

$$\begin{aligned} x^1 &= 0 \\ x^2 &= \pm\sqrt{\frac{Q}{\beta}} \\ x^3 &= Q \end{aligned} \tag{10.7}$$

as exigências matemáticas anteriormente referidas não estariam satisfeitas, pois a função x^2 não seria diferenciável em $Q = 0$, além do que a posição do ponto material no espaço físico em um instante qualquer não estaria univocamente definida pela coordenada Q, pois não se saberia se $x^2 = +\sqrt{\frac{Q}{\beta}}$ ou $x^2 = -\sqrt{\frac{Q}{\beta}}$. Portanto, essa não seria uma escolha possível de coordenada generalizada para o problema.

■

EXEMPLO 18 Pêndulo simples com excitação de suporte (vínculo reonômico)

A Figura 10.3 representa um pêndulo simples de haste imponderável e inextensível de comprimento ℓ, e massa concentrada M na extremidade, submetido a uma translação de suporte harmônica dada por $s(t) = s_0\text{sen}\bar{\omega}t$:

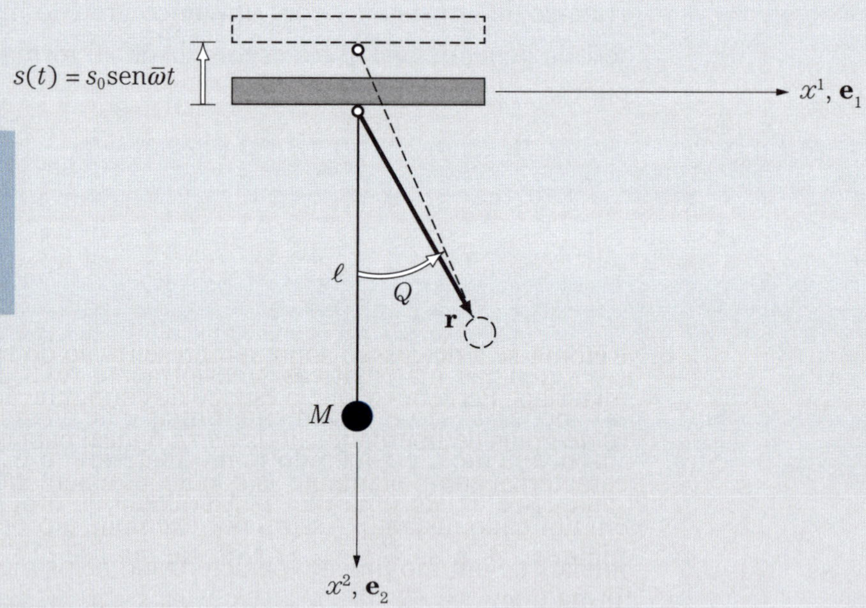

Figura 10.3
Pêndulo submetido a translação harmônica de suporte.

O vetor posição $\mathbf{r}$ fica caracterizado univocamente pela coordenada generalizada Q, ângulo que a haste forma com a vertical no instante t, medido no sentido anti-horário, conforme indicado na Figura 10.3:

$$\mathbf{r} = \ell\text{sen}Q\mathbf{e}_1 + [\ell\cos Q - s(t)]\,\mathbf{e}_2 + 0\mathbf{e}_3, \tag{10.8}$$

ou seja,

$$x^1 = \ell \text{sen} Q$$
$$x^2 = \ell \cos Q - s(t) = \ell \cos Q - s_0 \text{sen} \bar{\omega} t \qquad (10.9)$$
$$x^3 = 0,$$

que são equações do tipo de (10.4), obedecendo às exigências matemáticas já mencionadas para a coordenada generalizada Q, definida no intervalo $\left(-\frac{\pi}{2}, +\frac{\pi}{2}\right)$.

De fato, (10.9) define funções de classe C^1, que garantem a correspondência biunívoca entre a coordenada generalizada Q e as coordenadas originais (x^1, x^2, x^3) e, finalmente, admitem Jacobiano da transformação não nulo, pois:

$$\frac{\partial x^1}{\partial Q} = \ell \cos Q \neq 0 \qquad (10.10)$$

para $Q \in \left(-\frac{\pi}{2}, +\frac{\pi}{2}\right)$.

■

Retoma-se a discussão sobre a representação do movimento do sistema de pontos materiais. Percebe-se que o espaço de configuração de dimensão mínima n, número de graus de liberdade, ainda não é o ideal para essa representação, visto que não caracteriza completamente as condições cinemáticas (deslocamento e velocidade) em um dado instante. Assim, por exemplo, a própria distinção entre as condições iniciais de um movimento caracterizado pelos mesmos deslocamentos, mas velocidades diferentes, não fica adequadamente representada nesse espaço. O espaço de fase cumpre esse requisito. Trata-se de um espaço de dimensão $2n$, se o sistema for escleronômico, de tal forma que o movimento fica caracterizado pelo vetor $[Q_1, Q_2, \ldots, Q_n, \dot{Q}_1, \dot{Q}_2, \ldots, \dot{Q}_n]$; ou de dimensão $(2n + 1)$, se o sistema for reonômico, caracterizado pelo vetor $[Q_1, Q_2, \ldots, Q_n, \dot{Q}_1, \dot{Q}_2, \ldots, \dot{Q}_n, t]$. Às derivadas das coordenadas generalizadas em relação ao tempo $\dot{Q}_i$, $i = 1, 2, \ldots n$, dá-se o nome de *velocidades generalizadas*.

A conceituação de *deslocamentos virtuais* é de grande importância para a mecânica analítica. Serão eles entendidos aqui como deslocamentos cinematicamente admissíveis em um certo instante t, isto é, deslocamentos que naquele instante t respeitem as equações de vínculo. Para o caso de vínculos reonômicos, significa respeitar (10.3) e, portanto, o ponto que representa o sistema no espaço de configuração deve situar-se sobre a superfície definida por (10.3). Considere-se o caso elementar de um único ponto material obrigado a situar-se sobre a superfície $f(x^1, x^2, x^3, t) = 0$. A Figura 10.4 representa o deslocamento virtual $\delta\mathbf{r}$ e o real $d\mathbf{r}$ entre os instantes t e $t + dt$.

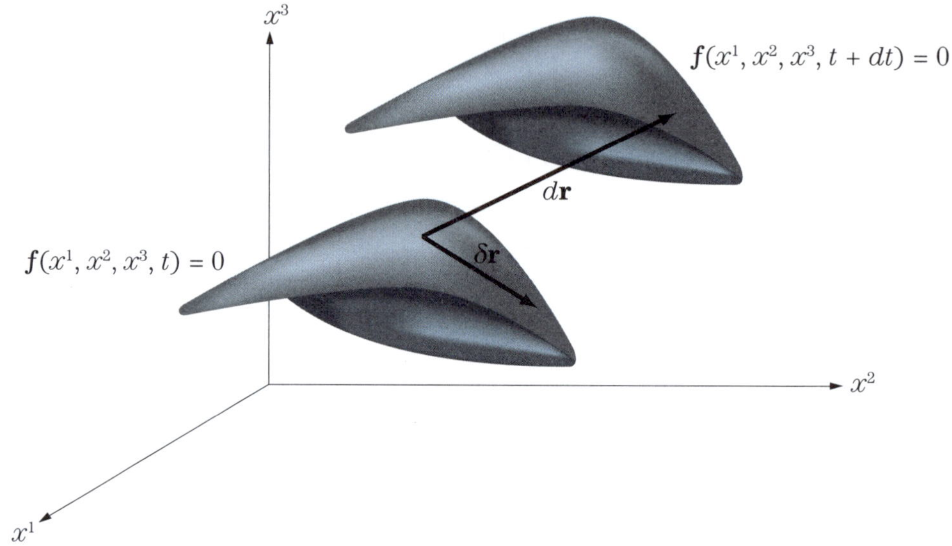

Figura 10.4
Representação dos deslocamentos virtual $\delta\mathbf{r}$ e real $d\mathbf{r}$ entre dois instantes t e $(t + dt)$ para um ponto material com vínculo reonômico.

Para vínculos reonômicos, os deslocamentos reais e os deslocamentos virtuais não se confundem, ou seja, os deslocamentos reais não são um caso particular dos deslocamentos virtuais. Estes últimos são compatíveis com as equações de vínculo "congeladas" no instante t. Para vínculos escleronômicos, como as equações de vínculo já são independentes do tempo, é claro que os deslocamentos reais podem ser considerados um caso particular dos deslocamentos virtuais. Evidentemente, a um deslocamento virtual $\delta\mathbf{r}_\alpha$, $\alpha = 1, 2, \ldots, N$, correspondem variações virtuais nas coordenadas dos pontos materiais δx^i_α, $\alpha = 1, 2, \ldots, N$ e $i = 1, 2, 3$, e a estas, por intermédio de (10.4), correspondem variações virtuais nas coordenadas generalizadas δQ_j, $j = 1, 2, \ldots, n$, de forma equivalente: $\delta\mathbf{r}_\alpha \Longleftrightarrow \delta x^i_\alpha \Longleftrightarrow \delta Q_j$.

Ao introduzirem restrições aos deslocamentos, os vínculos aplicam sobre os pontos materiais de massa m_α forças vinculares (ou reações) F^v_α. Denominam-se *vínculos ideais* aqueles que dão origem a reações F^{vi}_α – denominadas *reações ideais* – que são ortogonais aos deslocamentos virtuais. Em outras palavras, as reações ideais não realizam trabalho perante deslocamentos virtuais, pois o trabalho de uma força decorre do produto escalar entre essa força e o deslocamento de seu ponto de aplicação; quando esses vetores são ortogonais entre si, o trabalho é nulo. Denominam-se *vínculos não ideais* aqueles que dão origem a reações F_α^{vn} – denominadas *reações não ideais* – que não são ortogonais aos deslocamentos virtuais. Em outras palavras, as reações não ideais realizam trabalho não nulo perante deslocamentos virtuais.

EXEMPLO 19 Vínculo ideal e vínculo não ideal

Sejam as vigas biapoiadas da Figura 10.5 submetidas às forças concentradas ativas P_1 e P_2. A viga do $caso$ (a) exibe um apoio de translação ideal (que impede deslocamentos em uma direção, mas não na direção que lhe é ortogonal) e um apoio fixo. A viga do $caso$ (b) exibe um apoio de translação não ideal com atrito, e um apoio fixo. Diferem apenas nos apoios de translação. No $caso$ (a), o vínculo ideal apresenta uma reação V_1 ortogonal ao deslocamento cinematicamente admissível, e não realiza trabalho virtual. No $caso$ (b), havendo atrito segundo a direção de deslocamentos não impedidos, surgirá uma componente da reação H_1 nessa direção, que será dissipativa, pois realizará trabalho negativo perante um deslocamento virtual. A reação vincular total, sendo a composição da força reativa normal V_1 e da força de atrito H_1, não será ortogonal ao deslocamento virtual de seu ponto de aplicação.

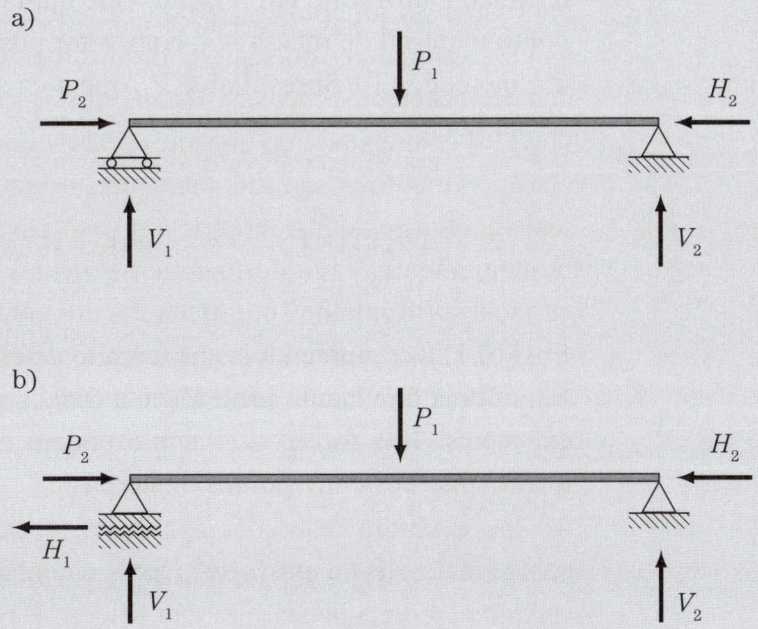

Figura 10.5
Exemplo de vínculo ideal (a) e não ideal (b).

■

10.2 Formulação das equações de movimento

Retoma-se o tema da formulação das equações de movimento que já foi objeto de consideração para sistemas com um grau de liberdade, visando a uma maior generalidade. Parte-se da lei fundamental da dinâmica para um ponto material, que caracteriza uma formulação típica da mecânica vetorial, para se chegar às equações de Euler-Lagrange de um sistema de pontos materiais, que caracterizam uma formulação típica da mecânica analítica, construindo a transição com o auxílio do princípio de D'Alembert e o princípio de Hamilton. Os exemplos contidos ao final deste capítulo ilustrarão a extensão das formulações apresentadas a alguns sistemas contínuos rígidos ou deformáveis simples. A generalização das equações matriciais de movimento para sólidos deformáveis discretizados pelo método dos elementos finitos é discutida no Capítulo 11.

10.2.1 Lei fundamental da dinâmica

Mais precisamente, a segunda lei de Newton pode ser assim enunciada: a taxa de variação da quantidade de movimento de um ponto material, relativamente a um observador inercial, é igual à força resultante que age sobre ele, e segundo a direção e sentido desta. A primeira lei de Newton intrinsecamente pressupõe a existência de uma família de observadores inerciais, de tal sorte que, uma vez conhecido um deles, todos os demais que estejam em movimento retilíneo e uniforme em relação a ele também serão inerciais. Portanto, para o ponto material de massa m_α, com vetor posição $\mathbf{r}_\alpha$ com respeito a um observador inercial, a força resultante $\mathbf{F}_\alpha$ que atua sobre o ponto material isolado deve ser tal que:

$$\frac{d}{dt}(m_\alpha \dot{\mathbf{r}}_\alpha) = \mathbf{F}_\alpha \quad \Rightarrow \quad m_\alpha \ddot{\mathbf{r}}_\alpha = \mathbf{F}_\alpha, \qquad \alpha = 1, 2, \ldots, N. \tag{10.11}$$

Em (10.11), compreendidas na força resultante $\mathbf{F}_\alpha$ estão a força externa aplicada $\mathbf{F}_\alpha^a$, a força de vínculo ideal $\mathbf{F}_\alpha^{vi}$ e a força de vínculo não ideal $\mathbf{F}_\alpha^{vn}$, por ventura existentes. Tais forças de vínculo podem decorrer tanto de vínculos externos quanto internos entre pontos materiais.

$$\mathbf{F}_\alpha = \mathbf{F}_\alpha^a + \mathbf{F}_\alpha^{vi} + \mathbf{F}_\alpha^{vn}, \qquad \alpha = 1, 2, \ldots, N. \tag{10.12}$$

Reescreve-se, então, (10.11) na forma:

$$m_\alpha \ddot{\mathbf{r}}_\alpha = \mathbf{F}_\alpha^a + \mathbf{F}_\alpha^{vi} + \mathbf{F}_\alpha^{vn}, \qquad \alpha = 1, 2, \ldots, N. \tag{10.13}$$

10.2.2 Princípio de D'Alembert

Pelo princípio restrito de D'Alembert, também já introduzido no contexto dos sistemas de um grau de liberdade, a equação de movimento, ou de equilíbrio dinâmico, pode ser escrita impondo-se que a soma da força resultante $\mathbf{F}_\alpha$ com a força de inércia $-m_\alpha \ddot{\mathbf{r}}_\alpha$ seja nula:

$$\mathbf{F}_\alpha^a + \mathbf{F}_\alpha^{vi} + \mathbf{F}_\alpha^{vn} - m_\alpha \ddot{\mathbf{r}}_\alpha = \mathbf{0}, \qquad \alpha = 1, 2, \ldots, N. \tag{10.14}$$

Obviamente, (10.14) e (10.13) são equivalentes. O princípio restrito de D'Alembert, (10.14), permite a interpretação de "fechamento" do polígono de forças que atuam sobre o ponto material no referencial relativo com movimento a ele solidário. Naturalmente, como o primeiro membro de (10.14) é equivalente a uma força nula, o trabalho virtual desta última também é nulo:

$$\left(\mathbf{F}_\alpha^a + \mathbf{F}_\alpha^{vi} + \mathbf{F}_\alpha^{vn} - m_\alpha \ddot{\mathbf{r}}_\alpha\right) \cdot \delta\mathbf{r}_\alpha = 0, \qquad \alpha = 1, 2, \ldots, N. \tag{10.15}$$

Recorda-se que as forças de vínculo ideais não realizam trabalho virtual. Introduz-se, ainda, o conceito de *força efetiva* $\mathbf{F}_\alpha^e$:

$$\mathbf{F}_\alpha^e = \mathbf{F}_\alpha^a + \mathbf{F}_\alpha^{vn}, \qquad \alpha = 1, 2, \ldots, N \tag{10.16}$$

para reescrever (10.15), de forma compacta, como:

$$\left(\mathbf{F}_\alpha^e - m_\alpha \ddot{\mathbf{r}}_\alpha\right) \cdot \delta\mathbf{r}_\alpha = 0, \qquad \alpha = 1, 2, \ldots, N; \tag{10.17}$$

ou seja, o trabalho virtual da soma da força efetiva e da força de inércia que atuam em cada ponto material deve ser nulo. A soma, membro a membro, das equações (10.17) para $\alpha = 1, 2, \ldots, N$, leva ao princípio generalizado de D'Alembert, que postula que o trabalho virtual das forças efetivas e das forças de inércia deva ser nulo para o sistema de pontos materiais, como um todo:

$$\sum_{\alpha=1}^{N} \left(\mathbf{F}_{\alpha}^{e} - m_{\alpha}\ddot{\mathbf{r}}_{\alpha}\right) \cdot \delta\mathbf{r}_{\alpha} = 0. \tag{10.18}$$

O princípio generalizado de D'Alembert pode ser invocado tantas vezes quanta necessárias, uma vez que os deslocamentos virtuais $\delta\mathbf{r}_{\alpha}$ podem ser escolhidos de forma arbitrária.

Note-se que o princípio generalizado de D'Alembert inclui, como caso particular, o princípio (ou teorema, dependendo da abordagem adotada) dos deslocamentos virtuais da estática (quando se assume $\ddot{\mathbf{r}}_{\alpha} = 0$, $\alpha = 1, 2, \ldots, N$).

Outro corolário do princípio generalizado de D'Alembert é o princípio (ou teorema, dependendo da abordagem adotada) da conservação de energia mecânica para sistemas com vínculos ideais escleronômicos ($\mathbf{F}_{\alpha}^{vn} = 0$, $\alpha = 1, 2, \ldots, N$) e com forças aplicadas conservativas $\mathbf{F}_{\alpha}^{c}$, cada uma delas derivada de uma função escalar denominada energia potencial $\mathcal{V}_{\alpha}$. O trabalho virtual $\delta\mathcal{W}_{\alpha}$ dessa força é o oposto da variação da energia potencial $\delta\mathcal{V}_{\alpha}$:

$$\delta\mathcal{W}_{\alpha} = \mathbf{F}_{\alpha}^{c} \cdot \delta\mathbf{r}_{\alpha} = -\delta\mathcal{V}_{\alpha}, \qquad \alpha = 1, 2, \ldots, N. \tag{10.19}$$

Para o movimento real, deve-se ter $\delta\mathbf{r}_{\alpha} = d\mathbf{r}_{\alpha}$ e, consequentemente, de (10.19):

$$d\mathcal{W}_{\alpha} = \mathbf{F}_{\alpha}^{c} \cdot d\mathbf{r}_{\alpha} = -d\mathcal{V}_{\alpha}, \qquad \alpha = 1, 2, \ldots, N. \tag{10.20}$$

A energia cinética $\mathcal{T}_{\alpha}$ do ponto material de massa m_{α}, por definição, vale:

$$\mathcal{T}_{\alpha} = \frac{1}{2} m_{\alpha} \left(\dot{\mathbf{r}}_{\alpha} \cdot \dot{\mathbf{r}}_{\alpha}\right), \qquad \alpha = 1, 2, \ldots, N, \tag{10.21}$$

de onde a sua taxa de variação no tempo pode ser calculada por:

$$\dot{\mathcal{T}}_{\alpha} = m_{\alpha} \left(\dot{\mathbf{r}}_{\alpha} \cdot \ddot{\mathbf{r}}_{\alpha}\right) \quad \Rightarrow \quad d\mathcal{T}_{\alpha} = m_{\alpha} \left(\ddot{\mathbf{r}}_{\alpha} \cdot d\mathbf{r}_{\alpha}\right), \qquad \alpha = 1, 2, \ldots, N. \tag{10.22}$$

Logo, de (10.18), para o movimento real, chega-se ao resultado que estabelece a conservação da energia mecânica $\mathcal{E}_{\alpha}$, definida como a soma da energia potencial e da energia cinética. De fato:

$$\sum_{\alpha=1}^{N} -(d\mathcal{V}_\alpha + d\mathcal{T}_\alpha) = \sum_{\alpha=1}^{N} -d\,(\mathcal{V}_\alpha + \mathcal{T}_\alpha) = \sum_{\alpha=1}^{N} -d\mathcal{E}_\alpha = 0$$

$$\Rightarrow \quad \mathcal{E}_\alpha = \mathcal{V}_\alpha + \mathcal{T}_\alpha = \text{constante}, \tag{10.23}$$

que é um resultado válido para sistemas de pontos materiais com vínculos escleronômicos ideais submetidos a forças ativas conservativas.

10.2.3 Princípio de Hamilton

Retoma-se o princípio generalizado de D'Alembert na sua forma (10.18), decompondo-se o trabalho virtual das forças efetivas nas parcelas $\delta\mathcal{W} = -\delta\mathcal{V} = -\sum_{\alpha=1}^{N} \delta\mathcal{V}_\alpha$, referente às forças conservativas $\mathbf{F}_\alpha^c$, e $\delta\mathcal{W}^{nc} = \sum_{\alpha=1}^{N} \mathbf{F}_\alpha^{nc} \cdot \delta\mathbf{r}_\alpha$, referente às forças não conservativas $\mathbf{F}_\alpha^{nc}$:

$$-\delta\mathcal{V} + \delta\mathcal{W}^{nc} - \sum_{\alpha=1}^{N} m_\alpha\,(\ddot{\mathbf{r}}_\alpha \cdot \delta\mathbf{r}_\alpha) = 0. \tag{10.24}$$

A energia cinética do sistema de pontos materiais é a soma das energias cinéticas dos pontos materiais, isto é, $\mathcal{T} = \sum_{\alpha=1}^{N} \mathcal{T}_\alpha$, considerando-se (10.21). A variação de $\mathcal{T}$ vale:

$$\delta\mathcal{T} = \sum_{\alpha=1}^{N} m_\alpha\,(\dot{\mathbf{r}}_\alpha \cdot \delta\dot{\mathbf{r}}_\alpha). \tag{10.25}$$

Considere-se, agora, o resultado auxiliar:

$$\sum_{\alpha=1}^{N} m_\alpha\,(\ddot{\mathbf{r}}_\alpha \cdot \delta\mathbf{r}_\alpha) = \sum_{\alpha=1}^{N} m_\alpha \frac{d}{dt}(\dot{\mathbf{r}}_\alpha \cdot \delta\mathbf{r}_\alpha) - \sum_{\alpha=1}^{N} m_\alpha\,(\dot{\mathbf{r}}_\alpha \cdot \delta\dot{\mathbf{r}}_\alpha). \tag{10.26}$$

Portanto, de (10.26) e (10.25), decorre que

$$-\sum_{\alpha=1}^{N} m_\alpha\,(\ddot{\mathbf{r}}_\alpha \cdot \delta\mathbf{r}_\alpha) = -\sum_{\alpha=1}^{N} m_\alpha \frac{d}{dt}(\dot{\mathbf{r}}_\alpha \cdot \delta\mathbf{r}_\alpha) + \delta\mathcal{T}. \tag{10.27}$$

A combinação de (10.24) e (10.27) leva a

$$\delta\mathcal{T} - \delta\mathcal{V} + \delta\mathcal{W}^{nc} = \sum_{\alpha=1}^{N} m_\alpha \frac{d}{dt}(\dot{\mathbf{r}}_\alpha \cdot \delta\mathbf{r}_\alpha), \tag{10.28}$$

que pode ser integrada, membro a membro, entre os instantes t_1 e t_2, para os quais se presume que sejam conhecidos os vetores-posição $\mathbf{r}_\alpha(t_1)$ e $\mathbf{r}_\alpha(t_2)$ do movimento real, isto é, supõem-se nulos $\delta\mathbf{r}_\alpha(t_1)$ e $\delta\mathbf{r}_\alpha(t_2)$. Tal é a situação que, no cálculo variacional, denomina-se *problema de extremos fixos*. Nessas condições

$$\int_{t_1}^{t_2} (\delta\mathcal{T} - \delta\mathcal{V} + \delta\mathcal{W}^{nc})dt = \sum_{\alpha=1}^{N} m_\alpha \left[\dot{\mathbf{r}}_\alpha \cdot \delta\mathbf{r}_\alpha\right]_{t_1}^{t_2}$$
$$\Rightarrow \int_{t_1}^{t_2} (\delta\mathcal{T} - \delta\mathcal{V} + \delta\mathcal{W}^{nc})dt = 0, \tag{10.29}$$

que exprime o princípio generalizado de Hamilton. O princípio restrito de Hamilton aplica-se a sistemas conservativos ($\delta\mathcal{W}^{nc} = 0$) com vínculos escleronômicos, para os quais (10.29) se simplifica:

$$\delta\mathcal{H} = 0, \tag{10.30}$$

sendo $\mathcal{H}$ o funcional de Hamilton, expresso em termos da função Lagrangiana $\mathcal{L}$ definida como a diferença entre a energia cinética e a potencial, como se indica

$$\mathcal{H} = \int_{t_1}^{t_2} \mathcal{L}dt; \tag{10.31}$$

$$\mathcal{L} = \mathcal{T} - \mathcal{V}. \tag{10.32}$$

Note-se que, de acordo com (10.30), o princípio restrito de Hamilton estabelece que, para o movimento real, o funcional de Hamilton seja estacionário.

10.2.4 Equações de Euler-Lagrange

Até o momento, não se tirou partido pleno das coordenadas generalizadas na formulação das equações de movimento. Nota-se que, para sistemas com vínculos escleronômicos, de (10.5) decorre:

$$\dot{\mathbf{r}}_\alpha = \sum_{j=1}^{n} \frac{\partial \mathbf{r}_\alpha}{\partial Q_j} \dot{Q}_j, \tag{10.33}$$

de sorte que a energia cinética, conforme (10.21), resulta uma função dependente das coordenadas e das velocidades generalizadas, ou seja, $\mathcal{T} = \mathcal{T}(Q_1, Q_2, \ldots, Q_n, \dot{Q}_1, \dot{Q}_2, \ldots, \dot{Q}_n)$. Já a energia potencial, dependendo apenas de posição, será uma função das coordenadas generalizadas $\mathcal{V} = \mathcal{V}(Q_1, Q_2, \ldots, Q_n)$. Consequentemente, a função Lagrangiana, de acordo com (10.32), dependerá das coordenadas e das velocidades generalizadas $\mathcal{L} = \mathcal{L}(Q_1, Q_2, \ldots, Q_n, \dot{Q}_1, \dot{Q}_2, \ldots, \dot{Q}_n)$. Retoma-se, agora, o princípio restrito de Hamilton, conforme (10.30), calculando-se a variação do funcional $\mathcal{H}$ conforme se demonstra no cálculo das variações:

$$\delta\mathcal{H} = \int_{t_1}^{t_2} \sum_{j=1}^{n} \left(\frac{\partial \mathcal{L}}{\partial Q_j} \delta Q_j + \frac{\partial \mathcal{L}}{\partial \dot{Q}_j} \delta \dot{Q}_j \right) dt \tag{10.34}$$

$$\delta\mathcal{H} = \int_{t_1}^{t_2} \sum_{j=1}^{n} \left(\frac{\partial \mathcal{T}}{\partial Q_j} \delta Q_j - \frac{\partial \mathcal{V}}{\partial Q_j} \delta Q_j + \frac{\partial \mathcal{T}}{\partial \dot{Q}_j} \delta \dot{Q}_j \right) dt \tag{10.35}$$

$$\delta\mathcal{H} = \sum_{j=1}^{n} \int_{t_1}^{t_2} \left(\frac{\partial \mathcal{T}}{\partial Q_j} - \frac{\partial \mathcal{V}}{\partial Q_j} \right) \delta Q_j dt + \sum_{j=1}^{n} \int_{t_1}^{t_2} \frac{\partial \mathcal{T}}{\partial \dot{Q}_j} \delta \dot{Q}_j dt = 0. \tag{10.36}$$

O último termo de (10.36) é integrado por partes, lembrando que se trata de problema de extremos fixos ou seja, $\delta\mathbf{r}_\alpha(t_1) = \mathbf{0}$ e $\delta\mathbf{r}_\alpha(t_2) = \mathbf{0}$, o que implica $\delta Q_j(t_1) = 0$ e $\delta Q_j(t_2) = 0$, respectivamente, para $j = 1, 2, \ldots, n$. Resulta:

$$\sum_{j=1}^{n} \int_{t_1}^{t_2} \left[\frac{\partial \mathcal{T}}{\partial Q_j} - \frac{d}{dt}\left(\frac{\partial \mathcal{T}}{\partial \dot{Q}_j} \right) - \frac{\partial \mathcal{V}}{\partial Q_j} \right] \delta Q_j dt = 0, \qquad \forall t_1, \forall t_2, \forall \delta Q_j. \tag{10.37}$$

Para satisfazer a (10.37), para quaisquer deslocamentos virtuais e instantes, é necessário impor-se:

$$\frac{d}{dt}\left(\frac{\partial \mathcal{T}}{\partial \dot{Q}_j} \right) - \frac{\partial \mathcal{T}}{\partial Q_j} + \frac{\partial \mathcal{V}}{\partial Q_j} = 0, \qquad j = 1, 2, \ldots, n, \tag{10.38}$$

que é a equação clássica (restrita) de Euler-Lagrange, aplicável a sistemas conservativos escleronômicos. Efetivamente, tantas equações como (10.38) quantas são as coordenadas generalizadas podem ser escritas, compondo um sistema de n

equações diferenciais a serem integradas. O resultado (10.38) pode ser generalizado para sistemas reonômicos não conservativos, bastando para isso que se leve em consideração o termo adicional que decorre do trabalho das forças não conservativas $\delta \mathcal{W}^{nc}$ em (10.29):

$$\delta \mathcal{W}^{nc} = \sum_{\alpha=1}^{N} \mathbf{F}_\alpha^{nc} \cdot \delta \mathbf{r}_\alpha = \sum_{\alpha=1}^{N} \mathbf{F}_\alpha^{nc} \cdot \left(\sum_{j=1}^{n} \frac{\partial \mathbf{r}_\alpha}{\partial Q_j} \delta Q_j \right) = \sum_{j=1}^{n} \left(\sum_{\alpha=1}^{N} \mathbf{F}_\alpha^{nc} \cdot \frac{\partial \mathbf{r}_\alpha}{\partial Q_j} \right) \delta Q_j = \sum_{j=1}^{n} N_j \delta Q_j, \quad (10.39)$$

sendo N_j a força generalizada não conservativa energeticamente conjugada à coordenada generalizada Q_j:

$$N_j = \sum_{\alpha=1}^{N} \mathbf{F}_\alpha^{nc} \cdot \frac{\partial \mathbf{r}_\alpha}{\partial Q_j}. \quad (10.40)$$

Portanto, as equações generalizadas de Euler-Lagrange serão escritas na forma

$$\frac{d}{dt}\left(\frac{\partial \mathcal{T}}{\partial \dot{Q}_j} \right) - \frac{\partial \mathcal{T}}{\partial Q_j} + \frac{\partial \mathcal{U}}{\partial Q_j} = N_j, \qquad j = 1, 2, \ldots, n. \quad (10.41)$$

10.2.5 Formulação das equações de movimento para sólidos elásticos lineares

A Figura 10.6 representa um sólido tridimensional elástico linear em que deslocamentos $\hat{\mathbf{u}}(\mathbf{r}, t)$ são impostos na parte do contorno S_u e forças de superfície $\mathbf{f}^S(\mathbf{r}, t)$ são impostas na parte complementar do contorno S_f. Forças de volume $\mathbf{f}^B(\mathbf{r}, t)$ são aplicadas ao sólido de volume V. Tanto $\mathbf{f}^S$ quanto $\mathbf{f}^B$ podem representar indistintamente ações conservativas ou não. Por conveniência, utiliza-se, aqui, a notação técnica, ou notação Timoshenko, e não a indicial. O vetor-posição $\mathbf{r}$ pode ser caracterizado por suas componentes cartesianas r_x, r_y e r_z.

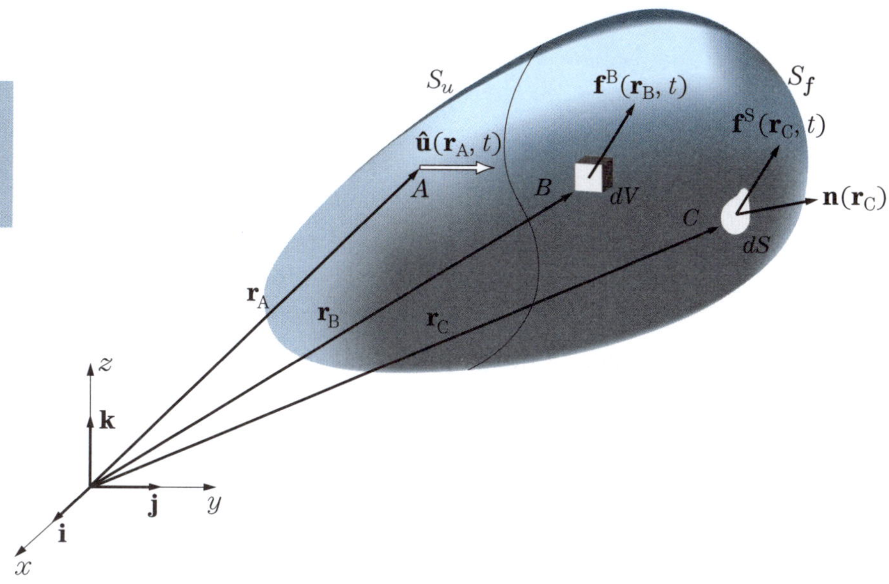

Figura 10.6
Sólido tridimensional elástico linear.

As equações de equilíbrio dinâmico para todos os pontos de V podem ser escritas a partir do princípio de D'Alembert, acrescentando-se a força de inércia:

$$\frac{\partial \sigma_{xx}}{\partial x} + \frac{\partial \sigma_{xy}}{\partial y} + \frac{\partial \sigma_{xz}}{\partial z} + f_x^{\mathrm{B}} - \rho \ddot{r}_x = 0, \tag{10.42}$$

$$\frac{\partial \sigma_{yx}}{\partial x} + \frac{\partial \sigma_{yy}}{\partial y} + \frac{\partial \sigma_{yz}}{\partial z} + f_y^{\mathrm{B}} - \rho \ddot{r}_y = 0, \tag{10.43}$$

$$\frac{\partial \sigma_{zx}}{\partial x} + \frac{\partial \sigma_{zy}}{\partial y} + \frac{\partial \sigma_{zz}}{\partial z} + f_z^{\mathrm{B}} - \rho \ddot{r}_z = 0. \tag{10.44}$$

Nas equações acima σ_{xx}, σ_{yy}, σ_{zz}, $\sigma_{xy} = \sigma_{yx}$, $\sigma_{yz} = \sigma_{zy}$ e $\sigma_{zx} = \sigma_{xz}$ representam as componentes do tensor das tensões de Cauchy; f_x^{B}, f_y^{B} e f_z^{B} são as componentes da força de volume; ρ é a massa específica do sólido; $\ddot{r}_x$, $\ddot{r}_y$ e $\ddot{r}_z$ são as acelerações segundo as direções dos eixos x, y e z, respectivamente. Note-se que as acelerações podem ser calculadas diretamente a partir da derivada segunda (em relação ao tempo) do deslocamento, cujas componentes cartesianas são u, v e w, isto é, $\ddot{r}_x = \ddot{u}$, $\ddot{r}_y = \ddot{v}$ e $\ddot{r}_z = \ddot{w}$.

Na região S_f do contorno, as equações de equilíbrio são escritas como na estática, notando-se, porém, que, agora, as componentes f_x^{S}, f_y^{S} e f_z^{S} podem variar com o tempo:

$$\sigma_{xx}n_x + \sigma_{xy}n_y + \sigma_{xz}n_z = f_x^S(t), \tag{10.45}$$

$$\sigma_{yx}n_x + \sigma_{yy}n_y + \sigma_{yz}n_z = f_y^S(t), \tag{10.46}$$

$$\sigma_{zx}n_x + \sigma_{zy}n_y + \sigma_{zz}n_z = f_z^S(t), \tag{10.47}$$

sendo n_x, n_y e n_z os cossenos diretores do vetor unitário normal externo $\mathbf{n}$ em cada ponto de S_f.

É oportuno lembrar as relações deformações-deslocamentos para a cinemática linearizada, como convém à análise linear:

$$\varepsilon_{xx} = \frac{\partial u}{\partial x}, \tag{10.48}$$

$$\varepsilon_{yy} = \frac{\partial v}{\partial y}, \tag{10.49}$$

$$\varepsilon_{zz} = \frac{\partial w}{\partial z}, \tag{10.50}$$

$$\gamma_{xy} = \frac{\partial u}{\partial y} + \frac{\partial v}{\partial x}, \tag{10.51}$$

$$\gamma_{yz} = \frac{\partial v}{\partial z} + \frac{\partial w}{\partial y}, \tag{10.52}$$

$$\gamma_{zx} = \frac{\partial w}{\partial x} + \frac{\partial u}{\partial z}, \tag{10.53}$$

onde ε_{xx}, ε_{yy}, ε_{zz}, $\gamma_{xy} = \gamma_{yx}$, $\gamma_{yz} = \gamma_{zy}$ e $\gamma_{zx} = \gamma_{xz}$ são as componentes do tensor das deformações infinitesimais. Pode-se reescrever as equações de (10.48) a (10.53), convenientemente, na forma matricial:

$$\boldsymbol{\varepsilon} = \boldsymbol{\partial}_{\boldsymbol{\varepsilon}}\mathbf{u} \tag{10.54}$$

com

$$\boldsymbol{\varepsilon} = \left\{\varepsilon_{xx} \quad \varepsilon_{yy} \quad \varepsilon_{zz} \quad \gamma_{xy} \quad \gamma_{yz} \quad \gamma_{zx}\right\}^T, \tag{10.55}$$

$$\partial_{\varepsilon} = \begin{bmatrix} \frac{\partial}{\partial x} & 0 & 0 \\ 0 & \frac{\partial}{\partial y} & 0 \\ 0 & 0 & \frac{\partial}{\partial z} \\ \frac{\partial}{\partial y} & \frac{\partial}{\partial x} & 0 \\ 0 & \frac{\partial}{\partial z} & \frac{\partial}{\partial y} \\ \frac{\partial}{\partial z} & 0 & \frac{\partial}{\partial x} \end{bmatrix} \tag{10.56}$$

e

$$\mathbf{u} = \{u \quad v \quad w\}^T. \tag{10.57}$$

Finalmente, recorda-se a lei de Hooke generalizada para sólidos elásticos homogêneos e isótropos, na forma:

$$\boldsymbol{\sigma} = \boldsymbol{C}\boldsymbol{\varepsilon} \tag{10.58}$$

onde ε já foi definido em (10.55),

$$\boldsymbol{\sigma} = \{\sigma_{xx} \quad \sigma_{yy} \quad \sigma_{zz} \quad \sigma_{xy} \quad \sigma_{yz} \quad \sigma_{zx}\}^T, \tag{10.59}$$

e

$$\boldsymbol{C} = \begin{bmatrix} \alpha & \beta & \beta & 0 & 0 & 0 \\ \beta & \alpha & \beta & 0 & 0 & 0 \\ \beta & \beta & \alpha & 0 & 0 & 0 \\ 0 & 0 & 0 & \gamma & 0 & 0 \\ 0 & 0 & 0 & 0 & \gamma & 0 \\ 0 & 0 & 0 & 0 & 0 & \gamma \end{bmatrix} \tag{10.60}$$

onde

$$\alpha = \frac{E(1-\nu)}{(1+\nu)(1-2\nu)}, \quad \beta = \frac{E\nu}{(1+\nu)(1-2\nu)}, \quad \gamma = \frac{E}{2(1+\nu)}. \tag{10.61}$$

Em (10.61), E é o módulo de elasticidade, ou módulo de Young, e ν é o coeficiente de Poisson. A extensão do princípio generalizado de D'Alembert para sólidos deformáveis, a partir de (10.18) ou, mais convenientemente, (10.24), leva a:

$$-\delta\mathcal{V} + \delta\mathcal{W}^{nc} - \int_V \rho(\ddot{\mathbf{r}} \cdot \delta\mathbf{r})dV = 0 \qquad (10.62)$$

ou simplesmente:

$$-\delta\mathcal{U} + \delta\mathcal{W} - \int_V \rho(\ddot{\mathbf{r}} \cdot \delta\mathbf{r})dV = 0 \qquad (10.63)$$

em que $\mathcal{U}$ representa a energia de deformação absorvida pelo sólido elástico e $\delta\mathcal{W}$ o trabalho das forças externas conservativas ou não. Portanto, o princípio generalizado de D'Alembert pode ser compreendido como uma extensão do princípio (ou teorema, dependendo da abordagem) dos deslocamentos virtuais:

$$\delta\mathcal{W}_{\text{int}} = \delta\mathcal{W}_{\text{ext}} \qquad (10.64)$$

em que o trabalho virtual dos esforços internos $\delta\mathcal{W}_{\text{int}}$ é associado à variação da energia de deformação $\delta\mathcal{U}$, e $\delta\mathcal{W}_{\text{ext}}$ é a soma algébrica do trabalho virtual das forças externas ativas e aquele referente às forças de inércia, isto é:

$$\delta\mathcal{W}_{\text{ext}} = \delta\mathcal{W} - \int_V \rho(\ddot{\mathbf{r}} \cdot \delta\mathbf{r})dV. \qquad (10.65)$$

Evidentemente, o princípio dos deslocamentos virtuais na estática é um caso particular do enunciado acima. Para sólidos deformáveis, pode-se escrever de (10.54) e (10.58):

$$\delta\mathcal{U} = \int_V \delta\boldsymbol{\varepsilon}^T\boldsymbol{\sigma}dV = \int_V \delta\mathbf{u}^T\boldsymbol{\partial}_{\varepsilon}^T\boldsymbol{C}\boldsymbol{\partial}_{\varepsilon}\mathbf{u}dV \qquad (10.66)$$

$$\delta\mathcal{W} = \int_V \delta\mathbf{r}^T\boldsymbol{f}^{\mathrm{B}}dV + \int_{S_f} \delta\mathbf{r}^T\boldsymbol{f}^{\mathrm{S}}dS. \qquad (10.67)$$

10.3 Exemplos de formulação das equações de movimento

Apresentam-se alguns exemplos de obtenção das equações de movimento, utilizando uma ou mais das abordagens vistas anteriormente. Note-se que, à medida que os sistemas vão ficando mais complexos – seja por envolver sólidos rígidos ou deformáveis (discretizados), seja pelo aumento do número de graus de liberdade, seja pela dificuldade de descrever matematicamente as reações vinculares internas ou externas – as formulações da mecânica analítica vão ficando mais convenientes do que as da mecânica vetorial, baseadas diretamente na segunda lei de Newton ou nas leis de Euler (Lanczos, 1949). Evidentemente, de forma simplificada, nos problemas típicos de engenharia civil, supor-se-á que observadores fixos no centro da Terra sejam "inerciais", desprezando-se as forças de inércia que decorrem dos movimentos da Terra no espaço cósmico. Por simplicidade de linguagem, referir-se-á, daqui para a frente, a "referencial relativo "e "referencial absoluto", sendo esse último fixo no centro da Terra, omitindo-se menção ao observador.

EXEMPLO 20 Oscilador linear massa-mola-amortecedor de um grau de liberdade

Retoma-se o problema de obtenção da equação de movimento do sistema representado na Figura 3.4, para o qual já se ilustrou a aplicação da lei fundamental da dinâmica e do princípio restrito de D'Alembert. A coordenada generalizada escolhida é o próprio deslocamento da massa, isto é, $Q = u$.

Considere-se, então, o princípio de Hamilton. Para a energia cinética, a energia potencial (de deformação elástica) e o trabalho virtual das forças não conservativas, pode-se escrever:

$$\mathcal{T} = \frac{1}{2} m\dot{u}^2 \quad \Rightarrow \quad \delta\mathcal{T} = m\dot{u}\delta\dot{u}; \tag{10.68}$$

$$\mathcal{V} = \frac{1}{2} ku^2 \quad \Rightarrow \quad \delta\mathcal{V} = ku\delta u; \tag{10.69}$$

$$\delta\mathcal{W}^{nc} = [p(t) - c\dot{u}]\,\delta u \quad \Rightarrow \quad N = p(t) - c\dot{u}. \tag{10.70}$$

Portanto, conforme especificado em (10.29), deve-se ter:

$$\int_{t_1}^{t_2} (\delta\mathcal{T} - \delta\mathcal{V} + \delta\mathcal{W}^{nc})dt = 0 \quad \Rightarrow \quad \int_{t_1}^{t_2} \{m\dot{u}\delta\dot{u} - ku\delta u + [\,p(t) - c\dot{u}\,]\,\delta u\}\,dt = 0. \tag{10.71}$$

Integra-se (10.71) por partes e invoca-se a condição de extremos fixos $\delta u(t_1) = \delta u(t_2) = 0$ para se obter:

$$\int_{t_1}^{t_2} \left[-m\ddot{u} - c\dot{u} - ku + p(t) \right] \delta u \, dt = 0, \qquad \forall t_1, \forall t_2, \forall \delta u$$

$$\Rightarrow \quad -m\ddot{u} - c\dot{u} - ku + p(t) = 0, \tag{10.72}$$

que, obviamente, confirma (3.1).

Seja, agora, a formulação via equação de Euler-Lagrange. De (10.68) e (10.69) vem:

$$\frac{d}{dt}\left(\frac{\partial \mathcal{T}}{\partial \dot{u}}\right) = m\ddot{u} \tag{10.73}$$

$$\frac{\partial \mathcal{T}}{\partial u} = 0; \tag{10.74}$$

$$\frac{\partial \mathcal{V}}{\partial u} = ku. \tag{10.75}$$

Finalmente, considerando a força generalizada não conservativa N, definida em (10.70), juntamente com (10.73) e (10.75), em (10.41), chega-se a:

$$m\ddot{u} + ku = p(t) - c\dot{u}, \tag{10.76}$$

que, mais uma vez, confirma (3.1).

■

Evidentemente, em problema tão elementar como o estudado no exemplo pre cedente, não se percebem as enormes vantagens das formulações da mecânic analítica no confronto com a aplicação direta da segunda lei de Newton. Po brevidade, e diante da equivalência entre as diversas formulações, nos próximo exemplos restringir-se-á a uma única abordagem, escolhida em função da faci lidade de aplicação ou do interesse em algum aspecto conceitual que se desej explicitar.

EXEMPLO 21 Pórtico com viga rígida e contraventamento viscoelástico

Retoma-se, aqui, o pórtico com viga infinitamente rígida da Figura 3.2, já explorado no Exemplo 1. Entretanto, aqui se considera, adicionalmente, um contraventamento viscoelástico, segundo uma diagonal, conforme se indica na Figura 10.7. A coordenada generalizada escolhida é o deslocamento no topo das colunas, isto é, $Q = u$.

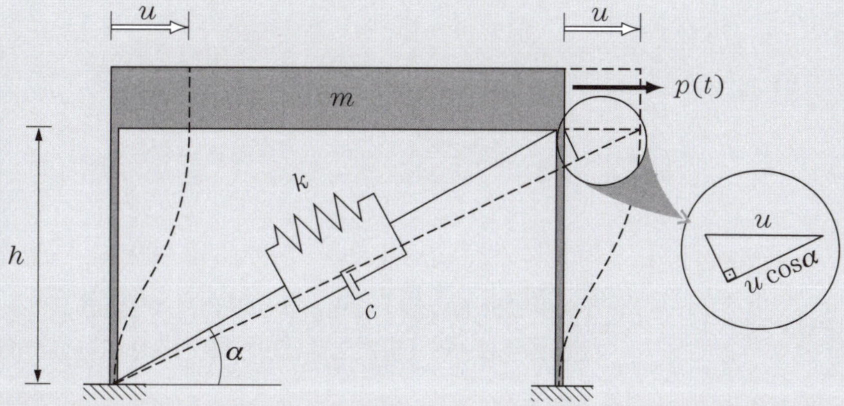

Figura 10.7
Pórtico com viga infinitamente rígida e contraventamento viscoelástico.

Utilizar-se-á a equação de Euler-Lagrange (10.41) para obtenção da equação de movimento, sendo necessário determinar, previamente, a energia cinética, a energia potencial total e o trabalho virtual das forças não conservativas:

$$\mathcal{T} = \frac{1}{2}m\dot{u}^2 \quad \Rightarrow \quad \frac{d}{dt}\left(\frac{\partial \mathcal{T}}{\partial \dot{u}}\right) = m\ddot{u} \quad \text{e} \quad \frac{\partial \mathcal{T}}{\partial u} = 0; \tag{10.77}$$

$$\mathcal{V} = \frac{1}{2}\left(\frac{24EI}{h^3}\right)u^2 + \frac{1}{2}k(u\cos\alpha)^2 = \frac{1}{2}\left(\frac{24EI}{h^3} + k\cos^2\alpha\right)u^2$$

$$\Rightarrow \quad \frac{\partial \mathcal{V}}{\partial u} = \left(\frac{24EI}{h^3} + k\cos^2\alpha\right)u; \tag{10.78}$$

$$\delta\mathcal{W}^{nc} = p(t)\ \delta u - (c\dot{u}\cos\alpha)\ (\delta u\cos\alpha) = [p(t) - (c\cos^2\alpha)\dot{u}]\ \delta u$$

$$\Rightarrow \quad N = p(t) - (c\cos^2\alpha)\dot{u}. \tag{10.79}$$

Por substituição direta em (10.41), chega-se a um oscilador massa-mola-amortecedor equivalente, regido pela equação de movimento:

$$m^*\ddot{u} + c^*\dot{u} + k^*u = p^*(t); \tag{10.80}$$

com

$$m^* = m, \tag{10.81}$$

$$c^* = c\cos^2\alpha, \tag{10.82}$$

$$k^* = \frac{24EI}{h^3} + k\cos^2\alpha, \tag{10.83}$$

$$p^*(t) = p(t). \tag{10.84}$$

■

EXEMPLO 22

Oscilador linear massa-mola-amortecedor de um grau de liberdade submetido à ação do peso próprio e de carregamento dinâmico

Considera-se a situação representada na Figura 10.8, para a qual a mola já está deformada por ação do peso próprio da massa m. A coordenada generalizada Q foi definida a partir da configuração referente à mola indeformada; alternativamente, foi introduzida uma outra coordenada u, medida a partir da configuração de equilíbrio, sob ação do peso próprio, que é caracterizada por $u_e = \dfrac{mg}{k}$.

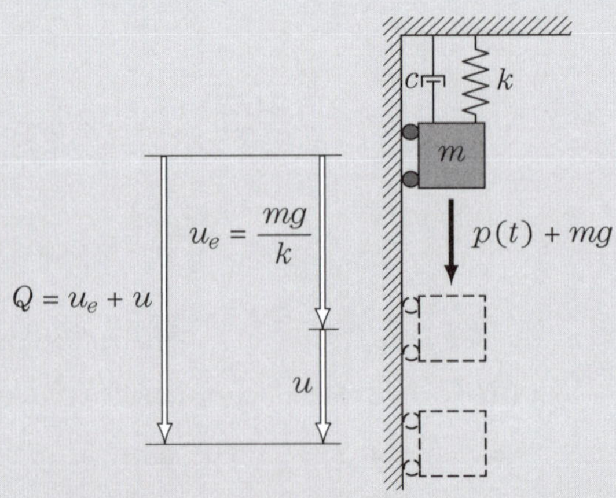

Figura 10.8
Oscilador linear sob ação de carregamento dinâmico e peso próprio.

Utiliza-se, aqui, a formulação baseada na equação de Euler-Lagrange. Sabe-se que:

$$\mathcal{T} = \frac{1}{2} m\dot{Q}^2 \quad \Rightarrow \quad \frac{d}{dt}\left(\frac{\partial \mathcal{T}}{\partial \dot{Q}}\right) = m\ddot{Q} = m\ddot{u} \quad \text{e} \quad \frac{\partial \mathcal{T}}{\partial Q} = 0; \tag{10.85}$$

$$\mathcal{V} = \frac{1}{2} kQ^2 - mgQ \quad \Rightarrow \quad \frac{\partial \mathcal{V}}{\partial Q} = kQ - mg = k\left(u + \frac{mg}{k}\right) - mg = ku; \tag{10.86}$$

$$\delta \mathcal{W}^{nc} = [p(t) - c\dot{Q}]\, \delta Q = [p(t) - c\dot{u}]\, \delta u \quad \Rightarrow \quad N = p(t) - c\dot{Q}. \tag{10.87}$$

Por substituição direta em (10.41), chega-se a:

$$m\ddot{Q} + c\dot{Q} + kQ = p(t) + mg \tag{10.88}$$

ou

$$m\ddot{u} + c\dot{u} + ku = p(t). \tag{10.89}$$

A equação (10.89) repete a (3.1), com a diferença de ser u, aqui, o deslocamento referido à configuração deformada de equilíbrio, e não o deslocamento total.

■

EXEMPLO 23 Oscilador massa-mola-amortecedor submetido a excitação de suporte

A Figura 10.9 representa um oscilador massa-mola-amortecedor de um grau de liberdade, com vínculo escleronômico em relação a um referencial relativo que, entretanto, tem movimento $s(t)$ de arrastamento em relação a um referencial absoluto. Portanto, em relação ao referencial absoluto, o vínculo é reonômico. Adota-se como coordenada generalizada o deslocamento relativo u, isto é, $Q = u$. O deslocamento total, com respeito ao referencial absoluto, é $u_T = s(t) + u$.

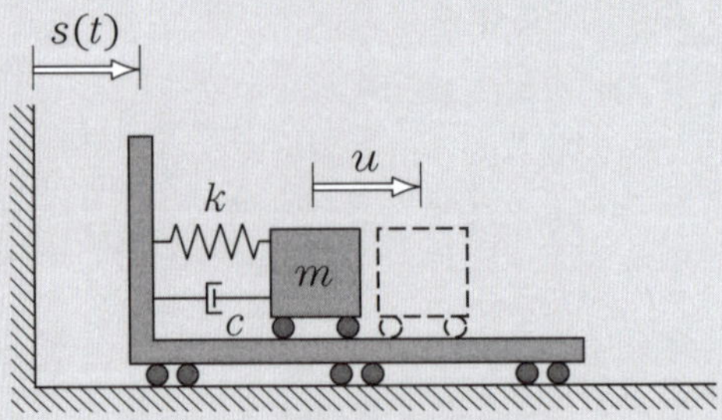

Figura 10.9
Oscilador massa-mola-amortecedor submetido a excitação de suporte.

Esta situação repete a do problema já examinado no Exemplo 6, em que se considerou uma excitação de suporte harmônica e aplicou-se a lei fundamental da dinâmica para se obter a equação de movimento. Aqui se utilizará a equação de Euler-Lagrange, com o mesmo objetivo. Sabe-se que:

$$\mathcal{T} = \frac{1}{2} m \dot{u}_T^2 \quad \Rightarrow \quad \frac{d}{dt}\left(\frac{\partial \mathcal{T}}{\partial \dot{u}}\right) = m\ddot{s} + m\ddot{u}; \tag{10.90}$$

$$\mathcal{V} = \frac{1}{2} k u^2 \quad \Rightarrow \quad \frac{\partial \mathcal{V}}{\partial u} = ku; \tag{10.91}$$

$$\delta \mathcal{W}^{nc} = -c\dot{u}\,\delta u \quad \Rightarrow \quad N = -c\dot{u}; \tag{10.92}$$

Por substituição direta em (10.41), chega-se a:

$$m\ddot{u} + c\dot{u} + ku = p^*(t); \tag{10.93}$$

$$p^*(t) = -m\ddot{s}, \tag{10.94}$$

em que se definiu, em (10.94), um carregamento $p^*(t)$ equivalente ao efeito da excitação de suporte.

■

EXEMPLO 24 Pêndulo simples submetido a excitação de suporte harmônica

Para ilustrar a extensão das formulações de mecânica analítica a sistemas com sólidos rígidos, retoma-se o pêndulo simples submetido a uma translação vertical de suporte $s = s_0 \mathrm{sen}\bar{\omega}t$, cujos vínculos (reonômicos) foram discutidos no Exemplo 18. Aqui se aplicará a equação de Euler-Lagrange para obtenção da equação de movimento. Com a notação da Figura 10.3, pode-se escrever:

$$\mathcal{T} = \frac{1}{2} m \left[(\dot{x}^1)^2 + (\dot{x}^2)^2 \right] = \frac{1}{2} m \left[\ell^2 \dot{Q}^2 + 2\ell \dot{s} \dot{Q} \mathrm{sen} Q + \dot{s}^2 \right]$$

$$\Rightarrow \quad \frac{d}{dt}\left(\frac{\partial \mathcal{T}}{\partial \dot{Q}}\right) = m\ell^2 \ddot{Q} + m\ell \ddot{s} \mathrm{sen} Q + m\ell \dot{s} \dot{Q} \cos Q$$

$$\frac{\partial \mathcal{T}}{\partial Q} = m\ell \dot{s} \dot{Q} \cos Q. \tag{10.95}$$

Arbitrando, para efeito de determinação da energia potencial total, que esta seja nula na configuração de equilíbrio estático, vem:

$$\mathcal{V} = mg\left[\ell - x^2\right] = mg\left[\ell - \ell \cos Q + s\right] \quad \Rightarrow \quad \frac{\partial \mathcal{V}}{\partial Q} = m\ell g \ \mathrm{sen} Q \tag{10.96}$$

$$\delta \mathcal{W}^{nc} = 0 \quad \Rightarrow \quad N = 0. \tag{10.97}$$

Por substituição direta em (10.41), chega-se a:

$$m\ell^2 \ddot{Q} + m\ell(g + \ddot{s}) \ \mathrm{sen} Q = 0 \tag{10.98}$$

$$\ddot{Q} + \left(\frac{g + \ddot{s}}{\ell}\right) \mathrm{sen} Q = 0 \tag{10.99}$$

$$\ddot{Q} + \left(\frac{g - \bar{\omega}^2 s_0 \mathrm{sen} \bar{\omega} t}{\ell}\right) \mathrm{sen} Q = 0, \tag{10.100}$$

que é a equação de movimento procurada. Note-se que o efeito da excitação de suporte, no caso, não se traduz pela aplicação de uma força equivalente, que introduziria uma não homogeneidade na equação diferencial, como em (10.93). Ao contrário, a equação (10.99) continua homogênea, mas com o coeficiente $\left(\dfrac{g+\ddot{s}}{\ell}\right)$ variável no tempo. É o que se denomina de excitação paramétrica. Instabilidade dinâmica, conhecida como "instabilidade Mathieu" pode ocorrer devido a uma excitação paramétrica como esta, para determinados valores de $\bar{\omega}$ e s_0, mas esta não é a oportunidade para discuti-la. É também importante observar que (10.99) é uma equação diferencial não linear, sendo adequada para descrever o movimento, mesmo quando o deslocamento (angular) Q não é pequeno. Ou seja, a formulação utilizada para obtenção da equação de movimento é suficientemente poderosa para lidar com sistemas não lineares. Para o caso de movimento pendular de pequena amplitude, pode-se linearizar (10.99), obtendo-se:

$$\ddot{Q}+\left(\frac{g+\ddot{s}}{\ell}\right)Q=0, \tag{10.101}$$

que nada mais é do que a equação (4.2) do oscilador massa-mola em vibração livre, com "frequência natural"

$$\omega=\sqrt{\frac{g+\ddot{s}}{\ell}}. \tag{10.102}$$

Para o caso sem excitação de suporte ($\ddot{s}=0$), recai-se na clássica equação da frequência do pêndulo simples para pequenas amplitudes de oscilação.

■

EXEMPLO 25 — Modelo com um grau de liberdade de estrutura de barras rígidas

Ainda para ilustrar a extensão das formulações da mecânica analítica a sistemas com sólidos rígidos, estuda-se o modelo de um grau de liberdade representado na Figura 10.10, montado no plano horizontal, em que se indica a coordenada generalizada Q utilizada. Na Figura 10.10, as barras AB e DE são rígidas e imponderáveis; as barras BC e CD são rígidas com massa por unidade de comprimento μ; m refere-se às massas concentradas indicadas;

k é o coeficiente de rigidez das molas e c a constante dos amortecedores. Por fim, $p(t)$ é uma força uniformemente distribuída variável no tempo e a é um comprimento característico. As relações cinemáticas utilizadas na formulação da equação de movimento que a seguir se apresenta, por estarem linearizadas, pressupõem pequenos deslocamentos. Entretanto, se as relações cinemáticas exatas tivessem sido utilizadas, a equação de movimento teria resultado exata (não linear).

Figura 10.10
Modelo de um grau de liberdade de estrutura com barras rígidas.

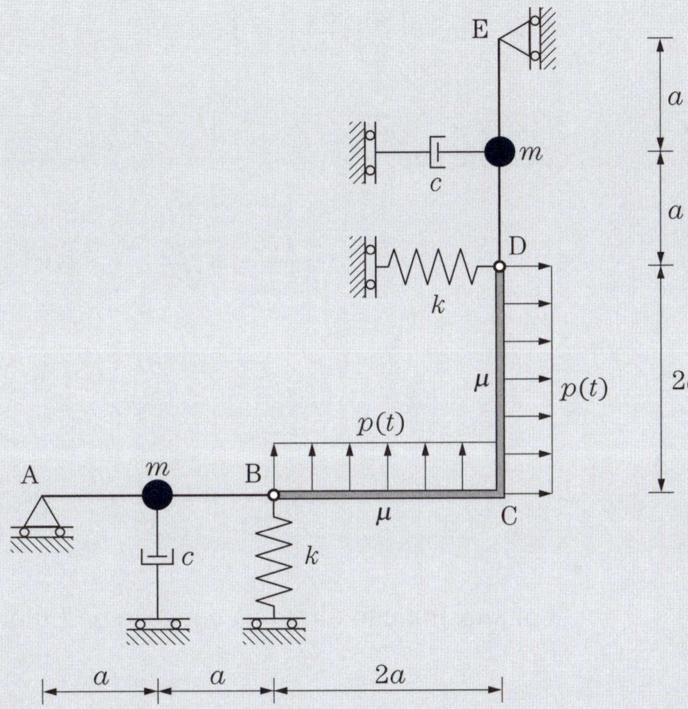

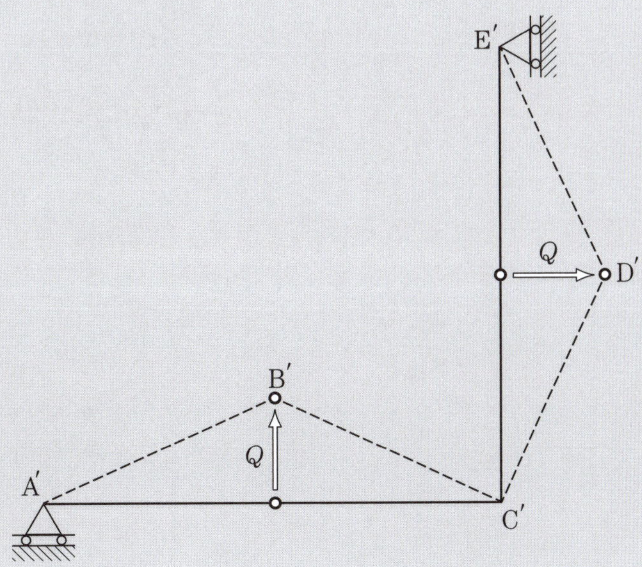

Para a energia cinética, energia potencial e trabalho virtual das forças não conservativas, escrevem-se:

$$\mathcal{T} = 2\frac{1}{2}m\left(\frac{\dot{Q}}{2}\right)^2 + 2\frac{1}{2}\int_0^{2a}\mu\left(\frac{\dot{Q}x}{2a}\right)^2 dx = \frac{1}{2}\left(\frac{m}{2}+\frac{4\mu a}{3}\right)\dot{Q}^2; \quad (10.103)$$

$$\mathcal{V} = 2\frac{1}{2}kQ^2 = kQ^2; \quad (10.104)$$

$$\delta\mathcal{W}^{nc} = -2c\left(\frac{\dot{Q}}{2}\right)\left(\frac{\delta Q}{2}\right) + 2\int_0^{2a} p(t)\delta Q\left(\frac{x}{2a}\right)dx = \left[-\left(\frac{c}{2}\right)\dot{Q} + 2p(t)a\right]\delta Q. \quad (10.105)$$

Decorre que:

$$\frac{d}{dt}\left(\frac{\partial\mathcal{T}}{\partial\dot{Q}}\right) = \left(\frac{m}{2}+\frac{4\mu a}{3}\right)\ddot{Q} \quad \text{e} \quad \frac{\partial\mathcal{T}}{\partial Q} = 0; \quad (10.106)$$

$$\frac{\partial\mathcal{V}}{\partial Q} = 2kQ; \quad (10.107)$$

$$N = -\left(\frac{c}{2}\right)\dot{Q} + 2p(t)a. \quad (10.108)$$

Por substituição direta na equação de Euler-Lagrange (10.41), chega-se a:

$$m^*\ddot{Q} + c^*\dot{Q} + k^*Q = p^*(t) \quad (10.109)$$

com

$$m^* = \frac{m}{2} + \frac{4\mu a}{3} \quad (10.110)$$

$$c^* = \frac{c}{2} \quad (10.111)$$

$$k^* = 2k \quad (10.112)$$

$$p^*(t) = 2p(t)a. \quad (10.113)$$

■

EXEMPLO 26 Equação de movimento de uma chapa rígida com elemento viscoelástico

Ilustra-se, neste exemplo, o emprego da equação de Euler-Lagrange para a obtenção da equação de movimento de um sistema de um grau de liberdade — cujos deslocamentos ficam totalmente caracterizados pela coordenada generalizada Q — constituído por uma chapa rígida ABCDE, de massa $m = 270$ kg, e um elemento viscoelástico DF, de coeficiente de rigidez $k = 140625$ N/m e coeficiente de amortecimento $c = 562{,}5$ Ns/m, com os vínculos e força dinâmica $p(t)$ representados na Figura 10.11.

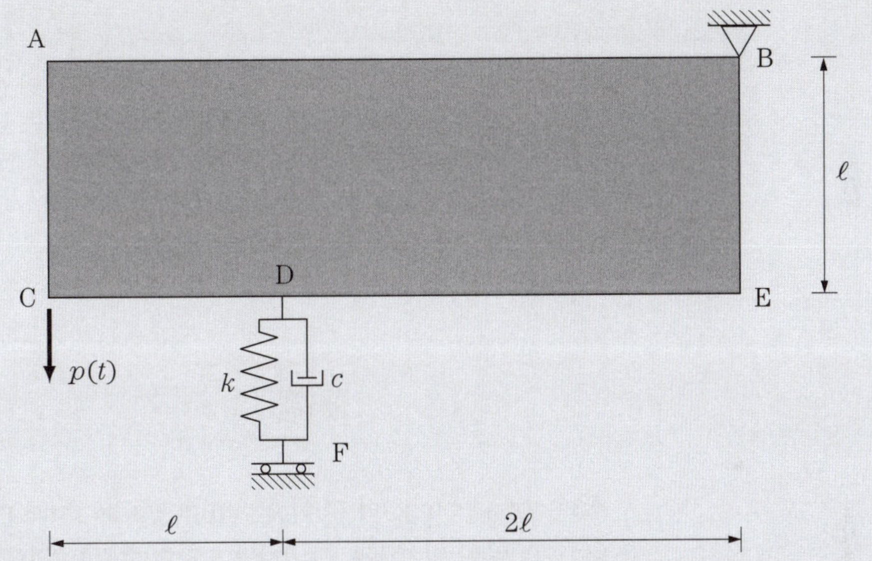

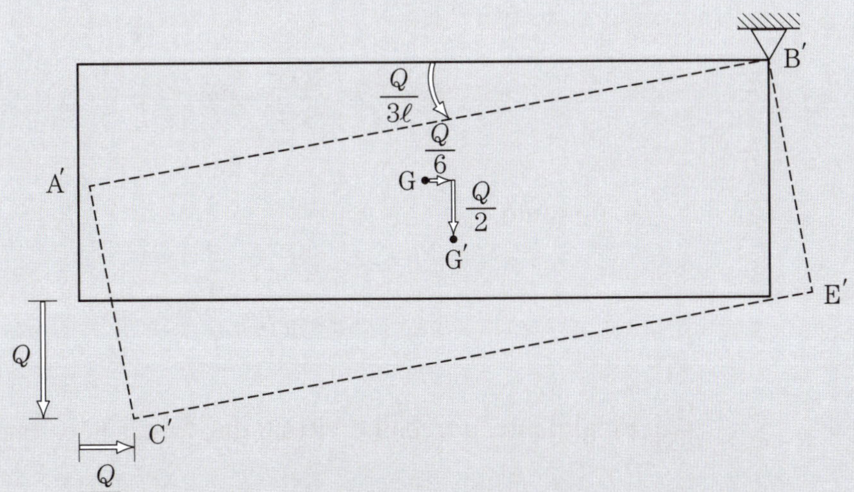

Figura 10.11
Chapa rígida com elemento viscoelástico submetida a carregamento dinâmico.

A equação de Euler-Lagrange (10.41) pode ser usada diretamente, desde que sejam caracterizadas a energia cinética $\mathcal{T}$, a energia potencial total $\mathcal{V}$ e a força não conservativa generalizada N. A energia cinética da chapa rígida é a soma da energia cinética de translação $\mathcal{T}_1$ (semiproduto da massa pelo quadrado da velocidade do baricentro) e da energia cinética de rotação $\mathcal{T}_2$ (semiproduto do momento de inércia de massa pelo quadrado da velocidade angular em torno do eixo baricêntrico normal ao plano médio da placa):

$$\mathcal{T}_1 = \frac{1}{2} m \left[\left(\frac{\dot{Q}}{6} \right)^2 + \left(\frac{\dot{Q}}{2} \right)^2 \right] = \frac{5}{36} m\dot{Q}^2; \tag{10.114}$$

$$\mathcal{T}_2 = \frac{1}{2} m \left[\frac{\ell^2 + (3\ell)^2}{12} \right] \left(\frac{\dot{Q}}{3\ell} \right)^2 = \frac{5}{108} m\dot{Q}^2; \tag{10.115}$$

$$\mathcal{T} = \mathcal{T}_1 + \mathcal{T}_2 = \frac{5}{27} m\dot{Q}^2 \tag{10.116}$$

e, portanto,

$$\frac{d}{dt}\left(\frac{\partial \mathcal{T}}{\partial \dot{Q}} \right) = \frac{10}{27} m\ddot{Q} \quad \text{e} \quad \frac{\partial \mathcal{T}}{\partial Q} = 0. \tag{10.117}$$

A energia potencial total é composta de duas parcelas, a saber, a energia de deformação elástica da mola e a energia potencial gravitacional decorrente do peso próprio. Assim:

$$\mathcal{V} = \frac{1}{2} k \left(\frac{2Q}{3} \right)^2 - mg \left(\frac{Q}{2} \right) = \frac{2}{9} kQ^2 - \frac{1}{2} mgQ \tag{10.118}$$

e, portanto,

$$\frac{\partial \mathcal{V}}{\partial Q} = \frac{4}{9} kQ - \frac{1}{2} mg. \tag{10.119}$$

Finalmente, o trabalho virtual das forças não conservativas é dado por:

$$\delta \mathcal{W}^{nc} = p(t)\delta Q - c\left(\frac{2\dot{Q}}{3}\right)\left(\frac{2\delta Q}{3}\right) = \left[p(t) - \frac{4c}{9}\dot{Q}\right]\delta Q \qquad (10.120)$$

e, portanto,

$$N = p(t) - \frac{4c}{9}\dot{Q}. \qquad (10.121)$$

Por substituição direta em (10.41), chega-se a:

$$m^*\ddot{Q} + c^*\dot{Q} + k^*Q = p^*(t) \qquad (10.122)$$

com

$$m^* = \frac{10}{27}m = 100 \text{ kg} \qquad (10.123)$$

$$c^* = \frac{4c}{9} = 250 \text{ Ns/m} \qquad (10.124)$$

$$k^* = \frac{4}{9}k = 62500 \text{ N/m} \qquad (10.125)$$

$$p^*(t) = p(t) + \frac{1}{2}mg. \qquad (10.126)$$

Note-se que, do ponto de vista das propriedades do sistema em vibrações livres, podem ser determinadas a frequência natural não amortecida e a taxa de amortecimento do modelo, a partir de (4.3) e (4.13), respectivamente:

$$\omega = \sqrt{\frac{k^*}{m^*}} = 25 \text{ rad/s}; \qquad (10.127)$$

$$\xi = \frac{c^*}{2m^*\omega} = 0{,}05. \qquad (10.128)$$

■

EXEMPLO 27 — Viga-coluna esbelta submetida a flexo-compressão estática e flexão dinâmica, modelada com um grau de liberdade

Ilustra-se, agora, a aplicação da equação de Euler-Lagrange à determinação da equação de movimento de um sólido deformável modelado com um único grau de liberdade: trata-se de uma viga-coluna esbelta em balanço, de comprimento ℓ, massa por unidade de comprimento μ e produto de rigidez à flexão EI, submetida a flexo-compressão estática causada pela carga P_1 e pelo peso próprio, bem como a flexão adicional causada pela carga transversal dinâmica $P_2(t)$, conforme representa a Figura 10.12:

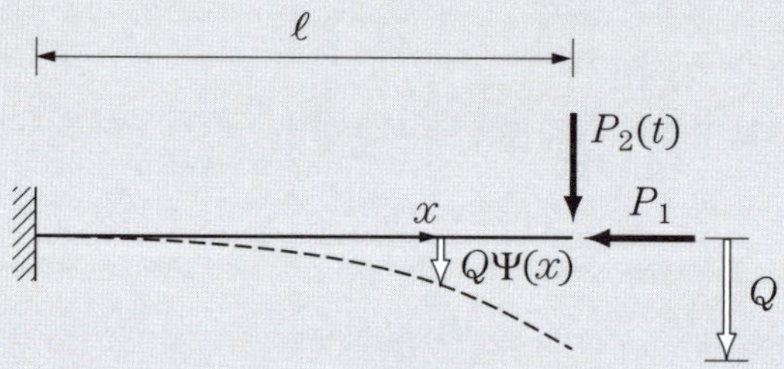

Figura 10.12
Viga-coluna esbelta sob flexão estática e flexo-compressão dinâmica.

Evidentemente, a consideração de um único grau de liberdade, conduzindo a um modelo de hierarquia baixa, poderá ser insuficiente para descrever adequadamente o comportamento da viga-coluna esbelta. Entretanto, o propósito deste exemplo é, antes de tudo, mostrar como, a partir de uma hipótese de discretização do campo de deslocamentos com uma coordenada generalizada, poder-se-á obter a equação de movimento do modelo associado utilizando ferramentas da mecânica analítica. Pode-se, ainda, intuir como se processaria uma generalização do procedimento caso se desejasse incluir mais graus de liberdade na discretização do campo de deslocamentos, levando a tantas equações de movimento do tipo (10.41) quantas fossem as coordenadas generalizadas. Na sequência, são adotadas simplificações compatíveis com a teoria linearizada de segunda ordem para barras, como convém a uma apresentação introdutória. Escolhe-se, como coordenada generalizada Q, o deslocamento transversal na extremidade livre da viga-coluna e, ainda, uma função de interpolação dos deslocamentos $\Psi(x)$, de sorte que $\Psi(0) = 0$, $\Psi'(0) = 0$ e $\Psi(\ell) = 1$. A notação $\Psi'(x)$ designa a derivada da função $\Psi(x)$ em relação a x. A particular escolha que se fizer de $\Psi(x)$ poderá levar a um modelo melhor ou pior, como se discutirá adiante.

Para a energia cinética, escreve-se:

$$\mathcal{T} = \frac{1}{2}\int_0^{\ell} \mu[\dot{Q}\Psi(x)]^2\,dx = \frac{1}{2}\left\{\int_0^{\ell} \mu[\Psi(x)]^2\,dx\right\}\dot{Q}^2 \qquad (10.129)$$

$$\frac{d}{dt}\left(\frac{\partial \mathcal{T}}{\partial \dot{Q}}\right) = \left\{\int_0^{\ell} \mu[\Psi(x)]^2 dx\right\}\ddot{Q} \quad \text{e} \quad \frac{\partial \mathcal{T}}{\partial Q} = 0. \qquad (10.130)$$

Considerando-se o peso próprio da viga-coluna para efeito de cálculo da energia potencial total, obtém-se:

$$\mathcal{V} = \frac{1}{2}\int_0^{\ell} EI\,[Q\Psi''(x)]^2\,dx - \frac{P_1}{2}\int_0^{\ell} [Q\Psi'(x)]^2\,dx - \mu g\int_0^{\ell} [Q\Psi(x)]\,dx \qquad (10.131)$$

onde a primeira parcela corresponde à energia de deformação por flexão, a segunda à energia potencial do carregamento axial externo (note-se que $\frac{1}{2}\int_0^{\ell} [Q\Psi'(x)]^2 dx$ é o deslocamento longitudinal associado à flexão) e a terceira parcela à energia potencial do peso próprio. Foi ainda desprezada a parcela de energia de deformação devida à força normal.

$$\mathcal{V} = \frac{1}{2}\left\{\int_0^{\ell} EI\,[\Psi''(x)]^2\,dx - P_1\int_0^{\ell} [\Psi'(x)]^2 dx\right\}Q^2 - \left\{\mu g\int_0^{\ell} \Psi(x)dx\right\}Q \qquad (10.132)$$

e, portanto,

$$\frac{\partial \mathcal{V}}{\partial Q} = \left\{\int_0^{\ell} EI\,[\Psi''(x)]^2\,dx - P_1\int_0^{\ell} [\Psi'(x)]^2 dx\right\}Q - \mu g\int_0^{\ell} \Psi(x)dx. \qquad (10.133)$$

Finalmente, o trabalho virtual $\delta\mathcal{W}^{nc}$ da força transversal dinâmica $P_2(t)$ e a força generalizada não conservativa N são dados por:

$$\delta\mathcal{W}^{nc} = P_2(t)\ \delta Q \quad \Rightarrow \quad N = P_2(t). \qquad (10.134)$$

Por substituição direta em (10.41), chega-se a:

$$m^*\ddot{Q} + k^*Q = p^*(t) \qquad (10.135)$$

com

$$m^* = \int_0^{\ell} \mu[\Psi(x)]^2\, dx \tag{10.136}$$

$$k^* = \int_0^{\ell} EI\,[\Psi''(x)]^2\, dx - P_1 \int_0^{\ell} [\Psi'(x)]^2\, dx \tag{10.137}$$

$$p^*(t) = P_2(t) + \mu g \int_0^{\ell} \Psi(x)dx. \tag{10.138}$$

A primeira parcela de (10.137) é a rigidez à flexão da barra e a segunda parcela é a rigidez geométrica, devida à força de compressão. Evidentemente, com o aumento da força de compressão P_1, a rigidez total k^* diminui, existindo um valor da força de compressão que a anula. A propósito, esse valor da força de compressão coincide com a carga de flambagem da viga-coluna, podendo ser estimado por meio de:

$$(P_1)_{cr} = \frac{\int_0^{\ell} EI\,[\Psi''(x)]^2\, dx}{\int_0^{\ell} [\Psi'(x)]^2\, dx}. \tag{10.139}$$

Assim, por exemplo, se for adotada a função $\Psi(x) = 1 - \cos\left(\frac{\pi x}{2\ell}\right)$, que coincide com o primeiro modo de flambagem da barra prismática em balanço, obter-se-á para a carga crítica o valor clássico da carga de Euler $(P_1)_{cr} = \frac{\pi^2 EI}{4\ell^2}$ (Timoshenko e Gere, 1961). Para uma escolha bem mais grosseira da função de interpolação, por exemplo $\Psi(x) = \left(\frac{x}{\ell}\right)^2$, o resultado obtido seria $(P_1)_{cr} = \frac{3EI}{\ell^2}$, com um erro de mais de 20% em relação ao valor exato. A determinação da frequência natural não amortecida, para um dado valor da carga de compressão P_1 e uma dada escolha de $\Psi(x)$, faz-se pela simples substituição de (10.137) e (10.136) em (4.3), obtendo-se:

$$\omega = \sqrt{\frac{\int_0^{\ell} EI\,[\Psi''(x)]^2\,dx - P_1\int_0^{\ell} [\Psi'(x)]^2\,dx}{\int_0^{\ell} \mu[\Psi(x)]^2\,dx}}. \qquad (10.140)$$

No caso de barra prismática sem força normal de compressão, isto é, $P_1 = 0$, se for adotada a função

$$\Psi(x) = \frac{1}{2}\left\{\cosh\left(1{,}875\,\frac{x}{\ell}\right) - \cos\left(1{,}875\,\frac{x}{\ell}\right) - 0{,}734\left[\operatorname{senh}\left(1{,}875\,\frac{x}{\ell}\right) - \operatorname{sen}\left(1{,}875\,\frac{x}{\ell}\right)\right]\right\}, \qquad (10.141)$$

que coincide com o primeiro modo de vibração de uma barra em balanço, chegar-se-á ao valor da frequência exata do primeiro modo, conforme se pode verificar em (Thompson, 1978):

$$\omega_1 = 3{,}515\sqrt{\frac{EI}{\mu\ell^4}}. \qquad (10.142)$$

Se for usada a função $\Psi(x) = 1 - \cos\frac{\pi x}{2\ell}$, que coincide, como foi dito, com o primeiro modo de flambagem, mas não com o primeiro modo de vibração, chegar-se-á a: $\omega_1' = 3{,}665\sqrt{\frac{EI}{\mu\ell^4}}$, com um erro de 4% em relação ao valor exato. Já se for usada a função $\Psi(x) = \left(\frac{x}{\ell}\right)^2$, chegar-se-á a $\omega_1'' = 4{,}472\sqrt{\frac{EI}{\mu\ell^4}}$, com um erro de 27%.

■

EXEMPLO 28 Oscilador massa-mola-amortecedor de dois graus de liberdade

Considere-se o problema da determinação das equações de movimento do oscilador massa-mola-amortecedor de dois graus de liberdade Q_1 e Q_2, respectivamente correspondentes aos deslocamentos u_1 e u_2 das massas m_1 e m_2 indicadas na Figura 10.13.

Figura 10.13
Oscilador massa-mola-amortecedor de dois graus de liberdade.

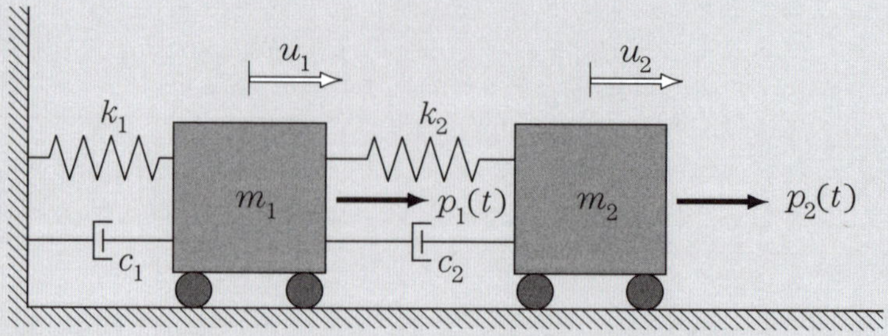

O equilíbrio dinâmico de cada uma das massas isoladas (ver Figura 10.14) pode ser estabelecido facilmente mediante a segunda lei de Newton:

$$m_1\ddot{u}_1 = p_1(t) + k_2\,(u_2 - u_1) - k_1u_1 + c_2\,(\dot{u}_2 - \dot{u}_1) - c_1\dot{u}_1 \quad (10.143)$$

ou

$$m_1\ddot{u}_1 = p_1\,(t) - (k_1 + k_2)\,u_1 + k_2u_2 - (c_1 + c_2)\,\dot{u}_1 + c_2\dot{u}_2 \quad (10.144)$$

e

$$m_2\ddot{u}_2 = p_2(t) - k_2\,(u_2 - u_1) - c_2\,(\dot{u}_2 - \dot{u}_1) \quad (10.145)$$

ou

$$m_2\ddot{u}_2 = p_2(t) + k_2u_1 - k_2u_2 + c_2\dot{u}_1 - c_2\dot{u}_2. \quad (10.146)$$

Figura 10.14
Forças aplicadas aos pontos materiais isolados.

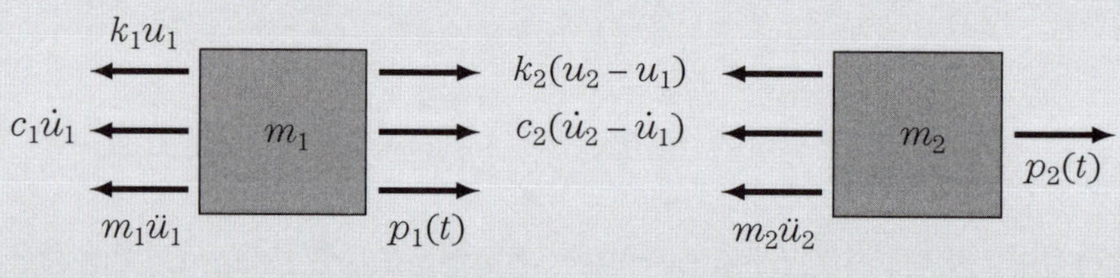

Alternativamente, pode-se usar uma das formulações de mecânica analítica para o mesmo fim de determinar as equações de movimento. Considere-se, por exemplo, a equação de Euler-Lagrange (10.41), que requer a determinação prévia da energia cinética, da energia potencial e do trabalho das forças não conservativas:

$$\mathcal{T} = \frac{1}{2} m_1 \dot{u}_1^2 + \frac{1}{2} m_2 \dot{u}_2^2 \qquad (10.147)$$

$$\frac{d}{dt}\left(\frac{\partial \mathcal{T}}{\partial \dot{u}_1}\right) = m_1 \ddot{u}_1 \qquad (10.148)$$

$$\frac{d}{dt}\left(\frac{\partial \mathcal{T}}{\partial \dot{u}_2}\right) = m_2 \ddot{u}_2 \qquad (10.149)$$

$$\mathcal{V} = \frac{1}{2} k_1 \left(u_i\right)^2 + \frac{1}{2} k_2 \left(u_2 - u_1\right)^2 \qquad (10.150)$$

$$\frac{\partial \mathcal{V}}{\partial u_1} = k_1 u_1 - k_2 \left(u_2 - u_1\right) = \left(k_1 + k_2\right) u_1 - k_2 u_2 \qquad (10.151)$$

$$\frac{\partial \mathcal{V}}{\partial u_2} = k_2 \left(u_2 - u_1\right) = -k_2 u_1 + k_2 u_2; \qquad (10.152)$$

$$\delta \mathcal{W}^{nc} = [p_1(t) - c_1 \dot{u}_1 + c_2 (\dot{u}_2 - \dot{u}_1)]\delta u_1 + [p_2 - c_2 (\dot{u}_2 - \dot{u}_1)]\delta u_2 \qquad (10.153)$$

$$N_1 = p_1(t) - (c_1 + c_2)\, \dot{u}_1 + c_2 \dot{u}_2 \qquad (10.154)$$

$$N_2 = p_2(t) + c_2 \dot{u}_1 - c_2 \dot{u}_2. \qquad (10.155)$$

Por substituição direta em (10.41), chega-se a:

$$m_1 \ddot{u}_1 + (c_1 + c_2)\dot{u}_1 - c_2 \dot{u}_2 + (k_1 + k_2)\, u_1 - k_2 u_2 = p_1(t); \qquad (10.156)$$

$$m_2 \ddot{u}_2 - c_2 \dot{u}_1 + c_2 \dot{u}_2 - k_2 u_1 + k_2 u_2 = p_2(t). \qquad (10.157)$$

Ambas podem ser escritas, na forma matricial, como:

$$\begin{bmatrix} m_1 & 0 \\ 0 & m_2 \end{bmatrix} \begin{Bmatrix} \ddot{u}_1 \\ \ddot{u}_2 \end{Bmatrix} + \begin{bmatrix} c_1 + c_2 & -c_2 \\ -c_2 & c_2 \end{bmatrix} \begin{Bmatrix} \dot{u}_1 \\ \dot{u}_2 \end{Bmatrix} + \begin{bmatrix} k_1 + k_2 & -k_2 \\ -k_2 & k_2 \end{bmatrix} \begin{Bmatrix} u_1 \\ u_2 \end{Bmatrix} = \begin{Bmatrix} p_1(t) \\ p_2(t) \end{Bmatrix}. \qquad (10.158)$$

Evidentemente, as equações (10.156) e (10.157) são equivalentes às equações (10.144) e (10.146).

■

11 EQUAÇÕES DE MOVIMENTO DE SÓLIDOS DEFORMÁVEIS PELO MÉTODO DOS ELEMENTOS FINITOS

Para uma adequada representação das estruturas típicas da engenharia, nem sempre se pode recorrer a modelos básicos de poucos graus de liberdade. Os recursos de modelagem, utilizando a análise matricial de estruturas ou o método dos elementos finitos permitem a análise mais precisa da resposta dinâmica. É bem verdade que entre os modelos básicos e os de elementos finitos com malhas muito refinadas existem modelos intermediários que poderão ser adequados para efeitos de projeto, justificando, em cada caso, sua busca dentro dos princípios que regem a modelagem hierárquica.

Exemplificam-se os aspectos aqui mencionados com o problema de modelagem de vibrações induzidas pelas torcidas nas estruturas de estádios de futebol. Efetivamente, muitos dos estádios de futebol do País foram projetados há várias décadas, seguindo critérios baseados em carregamentos quase estáticos gerados pelo público. Entretanto, essa situação mudou drasticamente e, hoje, as torcidas pulam e se deslocam de forma ritmada enquanto entoam seus gritos de guerra, produzindo carregamentos periódicos com frequência dominante próxima de alguma frequência natural da estrutura. Assim, podem induzir vibrações de grande amplitude na estrutura, não consideradas nos projetos originais, com consequências danosas para a segurança e conforto dos usuários, além de prejudicar a vida útil dessas obras por fadiga dos materiais. Ações mitigatórias são muitas vezes necessárias, lançando mão de diversas estratégias, tais como o enrijecimento da estrutura, modificação de seu sistema estrutural ou utilização de sistemas de controle passivo. Evidentemente, projetos recentes, como os das modernas arenas utilizadas na Copa do Mundo de 2014 no Brasil, que respeitam as normas contemporâneas, já contemplam a análise dinâmica de suas estruturas em presença dos carregamentos causados pelo público e pelo vento.

Modelos de barras (análise matricial), de elasticidade plana e tridimensionais (combinando diferentes tipos de elementos finitos) podem ser propostos para a modelagem hierárquica, com o objetivo de analisar o desempenho estrutural na situação anterior ou posterior à adoção de providências visando à atenuação da resposta dinâmica. A Figura 11.1 ilustra, em corte, um estádio de futebol, para o estudo do qual são apresentados dois modelos hierárquicos, a saber: um modelo de estrutura reticulada é sugerido na Figura 11.2 e um tridimensional na Figura 11.3.

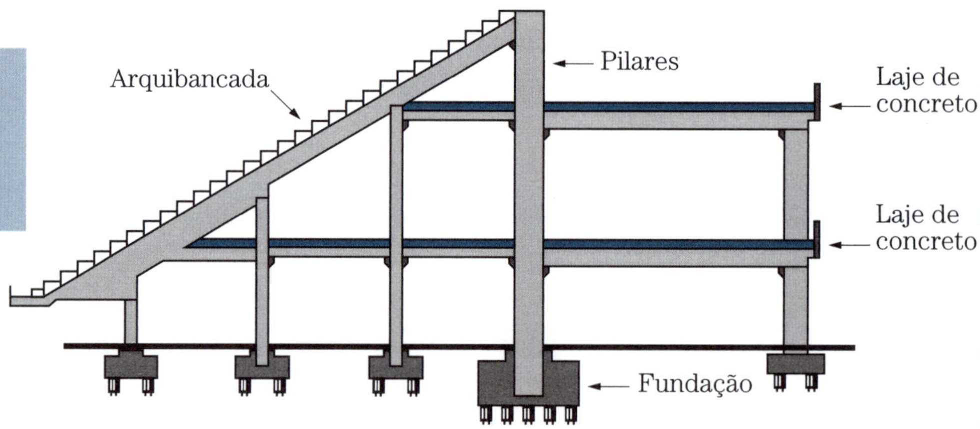

Figura 11.1
Corte transversal de estrutura de arquibancada de estádio de futebol.

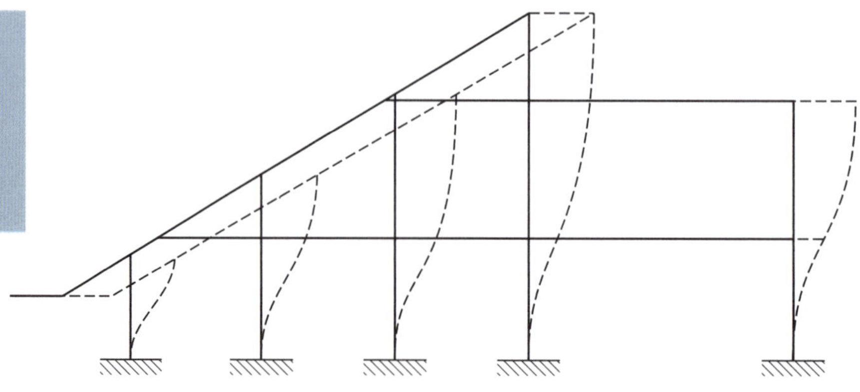

Figura 11.2
Primeiro modo de vibração de modelo plano de barras de arquibancada de estádio de futebol.

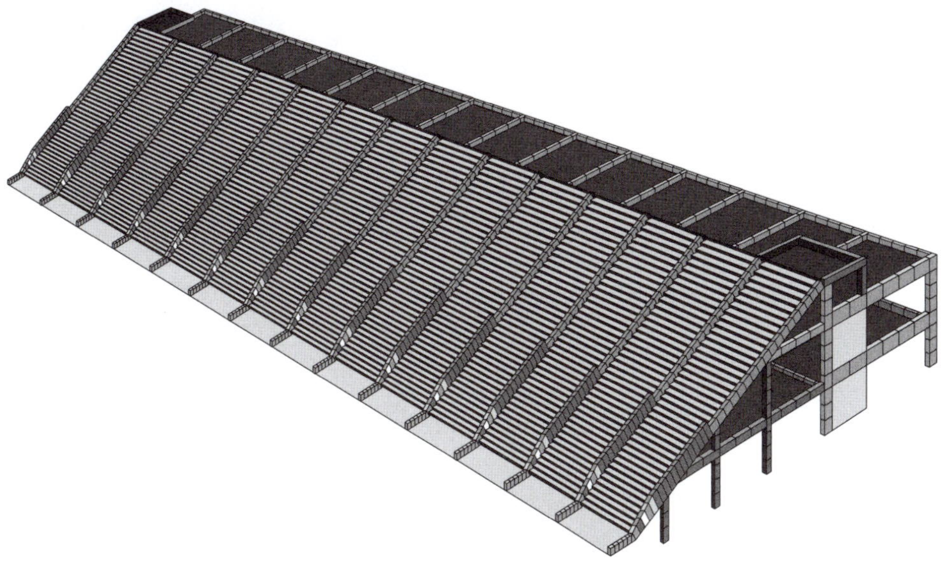

Figura 11.3
Modelo tridimensional de elementos finitos de arquibancada de estádio de futebol.

Embora a formulação que se apresenta a seguir se aplique a um sólido genérico, na Figura 11.4, para efeito de ilustração, considera-se um domínio bidimensional discretizado por elementos finitos e individualiza-se um elemento finito genérico (m):

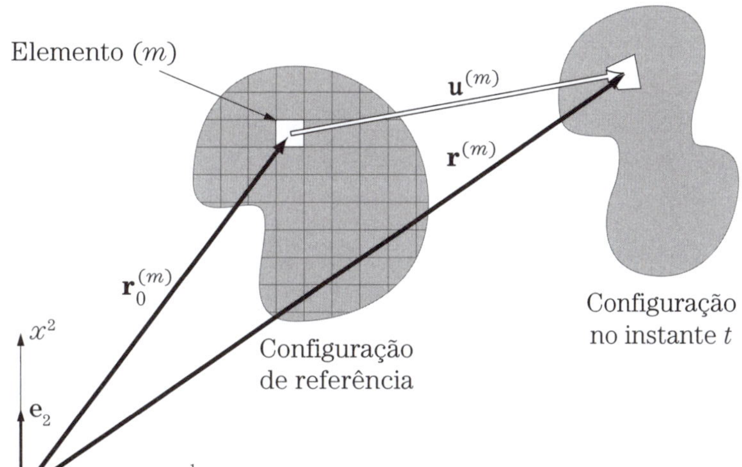

Figura 11.4
Representação de um sólido deformável discretizado pelo método dos elementos finitos.

Para um ponto genérico do elemento finito (m), o vetor-posição no instante t, em relação a um sistema de referência absoluto $(0, \mathbf{e}_1, \mathbf{e}_2, \mathbf{e}_3)$, pode ser expresso por

$$\mathbf{r}^{(m)} = \mathbf{r}_0^{(m)} + \mathbf{u}^{(m)}. \tag{11.1}$$

Considerando-se a discretização introduzida pelo método dos elementos finitos, o deslocamento $\mathbf{u}^{(m)}$ pode ser calculado a partir dos deslocamentos nodais $\mathbf{U}$, que são as coordenadas generalizadas do modelo discreto, utilizando-se a matriz das funções de interpolação $\mathbf{H}^{(m)}$, conforme se exemplifica na Seção 11.3 para a teoria de barras e na Seção 11.4 para a elasticidade plana. Assim, o campo de deslocamentos no domínio do elemento finito (m) é dado por

$$\mathbf{u}^{(m)} = \mathbf{H}^{(m)}\mathbf{U}, \tag{11.2}$$

de onde

$$\mathbf{r}^{(m)} = \mathbf{r}_0^{(m)} + \mathbf{H}^{(m)}\mathbf{U}. \tag{11.3}$$

11.1 Sistemas sem excitação de suporte

Considerando que não haja excitação de suporte, ou seja, que $\mathbf{r}^{(m)}$ caracterize vínculos escleronômicos, as velocidades e as acelerações serão calculadas, respectivamente, por

$$\dot{\mathbf{r}}^{(m)} = \dot{\mathbf{u}}^{(m)} = \mathbf{H}^{(m)}\dot{\mathbf{U}} \tag{11.4}$$

e

$$\ddot{\mathbf{r}}^{(m)} = \ddot{\mathbf{u}}^{(m)} = \mathbf{H}^{(m)}\ddot{\mathbf{U}}. \tag{11.5}$$

Deslocamentos virtuais serão caracterizados por

$$\delta\mathbf{r}^{(m)} = \delta\mathbf{u}^{(m)} = \mathbf{H}^{(m)}\delta\mathbf{U}. \tag{11.6}$$

Retoma-se a equação de equilíbrio dinâmico (10.63) conjuntamente com (10.66) e (10.67) e ainda (11.2), (11.5) e (11.6) – que expressam a discretização, conforme o método dos elementos finitos – para escrever:

$$-\delta\mathcal{U} + \delta\mathcal{W} - \int_V \rho\,(\ddot{\mathbf{r}}\cdot\delta\mathbf{r}) = 0 \tag{11.7}$$

ou

$$-\sum_m \int_{V^{(m)}} \delta\mathbf{u}^{(m)T}\partial_\varepsilon^T C\partial_\varepsilon \mathbf{u}^{(m)} dV + \sum_m \int_{V^{(m)}} \delta\mathbf{u}^{(m)T}\boldsymbol{f}^{\mathrm{B}} dV$$
$$+\sum_m \int_{S_f^{(m)}} \delta\mathbf{u}^{(m)T}\boldsymbol{f}^{\mathrm{S}} dS - \sum_m \int_{V^{(m)}} \rho\delta\mathbf{u}^{(m)T}\,\ddot{\mathbf{u}}^{(m)} dV = 0 \tag{11.8}$$

ou ainda

$$-\delta\mathbf{U}^T\left(\sum_m\int_{V^{(m)}}\mathbf{H}^{(m)^T}\partial_\varepsilon^T C\partial_\varepsilon\mathbf{H}^{(m)}dV\right)\mathbf{U}$$
$$+\delta\mathbf{U}^T\left(\sum_m\int_{V^{(m)}}\mathbf{H}^{(m)^T}\boldsymbol{f}^{\mathrm{B}}dV+\sum_m\int_{S_f^{(m)}}\mathbf{H}^{(m)^T}\boldsymbol{f}^{\mathrm{S}}dS\right)$$
$$-\delta\mathbf{U}^T\left(\sum_m\int_{V^{(m)}}\rho\mathbf{H}^{(m)^T}\mathbf{H}^{(m)}dV\right)\ddot{\mathbf{U}}=0 \tag{11.9}$$

ou seja:

$$\delta\mathbf{U}^T(-\mathbf{K}\mathbf{U}+\mathbf{R}-\mathbf{M}\ddot{\mathbf{U}})=0. \tag{11.10}$$

Em (11.10) a seguinte notação foi introduzida:

$$\mathbf{M}=\sum_m\int_{V^{(m)}}\rho\mathbf{H}^{(m)^T}\mathbf{H}^{(m)}dV \tag{11.11}$$

para a matriz de massa do modelo discretizado;

$$\mathbf{K}=\sum_m\int_{V^{(m)}}\mathbf{H}^{(m)^T}\partial_\varepsilon^T C\partial_\varepsilon\mathbf{H}^{(m)}dV \tag{11.12}$$

para a matriz de rigidez do modelo discretizado;

$$\mathbf{R}=\sum_m\int_{V^{(m)}}\mathbf{H}^{(m)^T}\boldsymbol{f}^{\mathrm{B}}dV+\sum_m\int_{S_f^{(m)}}\mathbf{H}^{(m)^T}\boldsymbol{f}^{\mathrm{S}}dS \tag{11.13}$$

para o vetor de forças nodais do modelo discretizado.

Por conveniência, pode-se introduzir a matriz

$$\mathbf{B}^{(m)}=\partial_\varepsilon\mathbf{H}^{(m)} \tag{11.14}$$

de sorte que, de forma mais compacta, a matriz de rigidez (11.12) pode ser expressa conforme

$$\mathbf{K}=\sum_m\int_{V^{(m)}}\mathbf{B}^{(m)^T}C\mathbf{B}^{(m)}dV. \tag{11.15}$$

As relações deformações-deslocamentos (10.54) podem ser escritas, para o modelo discretizado pelo método dos elementos finitos, simplesmente por:

$$\boldsymbol{\varepsilon}^{(m)} = \mathbf{B}^{(m)}\,\mathbf{U}, \tag{11.16}$$

que evidencia o papel desempenhado pela matriz $\mathbf{B}^{(m)}$, dentro do método dos deslocamentos, ao permitir que as deformações sejam calculadas diretamente a partir dos deslocamentos nodais. Finalmente, as tensões decorrerão diretamente da lei de Hooke generalizada:

$$\boldsymbol{\sigma}^{(m)} = \mathcal{C}\boldsymbol{\varepsilon}^{(m)} = \mathcal{C}\mathbf{B}^{(m)}\,\mathbf{U}. \tag{11.17}$$

Uma vez que (11.10) deve ser verificada para qualquer campo de deslocamentos virtuais caracterizado por $\delta\mathbf{U}$, a condição a ser satisfeita é:

$$\mathbf{M}\ddot{\mathbf{U}} + \mathbf{K}\mathbf{U} = \mathbf{R}, \tag{11.18}$$

que é a equação matricial de movimento para modelos lineares de sólidos elásticos discretizados pelo método dos elementos finitos.

As seções 11.3 e 11.4 particularizam as expressões gerais aqui discutidas para os elementos de barra 2D e para o elemento retangular da elasticidade plana.

Ficará evidente, então, a propriedade geral de simetria das matrizes de rigidez e de massa, que também são positivo-definidas (no caso da matriz de rigidez, se referida apenas aos graus de liberdade livres de sistemas estruturais não hipostáticos e estáveis).

Para levar em conta efeitos dissipativos, é conveniente introduzir no primeiro membro de (11.18) forças de amortecimento viscoso linear definidas, para o modelo como um todo, por $\mathbf{C}\dot{\mathbf{U}}$, em que $\mathbf{C}$ é denominada matriz de amortecimento. A formulação rigorosa de $\mathbf{C}$ é tarefa complexa, diante do que é frequente admitir, como primeira abordagem, que possa ser expressa por combinação linear de $\mathbf{M}$ e $\mathbf{K}$:

$$\mathbf{C} = a_0\mathbf{M} + a_1\mathbf{K}, \tag{11.19}$$

devendo os coeficientes dimensionais a_0 (em s^{-1}) e a_1 (em s) ser fornecidos *a priori* para possibilitar a realização de ensaios numéricos. Quando o amortecimento obedece a (11.19), diz-se que é do tipo Rayleigh.

Em síntese, a equação matricial de movimento passa a ser escrita na forma:

$$\mathbf{M}\ddot{\mathbf{U}} + \mathbf{C}\dot{\mathbf{U}} + \mathbf{K}\mathbf{U} = \mathbf{R}, \tag{11.20}$$

ou seja, um sistema linear de equações diferenciais de 2ª ordem, a coeficientes constantes, o qual deve ser integrado analítica ou numericamente para a obtenção da resposta dinâmica $\mathbf{U}(t)$, respeitadas as condições iniciais $\mathbf{U}_0$ e $\dot{\mathbf{U}}_0$. No que se segue, as matrizes **M**, **C**, **K** e **R** referir-se-ão aos graus de liberdade livres, salvo expressa menção do contrário.

11.2 Sistemas com excitação de suporte

A Figura 11.5 ilustra, esquematicamente, um sólido deformável com vínculos escleronômicos definidos em um referencial relativo (F, $\mathbf{f}_1$, $\mathbf{f}_2$, $\mathbf{f}_3$) que, por sua vez, apresenta movimento de arrastamento com respeito a um referencial absoluto (E, $\mathbf{e}_1$, $\mathbf{e}_2$, $\mathbf{e}_3$).

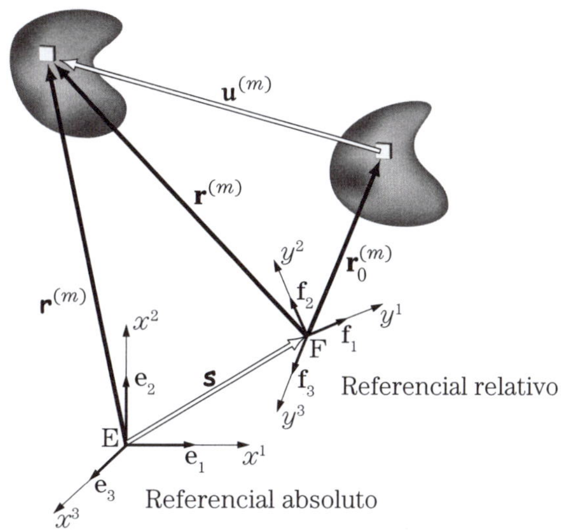

Figura 11.5
Sólido deformável com vínculos escleronômicos no referencial relativo que, por sua vez, apresenta movimento de arrastamento com respeito a um referencial absoluto.

Evidentemente, em relação ao referencial absoluto, os vínculos resultam holônomos reonômicos, conforme se nota na expressão do vetor posição $\mathsf{r}^{(m)}$.

$$\mathsf{r}^{(m)} = \mathsf{s}(t) + \mathbf{r}_0^{(m)} + \mathbf{u}^{(m)}. \tag{11.21}$$

As componentes cartesianas dos vetores $\mathbf{r}_0^{(m)}$ e $\mathbf{u}^{(m)}$ estão definidas na base ortonormal ($\mathbf{f}_1$, $\mathbf{f}_2$, $\mathbf{f}_3$). As componentes cartesianas dos vetores $\mathsf{r}^{(m)}$ e s estão definidas na base ortonormal ($\mathbf{e}_1$, $\mathbf{e}_2$, $\mathbf{e}_3$). Portanto, em componentes cartesianas referidas à base ($\mathbf{e}_1$, $\mathbf{e}_2$, $\mathbf{e}_3$) escreve-se:

$$\mathsf{r}^{(m)} = \mathsf{s} + \mathbf{A}_\varphi \left(\mathbf{r}_0^{(m)} + \mathbf{u}^{(m)}\right). \tag{11.22}$$

O movimento de arrastamento pode decorrer de translação, quando o vetor $\mathsf{s} = \mathsf{s}(t)$ é imposto, ou de rotação, quando a matriz $\mathbf{A}_\varphi = \mathbf{A}_\varphi(t)$ é imposta. A matriz $\mathbf{A}_\varphi$ pode ser caracterizada pelos ângulos de Euler (Pars, 1965).

Considerando-se a discretização introduzida pelo método dos elementos finitos o deslocamento $\mathbf{u}^{(m)}$ pode ser calculado a partir dos deslocamentos nodais U que são as coordenadas generalizadas do modelo discreto, utilizando-se a matri das funções de interpolação $\mathbf{H}^{(m)}$, como indicado em (11.2). Assim,

$$\mathbf{r}^{(m)} = \mathbf{s}(t) + \mathbf{A}_{\varphi}(t)\mathbf{r}_0^{(m)} + \mathbf{A}_{\varphi}(t)\mathbf{H}^{(m)}\mathbf{U}. \quad (11.23$$

As velocidades e acelerações reais, bem como os deslocamentos virtuais sã calculados, respectivamente, por

$$\dot{\mathbf{r}}^{(m)} = \dot{\mathbf{s}}(t) + \dot{\mathbf{A}}_{\varphi}(t)\mathbf{r}_0^{(m)} + \dot{\mathbf{A}}_{\varphi}(t)\mathbf{H}^{(m)}\mathbf{U} + \mathbf{A}_{\varphi}(t)\mathbf{H}^{(m)}\dot{\mathbf{U}}, \quad (11.24$$

$$\begin{aligned}\ddot{\mathbf{r}}^{(m)} &= \ddot{\mathbf{s}}(t) + \ddot{\mathbf{A}}_{\varphi}(t)\mathbf{r}_0^{(m)} + \ddot{\mathbf{A}}_{\varphi}(t)\mathbf{H}^{(m)}\mathbf{U} \\ &+2\dot{\mathbf{A}}_{\varphi}(t)\mathbf{H}^{(m)}\dot{\mathbf{U}} + \mathbf{A}_{\varphi}(t)\mathbf{H}^{(m)}\ddot{\mathbf{U}},\end{aligned} \quad (11.25$$

$$\delta\mathbf{r}^{(m)} = \mathbf{A}_{\varphi}(t)\mathbf{H}^{(m)}\delta\mathbf{U}. \quad (11.26$$

Note-se que (11.26) interpreta o "congelamento" das equações de vínculo er um instante t, conforme visto na Seção 10.1.

A partir daí, seguem-se os mesmos passos já percorridos na seção anterior, partind da equação de equilíbrio dinâmico (11.10), baseada no princípio de D'Alembert (o do teorema dos deslocamentos virtuais, considerando entre as forças de volume força de inércia por unidade de volume $-\rho\ddot{\mathbf{r}}^{(m)}$), que passaria a ser interpretada com

$$\begin{aligned}-\rho\ddot{\mathbf{r}}^{(m)} &= -\rho\ddot{\mathbf{s}}(t) - \rho\ddot{\mathbf{A}}_{\varphi}(t)\mathbf{r}_0^{(m)} - \rho\ddot{\mathbf{A}}_{\varphi}(t)\mathbf{H}^{(m)}\mathbf{U} \\ &-2\rho\dot{\mathbf{A}}_{\varphi}(t)\mathbf{H}^{(m)}\dot{\mathbf{U}} - \rho\mathbf{A}_{\varphi}(t)\mathbf{H}^{(m)}\ddot{\mathbf{U}}.\end{aligned} \quad (11.27$$

A equação matricial de movimento pode ser colocada na forma

$$\mathbf{M}_{\text{eq}}\ddot{\mathbf{U}} + \mathbf{C}_{\text{eq}}\dot{\mathbf{U}} + \mathbf{K}_{\text{eq}}\mathbf{U} = \mathbf{R}_{\text{eq}}, \quad (11.28$$

onde a matriz de massa equivalente

$$\mathbf{M}_{\text{eq}} = \sum_m \int_{V^{(m)}} \rho\mathbf{H}^{(m)^T}\mathbf{A}_{\varphi}^T(t)\mathbf{A}_{\varphi}(t)\mathbf{H}^{(m)}\, dV^{(m)}, \quad (11.29$$

resulta igual à matriz de massa **M** definida em (11.11), pois, como se sabe, ma trizes de rotação são ortogonais, valendo

$$\mathbf{A}_{\varphi}^T(t)\mathbf{A}_{\varphi}(t) = \mathbf{I}. \quad (11.30$$

As demais matrizes equivalentes indicadas em (11.28) são dadas por:

$$\mathbf{C}_{\text{eq}} = \mathbf{C} + 2\sum_{m} \int_{V^{(m)}} \rho \mathbf{H}^{(m)^T} \mathbf{A}_{\varphi}^{T}(t) \dot{\mathbf{A}}_{\varphi}(t) \mathbf{H}^{(m)} \, dV^{(m)}, \tag{11.31}$$

$$\mathbf{K}_{\text{eq}} = \sum_{m} \int_{V^{(m)}} \mathbf{B}^{(m)^T} \mathcal{C}^{(m)} \mathbf{B}^{(m)} \, dV^{(m)}$$

$$+ \sum_{m} \int_{V^{(m)}} \rho \mathbf{H}^{(m)^T} \mathbf{A}_{\varphi}^{T}(t) \ddot{\mathbf{A}}_{\varphi}(t) \mathbf{H}^{(m)} \, dV^{(m)}, \tag{11.32}$$

$$\mathbf{R}_{\text{eq}} = \mathbf{R} - \sum_{m} \int_{V^{(m)}} \rho \mathbf{H}^{(m)^T} \mathbf{A}_{\varphi}^{T}(t) \ddot{\mathbf{s}}(t) \, dV^{(m)}$$

$$- \sum_{m} \int_{V^{(m)}} \rho \mathbf{H}^{(m)^T} \mathbf{A}_{\varphi}^{T}(t) \ddot{\mathbf{A}}_{\varphi}(t) \mathbf{r}_0^{(m)} \, dV^{(m)}. \tag{11.33}$$

Em (11.31), **C** representa a matriz de amortecimento estrutural viscoso linear, e a segunda parcela corresponde ao amortecimento inercial decorrente das forças de Coriolis. Em (11.32), a primeira parcela representa a matriz de rigidez elástica usual e a segunda corresponde à rigidez inercial decorrente de forças centrífugas e, eventualmente, de forças giroscópicas associadas à aceleração angular. Finalmente, em (11.33), a primeira parcela representa o vetor usual de carregamentos dinâmicos, a segunda corresponde ao carregamento inercial decorrente de forças do movimento de arrastamento de translação, e a terceira corresponde ao carregamento inercial decorrente de forças centrífugas e, eventualmente, de forças giroscópicas associadas à aceleração angular.

11.3 Elemento de barra 2D

11.3.1 Matrizes de rigidez e de massa no sistema local

Por conveniência, utiliza-se aqui a notação técnica, ou notação Timoshenko, e não a indicial.

De acordo com a teoria elementar de barra 2D, baseada na hipótese de Navier, o campo de deslocamentos longitudinais $u(x,\ z)$ e transversais $w(x,\ z)$, para um ponto $\text{P} \equiv (x,\ z)$, é expresso por:

$$\mathbf{u} = \begin{Bmatrix} u \\ w \end{Bmatrix} \cong \begin{Bmatrix} \bar{u} - z\bar{w}' \\ \bar{w} \end{Bmatrix}, \tag{11.34}$$

onde $\bar{u} = u(x,\ 0)$ e $\bar{w} = w(x,\ 0)$ são os deslocamentos do baricentro da seção transversal na abscissa x. A notação $\bar{w}'$ designa derivação da variável $\bar{w}$ em relação a x. A Figura 11.6 esclarece a notação e interpreta geometricamente a hipótese de Navier.

Figura 11.6
Deslocamentos de acordo com a hipótese de Navier para a barra 2D.

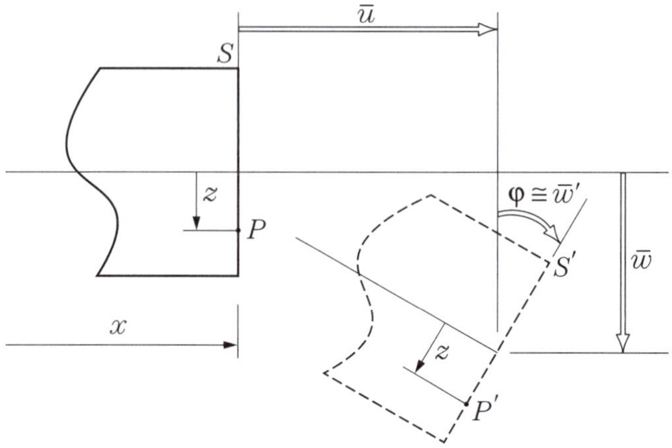

Seja o elemento de barra 2D representado na Figura 11.7. Recordando a expressão (11.2) e considerando-se as coordenadas generalizadas conforme usualmente definidas na análise matricial de estruturas e indicadas na Figura 11.7 resulta para a matriz **H**:

$$\mathbf{H} = \begin{bmatrix} h_1(x) & -zh_2'(x) & -zh_3'(x) & h_4(x) & -zh_5'(x) & -zh_6'(x) \\ 0 & -h_2(x) & -h_3(x) & 0 & -h_5(x) & -h_6(x) \end{bmatrix}, \quad (11.35)$$

Note-se que o sinal (–) em (11.35) refere-se à adequação entre os sentidos para z e w das Figuras 11.6 e 11.7.

Os deslocamentos **u** são calculados por interpolação linear dos deslocamentos nodais:

$$\mathbf{u} = \begin{Bmatrix} u \\ w \end{Bmatrix} = \mathbf{H}\boldsymbol{v}. \quad (11.36)$$

onde

$$\boldsymbol{v}^T = \{u_1,\ u_2,\ u_3,\ u_4,\ u_5,\ u_6\} \quad (11.37)$$

Figura 11.7
Coordenadas generalizadas para o elemento de barra 2D.

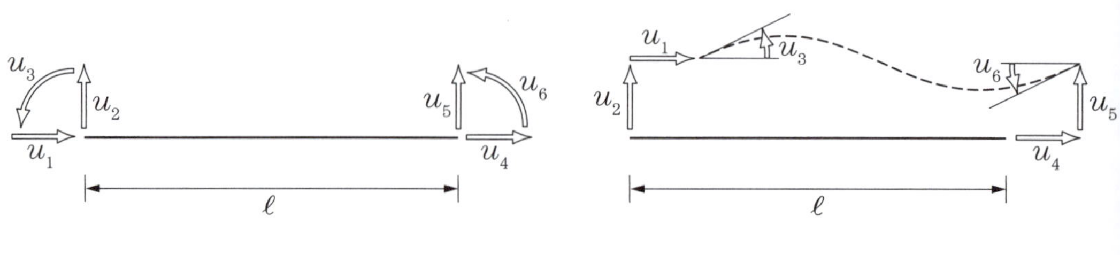

As funções de interpolação $h_i(x)$, para $i = 1$ a 6, podem ser interpretadas como as funções que caracterizam os deslocamentos do eixo deformado de uma barra biengastada em cada um dos casos de imposição de recalque de apoio unitário indicados na Figura 11.8. Nota-se que, diferentemente do que ocorre no método dos elementos finitos, quando as interpolações indicadas em (11.36) correspondem a aproximações, na análise matricial de estruturas correspondem a soluções exatas para a teoria elementar de barras prismáticas de Bernoulli-Euler, baseada na hipótese de Navier.

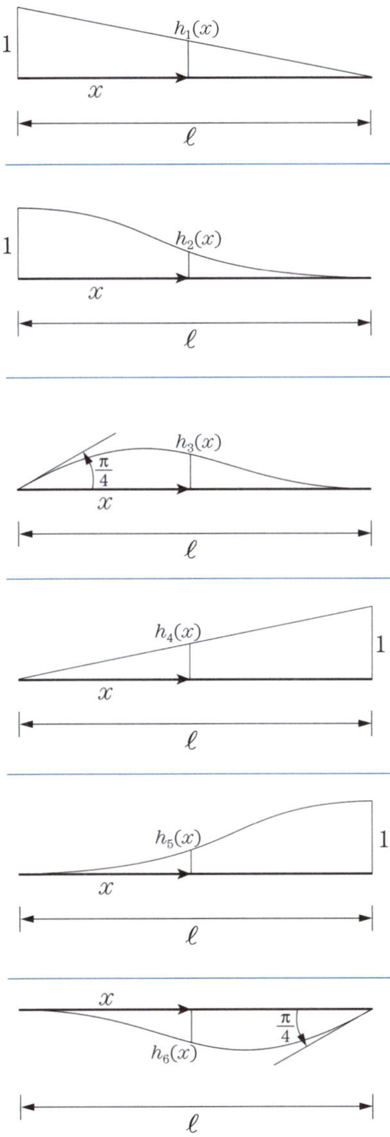

$h_1(x) = 1 - \dfrac{x}{\ell}$ $\quad u(x) = h_1(x)$ para $u_1 = 1$

$h_2(x) = 1 - 3\dfrac{x^2}{\ell^2} + 2\dfrac{x^3}{\ell^3}$ $\quad w(x) = -h_2(x)$ para $u_2 = 1$

$h_3(x) = x - 2\dfrac{x^2}{\ell} + \dfrac{x^3}{\ell^2}$ $\quad w(x) = -h_3(x)$ para $u_3 = 1$

$h_4(x) = \dfrac{x}{\ell}$ $\quad u(x) = h_4(x)$ para $u_4 = 1$

$h_5(x) = 3\dfrac{x^2}{\ell^2} - 2\dfrac{x^3}{\ell^3}$ $\quad w(x) = -h_5(x)$ para $u_5 = 1$

$h_6(x) = -\dfrac{x^2}{\ell} + \dfrac{x^3}{\ell^2}$ $\quad w(x) = -h_6(x)$ para $u_6 = 1$

Figura 11.8 Funções de interpolação para o elemento de barra 2D.

Para a teoria elementar de barras, a relação deformação-deslocamento para o ponto $P \equiv (x, z)$ se resume a:

$$\varepsilon = \frac{\partial u}{\partial x} = \begin{bmatrix} \dfrac{\partial}{\partial x} & 0 \end{bmatrix} \begin{Bmatrix} u \\ w \end{Bmatrix} = \boldsymbol{\partial}_{\varepsilon} \mathbf{u}, \tag{11.38}$$

onde

$$\partial_\varepsilon = \left[\frac{\partial}{\partial x} \quad 0 \right]. \tag{11.39}$$

Note-se que (11.38) e (11.39) correspondem, na teoria elementar de barras, às expressões (10.54) e (10.56) apresentadas para sólidos deformáveis.

Substituindo (11.36) em (11.38), tem-se

$$\varepsilon = \boldsymbol{\partial}_\varepsilon \mathbf{H} \boldsymbol{\upsilon} = \mathbf{B} \boldsymbol{\upsilon}, \tag{11.40}$$

onde se reconhece a matriz **B** conforme indicada em (11.14):

$$\mathbf{B} = \boldsymbol{\partial}_\varepsilon \mathbf{H} = [\; h_1'(x) \;\; -zh_2''(x) \;\; -zh_3''(x) \;\; h_4'(x) \;\; -zh_5''(x) \;\; -zh_6''(x) \;]. \tag{11.41}$$

Já a "matriz" das constantes elásticas $\boldsymbol{C}$, recordando (10.60) e considerando estado simples de tensão, confunde-se com o escalar E (módulo de elasticidade longitudinal ou módulo de Young).

A matriz de rigidez do elemento de barra 2D, para as coordenadas generalizadas selecionadas (definidas no seu sistema local), pode ser então determinada a partir de (11.15), conforme se indica:

$$\mathbf{k} = \int_V \mathbf{B}^T \boldsymbol{C} \mathbf{B} \, dV = E \int_0^\ell \int_A \mathbf{B}^T \mathbf{B} \, dA \, dx, \tag{11.42}$$

Efetuando-se os cálculos, obtém-se a matriz de rigidez do elemento de barra prismática referida aos graus de liberdade definidos na Figura 11.7:

$$\mathbf{k} = \begin{bmatrix} \frac{EA}{\ell} & 0 & 0 & -\frac{EA}{\ell} & 0 & 0 \\ 0 & \frac{12EI}{\ell^3} & \frac{6EI}{\ell^2} & 0 & -\frac{12EI}{\ell^3} & \frac{6EI}{\ell^2} \\ 0 & \frac{6EI}{\ell^2} & \frac{4EI}{\ell} & 0 & -\frac{6EI}{\ell^2} & \frac{2EI}{\ell} \\ -\frac{EA}{\ell} & 0 & 0 & \frac{EA}{\ell} & 0 & 0 \\ 0 & -\frac{12EI}{\ell^3} & -\frac{6EI}{\ell^2} & 0 & \frac{12EI}{\ell^3} & -\frac{6EI}{\ell^2} \\ 0 & \frac{6EI}{\ell^2} & \frac{2EI}{\ell} & 0 & -\frac{6EI}{\ell^2} & \frac{4EI}{\ell} \end{bmatrix}, \tag{11.43}$$

onde ℓ é o comprimento do elemento, A é a área de sua seção transversal e I é o seu momento de inércia.

A matriz de massa do elemento pode ser obtida diretamente de (11.11). Considerando barras prismáticas e lembrando que a massa total da barra é $m = \rho A\ell$, obtém-se a matriz de massa do elemento para as coordenadas generalizadas definidas na Figura 11.7:

$$\mathbf{m} = \frac{m}{420}\begin{bmatrix} 140 & 0 & 0 & 70 & 0 & 0 \\ 0 & 156+504\eta & (22+42\eta)\ell & 0 & 54-504\eta & (-13+42\eta)\ell \\ 0 & (22+42\eta)\ell & (4+56\eta)\ell^2 & 0 & (13-42\eta)\ell & (-3-12\eta)\ell^2 \\ 70 & 0 & 0 & 140 & 0 & 0 \\ 0 & 54-504\eta & (13-42\eta)\ell & 0 & 156+504\eta & (-22-42\eta)\ell \\ 0 & (-13+42\eta)\ell & (-3-12\eta)\ell^2 & 0 & (-22-42\eta)\ell & (4+56\eta)\ell^2 \end{bmatrix} \tag{11.44}$$

com

$$\eta = \frac{I}{A\ell^2} \ll 1. \tag{11.45}$$

Desprezando-se o efeito do momento de inércia de massa, isto é, concentrando-se a massa da barra no seu eixo, como usualmente se faz, chega-se a:

$$\mathbf{m} = \frac{m}{420}\begin{bmatrix} 140 & 0 & 0 & 70 & 0 & 0 \\ 0 & 156 & 22\ell & 0 & 54 & -13\ell \\ 0 & 22\ell & 4\ell^2 & 0 & 13\ell & -3\ell^2 \\ 70 & 0 & 0 & 140 & 0 & 0 \\ 0 & 54 & 13\ell & 0 & 156 & -22\ell \\ 0 & -13\ell & -3\ell^2 & 0 & -22\ell & 4\ell^2 \end{bmatrix}. \tag{11.46}$$

Para outras condições de extremidade, a liberação dos graus de liberdade nos moldes usuais da análise matricial de estruturas permite obter as respectivas matrizes.

11.3.2 Matrizes equivalentes de amortecimento, rigidez e carregamento inercial em presença de excitação de suporte

Considere-se, agora, o caso de uma estrutura plana de barras carregada no seu plano, com vínculos escleronômicos definidos em um referencial relativo $(\mathrm{O_r}, x_r, z_r)$ que, entretanto, possui movimento de arrastamento com respeito a um referencial absoluto $(\mathrm{O_a}, x_a, z_a)$, caracterizado por uma translação $\mathbf{s}(t)$

– com componentes cartesianas $s_x(t)$ e $s_z(t)$ no referencial absoluto – e uma rotação $\varphi(t)$, conforme representado na Figura 11.9a. Obviamente, trata-se de um caso de vínculos reonômicos, com respeito ao referencial absoluto.

Figura 11.9
a) estrutura com vínculos escleronômicos com respeito a (O_r, x_r, z_r) e reonômicos com respeito a (O_a, x_a, z_a); b) representação de uma barra genérica (*m*) antes (AB) e depois (A′B′) da deformação e vetores-posição e deslocamento para um ponto G do eixo da barra.

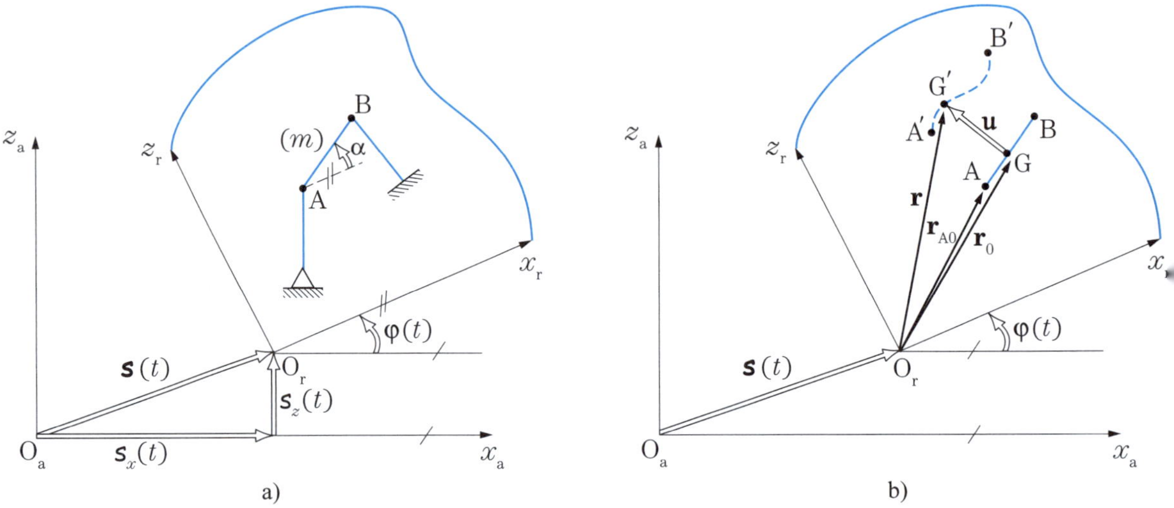

A Figura 11.9b refere-se a uma barra genérica (m) da estrutura reticulada da Figura 11.9a, cujo eixo, na sua configuração de referência, forma um ângulo α com o eixo $O_r x_r$. Representa-se o vetor-posição de um ponto G do eixo, antes $(\mathbf{r}_0)$ e depois $(\mathbf{r})$ da deformação, com respeito ao referencial $(O_r,\, x_r,\, z_r)$, bem como o correspondente vetor deslocamento $\mathbf{u}$. Também se destaca na Figura 11.9b o vetor $\mathbf{r}_{A0}$ referente ao nó inicial A da barra (m), na configuração de referência.

No que se segue, serão deduzidas as matrizes equivalentes de amortecimento, rigidez e carregamento em presença de excitação de suporte para a barra (m). Obviamente, em teoria linear, desconsiderando a atualização das coordenadas nodais em função dos seus deslocamentos, constata-se que a rotação do eixo da barra (m) com respeito ao referencial absoluto é $\alpha + \varphi(t)$. Por conveniência metodológica, no que se segue as matrizes equivalentes de amortecimento, rigidez e carregamento inercial em presença de excitação de suporte serão apresentadas considerando-se apenas a rotação $\varphi(t)$. Portanto, para levar em consideração a rotação α deve-se proceder, posteriormente, como usualmente se faz na análise matricial de estruturas tradicional ou no método dos elementos finitos para passar do sistema local para o global ou vice-versa.

Neste caso, a matriz $\mathbf{A}_\varphi(t)$, que caracteriza o movimento de rotação do referencial relativo com respeito ao absoluto, é dada por:

$$\mathbf{A}_\varphi(t) = \begin{bmatrix} \cos\varphi(t) & -\text{sen}\varphi(t) \\ \text{sen}\varphi(t) & \cos\varphi(t) \end{bmatrix}. \tag{11.47}$$

É, portanto, de imediata verificação que a matriz $\mathbf{A}_\varphi(t)$ definida em (11.47) atende à condição de ortogonalidade (11.30). São também de imediata verificação os seguintes resultados auxiliares para efetuar os cálculos indicados em (11.31) a (11.33):

$$\mathbf{A}_\varphi^T(t)\,\dot{\mathbf{A}}_\varphi(t) = \dot{\varphi}\begin{bmatrix} 0 & -1 \\ 1 & 0 \end{bmatrix}, \tag{11.48}$$

$$\mathbf{A}_\varphi^T(t)\,\ddot{\mathbf{A}}_\varphi(t) = \ddot{\varphi}\begin{bmatrix} 0 & -1 \\ 1 & 0 \end{bmatrix} - \dot{\varphi}^2\begin{bmatrix} 1 & 0 \\ 0 & 1 \end{bmatrix}. \tag{11.49}$$

Assim, para a matriz de amortecimento equivalente de uma barra, referida ao seu sistema local, quando submetida a excitação de suporte, demonstra-se de (11.31) que

$$\mathbf{c}_{\text{eq}} = \mathbf{c} + 2\dot{\varphi}\,\mathbf{c}_\varphi, \tag{11.50}$$

com

$$\mathbf{c}_\varphi = \frac{m}{60}\begin{bmatrix} 0 & 21 & 3\ell & 0 & 9 & -2\ell \\ -21 & 0 & 0 & -9 & 0 & 0 \\ -3\ell & 0 & 0 & -2\ell & 0 & 0 \\ 0 & 9 & 2\ell & 0 & 21 & -3\ell \\ -9 & 0 & 0 & -21 & 0 & 0 \\ 2\ell & 0 & 0 & 3\ell & 0 & 0 \end{bmatrix}. \tag{11.51}$$

Em (11.50), a primeira matriz corresponde ao amortecimento estrutural viscoso linear e a segunda, antissimétrica, ao amortecimento giroscópico.

Para a matriz de rigidez equivalente de uma barra, referida ao seu sistema local, quando submetida a excitação de suporte, demonstra-se de (11.32) que

$$\mathbf{k}_{\text{eq}} = \mathbf{k} + \ddot{\varphi}\mathbf{c}_\varphi - \dot{\varphi}^2\mathbf{m}, \tag{11.52}$$

sendo a primeira parcela a matriz de rigidez elástica (simétrica), a segunda a matriz de rigidez giroscópica (antissimétrica) e a terceira a matriz de rigidez centrífuga (simétrica). Note-se que, no caso particular de uma única barra girante com $\ddot{\varphi} = 0$, se $\dot{\varphi}$ coincidir com uma frequência natural ω da barra, ter-se-á matriz de rigidez equivalente singular, pois, conforme se verá, para as frequências naturais verifica-se que $|\mathbf{k}_{\text{eq}} - \omega^2\mathbf{m}| = 0$. Nessas condições, o sistema estará sob instabilidade estática, causada pela força centrífuga.

Finalmente, para o vetor de cargas equivalentes nas extremidades da barra $\mathbf{f}_{eq}$, referido ao seu sistema local, quando ela estiver submetida a excitação de suporte, demonstra-se de (11.33) que

$$\mathbf{f}_{eq} = \mathbf{f} + \mathbf{f}_{S\varphi} + \mathbf{f}_{\varphi}, \tag{11.53}$$

com $\mathbf{f}$ correspondendo aos esforços nas extremidades da barra decorrentes de carregamentos aplicados e

$$\mathbf{f}_{S\varphi} = -\frac{m}{12}\begin{bmatrix} 6\ddot{s}_x\cos\varphi + 6\ddot{s}_z\operatorname{sen}\varphi \\ 6\ddot{s}_x\operatorname{sen}\varphi - 6\ddot{s}_z\cos\varphi \\ \ell\ddot{s}_x\operatorname{sen}\varphi - \ell\ddot{s}_z\cos\varphi \\ 6\ddot{s}_x\cos\varphi + 6\ddot{s}_z\operatorname{sen}\varphi \\ 6\ddot{s}_x\operatorname{sen}\varphi - 6\ddot{s}_z\cos\varphi \\ -\ell\ddot{s}_x\operatorname{sen}\varphi + \ell\ddot{s}_z\cos\varphi \end{bmatrix}, \tag{11.54}$$

$$\mathbf{f}_{\varphi} = \frac{m}{60}\ddot{\varphi}\begin{bmatrix} 30r_{0z} \\ 30r_{0x}+9\ell \\ 5\ell r_{0x}+2\ell^2 \\ 30r_{0z} \\ 30r_{0x}+21\ell \\ -5\ell r_{0x}-3\ell^2 \end{bmatrix} + \frac{m}{60}\dot{\varphi}^2\begin{bmatrix} 30r_{0x}+10\ell \\ -30r_{0z} \\ -5\ell r_{0z} \\ 30r_{0z}+20\ell \\ -30r_{0z} \\ 5\ell r_{0z} \end{bmatrix}. \tag{11.55}$$

Em (11.54), nota-se o efeito do movimento de arrastamento de translação, afetado por eventual movimento de rotação dos suportes como corpo rígido. Já em (11.55), o primeiro vetor está associado a efeitos giroscópicos e o segundo a efeitos centrífugos. Em (11.55), r_{0x} e r_{0z} são componentes cartesianas do vetor-posição $\mathbf{r}_{A0}$ (ver Figura 11.9) referidas à mesma base do sistema local da barra.

11.4 Elemento retangular de quatro nós da elasticidade linear plana

O elemento finito retangular de quatro nós, estudado em 11.4.1, foi escolhido para este texto introdutório por ser simples e permitir a fácil aplicação da formulação geral desenvolvida na Seção 11.1, muito embora haja elementos finitos mais eficientes para o estudo da elasticidade plana.

11.4.1 Matrizes de rigidez e massa no sistema local

Considere-se, agora, o elemento retangular de quatro nós da elasticidade linear plana representado na Figura 11.10, com dois graus de liberdade por nó.

A interpolação dos deslocamentos se faz com:

$$\mathbf{u} = \mathbf{H}\boldsymbol{\upsilon}, \tag{11.56}$$

sendo

$$\boldsymbol{\upsilon}^T = \begin{bmatrix} u_1 & v_1 & u_2 & v_2 & u_3 & v_3 & u_4 & v_4 \end{bmatrix}. \tag{11.57}$$

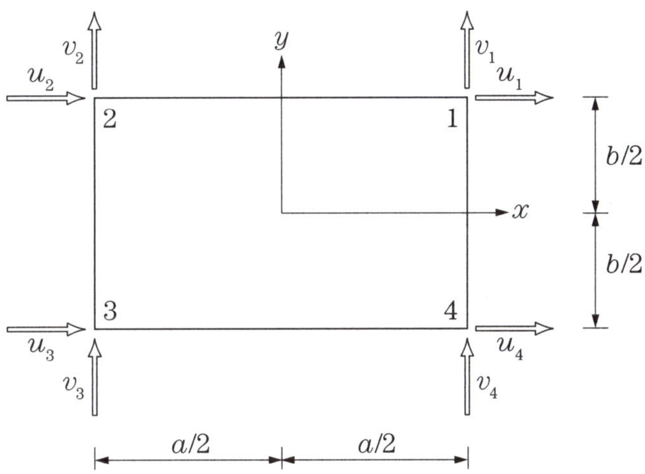

Figura 11.10
Elemento retangular de quatro nós da elasticidade plana.

A matriz **H** das funções de interpolação é dada por

$$\mathbf{H} = \begin{bmatrix} h_1(x,y) & 0 & h_2(x,y) & 0 & h_3(x,y) & 0 & h_4(x,y) & 0 \\ 0 & h_1(x,y) & 0 & h_2(x,y) & 0 & h_3(x,y) & 0 & h_4(x,y) \end{bmatrix} \tag{11.58}$$

com

$$\begin{aligned} h_1(x,y) &= \frac{1}{4}\left(1 + \frac{2x}{a}\right)\left(1 + \frac{2y}{b}\right), \\ h_2(x,y) &= \frac{1}{4}\left(1 - \frac{2x}{a}\right)\left(1 + \frac{2y}{b}\right), \\ h_3(x,y) &= \frac{1}{4}\left(1 - \frac{2x}{a}\right)\left(1 - \frac{2y}{b}\right), \\ h_4(x,y) &= \frac{1}{4}\left(1 + \frac{2x}{a}\right)\left(1 - \frac{2y}{b}\right). \end{aligned} \tag{11.59}$$

As relações deformações-deslocamentos para um ponto genérico $P \equiv (x, y)$, que permitem definir $\boldsymbol{\partial}_{\varepsilon}$ e **B**, escrevem-se da seguinte forma:

$$\boldsymbol{\varepsilon} = \begin{Bmatrix} \varepsilon_{xx} \\ \varepsilon_{yy} \\ \gamma_{xy} \end{Bmatrix} = \begin{bmatrix} \dfrac{\partial}{\partial x} & 0 \\ 0 & \dfrac{\partial}{\partial y} \\ \dfrac{\partial}{\partial y} & \dfrac{\partial}{\partial x} \end{bmatrix} \begin{Bmatrix} u \\ v \end{Bmatrix} = \boldsymbol{\partial}_{\varepsilon} \mathbf{u}, \tag{11.60}$$

onde

$$\boldsymbol{\partial}_{\varepsilon} = \begin{bmatrix} \dfrac{\partial}{\partial x} & 0 \\ 0 & \dfrac{\partial}{\partial y} \\ \dfrac{\partial}{\partial y} & \dfrac{\partial}{\partial x} \end{bmatrix}. \tag{11.61}$$

Assim, de (11.56), e considerando-se (11.57), tem-se

$$\boldsymbol{\varepsilon} = \boldsymbol{\partial}_{\varepsilon} \mathbf{H} \boldsymbol{\upsilon} = \mathbf{B} \boldsymbol{\upsilon}, \tag{11.62}$$

onde se reconhece a matriz **B** indicada em (11.15):

$$\mathbf{B} = \begin{bmatrix} \dfrac{\partial h_1}{\partial x} & 0 & \dfrac{\partial h_2}{\partial x} & 0 & \dfrac{\partial h_3}{\partial x} & 0 & \dfrac{\partial h_4}{\partial x} & 0 \\ 0 & \dfrac{\partial h_1}{\partial y} & 0 & \dfrac{\partial h_2}{\partial y} & 0 & \dfrac{\partial h_3}{\partial y} & 0 & \dfrac{\partial h_4}{\partial y} \\ \dfrac{\partial h_1}{\partial y} & \dfrac{\partial h_1}{\partial x} & \dfrac{\partial h_2}{\partial y} & \dfrac{\partial h_2}{\partial x} & \dfrac{\partial h_3}{\partial y} & \dfrac{\partial h_3}{\partial x} & \dfrac{\partial h_4}{\partial y} & \dfrac{\partial h_4}{\partial x} \end{bmatrix}. \tag{11.63}$$

Já a matriz $\boldsymbol{C}$, recordando (10.60) e considerando estado plano de tensão, pode ser expressa em função das constantes elásticas E e ν (respectivamente, módulo de Young e coeficiente de Poisson):

$$\boldsymbol{C} = \frac{E}{1-\nu^2} \begin{bmatrix} 1 & \nu & 0 \\ \nu & 1 & 0 \\ 0 & 0 & \dfrac{1-\nu}{2} \end{bmatrix}. \tag{11.64}$$

Portanto, a partir de (11.16), a matriz de rigidez do elemento retangular, expressa no seu sistema local, para estado plano de tensão, resulta

$$\mathbf{k} = \int_V \mathbf{B}^T \mathcal{C} \mathbf{B}\, dV = e \int_{-\frac{a}{2}}^{\frac{a}{2}} \int_{-\frac{b}{2}}^{\frac{b}{2}} \mathbf{B}^T \mathcal{C} \mathbf{B}\, dy\, dx, \tag{11.65}$$

sendo e a espessura do elemento. Efetuados os cálculos, chega-se a

$$\mathbf{k} = \begin{bmatrix} k_{11} & k_{12} & k_{13} & k_{14} & k_{15} & k_{16} & k_{17} & k_{18} \\ & k_{22} & k_{23} & k_{24} & k_{25} & k_{26} & k_{27} & k_{28} \\ & & k_{33} & k_{34} & k_{35} & k_{36} & k_{37} & k_{38} \\ & & & k_{44} & k_{45} & k_{46} & k_{47} & k_{48} \\ & & & & k_{55} & k_{56} & k_{57} & k_{58} \\ & \text{simétrica} & & & & k_{66} & k_{67} & k_{68} \\ & & & & & & k_{77} & k_{78} \\ & & & & & & & k_{88} \end{bmatrix}, \tag{11.66}$$

onde

$$\begin{aligned}
k_{11} = k_{33} = k_{55} = k_{77} &= \frac{Ee}{12(1-\nu^2)}\left[\frac{4b}{a} + \frac{2a(1-\nu)}{b}\right] \\
k_{22} = k_{44} = k_{66} = k_{88} &= \frac{Ee}{12(1-\nu^2)}\left[\frac{4a}{b} + \frac{2b(1-\nu)}{a}\right] \\
k_{13} = k_{57} &= \frac{Ee}{12(1-\nu^2)}\left[-\frac{4b}{a} + \frac{a(1-\nu)}{b}\right] \\
k_{24} = k_{68} &= \frac{Ee}{12(1-\nu^2)}\left[\frac{2a}{b} - \frac{2b(1-\nu)}{a}\right] \\
k_{17} = k_{35} &= \frac{Ee}{12(1-\nu^2)}\left[\frac{2b}{a} - \frac{2a(1-\nu)}{b}\right] \\
k_{28} = k_{46} &= \frac{Ee}{12(1-\nu^2)}\left[-\frac{4a}{b} + \frac{b(1-\nu)}{a}\right] \\
-k_{15} = -k_{37} &= \frac{Ee}{12(1-\nu^2)}\left[\frac{2b}{a} + \frac{a(1-\nu)}{b}\right] \\
-k_{26} = -k_{48} &= \frac{Ee}{12(1-\nu^2)}\left[\frac{2a}{b} + \frac{b(1-\nu)}{a}\right] \\
k_{12} = -k_{16} = -k_{25} = -k_{34} = k_{38} = k_{47} = k_{56} = -k_{78} &= \frac{Ee}{12(1-\nu^2)}\left[\frac{3(1+\nu)}{2}\right] \\
-k_{14} = k_{18} = k_{23} = -k_{27} = -k_{36} = k_{45} = -k_{58} = k_{67} &= \frac{Ee}{12(1-\nu^2)}\left[\frac{3(1-3\nu)}{2}\right].
\end{aligned} \tag{11.67}$$

Para estado plano de deformação, a matriz (11.66) também pode ser utilizada desde que se considere, no lugar de E e ν reais, as constantes elásticas efetivas:

$$E_* = \frac{E}{1-\nu^2}, \tag{11.68}$$

$$\nu_* = \frac{\nu}{1-\nu}. \tag{11.69}$$

Já a matriz de massa, no sistema local, pode ser obtida diretamente de (11.11):

$$\mathbf{m} = \frac{m}{36}\begin{bmatrix} 4 & 0 & 2 & 0 & 1 & 0 & 2 & 0 \\ & 4 & 0 & 2 & 0 & 1 & 0 & 2 \\ & & 4 & 0 & 2 & 0 & 1 & 0 \\ & & & 4 & 0 & 2 & 0 & 1 \\ & & & & 4 & 0 & 2 & 0 \\ & \text{simétrica} & & & & 4 & 0 & 2 \\ & & & & & & 4 & 0 \\ & & & & & & & 4 \end{bmatrix}, \tag{11.70}$$

sendo $m = \rho abe$ a massa do elemento.

11.5 Exemplos de formulação das equações matriciais do movimento

Aqui se apresentam mais alguns exemplos de formulação das equações de movimento, tirando partido do conhecimento das seções anteriores, em que foram apresentadas formulações matriciais de movimento e estudadas as matrizes elementais para barra 2D e para elasticidade plana.

EXEMPLO 29 Viga contínua inextensível com pêndulo rígido acoplado elasticamente

Estuda-se a viga contínua inextensível com dois vãos de comprimento ℓ, massa por unidade de comprimento $\mu = \rho A$, sendo ρ a massa específica e A a área da seção transversal, e produto de rigidez à flexão EI, à qual se acopla, por meio de uma mola rotacional elástica de coeficiente de rigidez K_2, um pêndulo rígido de massa M e comprimento de haste a, submetida à ação do torque R_1, conforme indica a Figura 11.11. O conjunto está montado em um plano horizontal, de sorte que as forças gravitacionais não participam da análise.

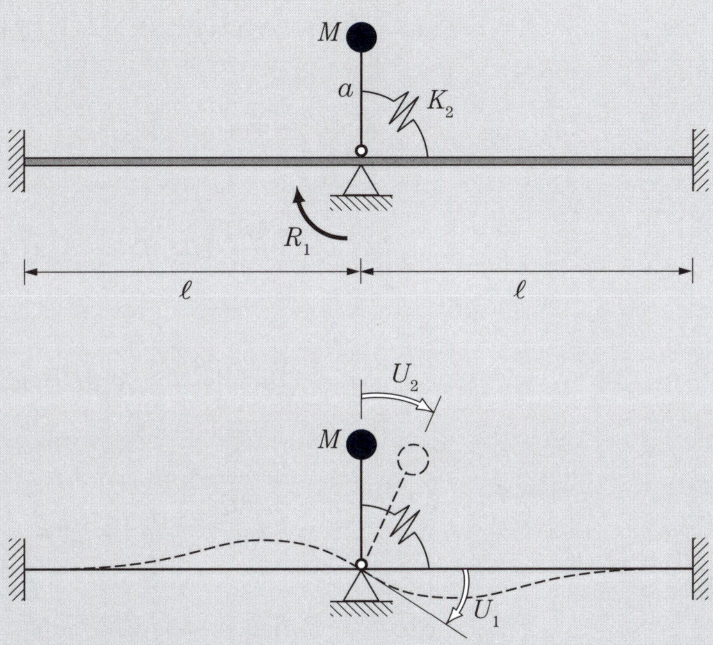

Figura 11.11
Viga contínua inextensível com pêndulo rígido acoplado elasticamente.

Cada um dos tramos da viga contínua comporta-se como uma barra biengastada submetida a uma rotação U_1, sendo esse o único grau de liberdade da viga contínua, de sorte que o campo de deslocamentos transversais fica definido por $U_1 h_6(x)$, para o lado à esquerda do apoio, ou por $U_1 h_3(x)$, para o lado à direita do apoio – ver a Figura 11.8. Já o pêndulo rígido introduz outro grau de liberdade, correspondente à rotação U_2 da mola rotacional que o acopla à viga contínua. Dessa forma, podem ser determinados a energia cinética, a energia potencial total e o trabalho virtual do torque R_1, como se indica:

$$\mathcal{T} = \frac{1}{2}\int_0^{\ell} \mu\left[\dot{U}_1 h_6(x)\right]^2 dx + \frac{1}{2}\int_0^{\ell} \mu\left[\dot{U}_1 h_3(x)\right]^2 dx + \frac{1}{2} M\left(\dot{U}_2 a\right)^2 \quad (11.71)$$

$$\mathcal{T} = \left(\frac{\mu\ell^3}{105}\right)(\dot{U}_1)^2 + \frac{1}{2}(Ma^2)(\dot{U}_2)^2 \tag{11.72}$$

$$\frac{d}{dt}\left(\frac{\partial \mathcal{T}}{\partial \dot{U}_1}\right) = \left(\frac{2\mu\ell^3}{105}\right)\ddot{U}_1 \quad \text{e} \quad \frac{\partial \mathcal{T}}{\partial U_1} = 0; \tag{11.73}$$

$$\frac{d}{dt}\left(\frac{\partial \mathcal{T}}{\partial \dot{U}_2}\right) = (Ma^2)\ddot{U}_2 \quad \text{e} \quad \frac{\partial \mathcal{T}}{\partial U_2} = 0. \tag{11.74}$$

$$\mathcal{V} = \frac{1}{2}\int_0^\ell EI\,[U_1 h_6''(x)]^2\,dx + \frac{1}{2}\int_0^\ell EI\,[U_1 h_3''(x)]^2\,dx + \frac{1}{2}K_2(U_2 - U_1)^2 \tag{11.75}$$

$$\mathcal{V} = \left(\frac{4EI}{\ell}\right)(U_1)^2 + \frac{1}{2}K_2(U_2 - U_1)^2 \tag{11.76}$$

$$\frac{\partial \mathcal{V}}{\partial U_1} = \left(\frac{8EI}{\ell} + K_2\right)U_1 - K_2 U_2; \tag{11.77}$$

$$\frac{\partial \mathcal{V}}{\partial U_2} = -K_2 U_1 + K_2 U_2; \tag{11.78}$$

$$\delta\mathcal{W}^{nc} = R_1\delta U_1 \quad \Rightarrow \quad N_1 = R_1 \quad \text{e} \quad N_2 = 0. \tag{11.79}$$

Por substituição direta em (10.41), chega-se a:

$$\mathbf{M\ddot{U}} + \mathbf{KU} = \mathbf{R}, \tag{11.80}$$

com

$$\mathbf{M} = \begin{bmatrix} \dfrac{2\mu\ell^3}{105} & 0 \\ 0 & Ma^2 \end{bmatrix}; \tag{11.81}$$

$$\mathbf{K} = \begin{bmatrix} \dfrac{8EI}{\ell} + K_2 & -K_2 \\ -K_2 & K_2 \end{bmatrix}; \tag{11.82}$$

$$\mathbf{R} = \begin{Bmatrix} R_1 \\ 0 \end{Bmatrix}. \tag{11.83}$$

Note-se que o termo $M_{11} = 2\mu\ell^3/105$ da matriz de massa corresponde à soma dos termos m_{33} e m_{66} da matriz de massa do elemento de barra prismática, conforme (11.46); já o termo $M_{22} = Ma^2$ corresponde ao momento de inércia de massa do pêndulo em relação ao eixo em torno do qual se define a rotação U_2. Com relação à matriz de rigidez, a primeira parcela de K_{11}, isto é, $8EI/\ell$, é a soma dos termos k_{33} e k_{66} da matriz de rigidez do elemento de barra prismática, conforme (11.43), sendo os demais termos decorrentes da rigidez da mola rotacional que acopla o pêndulo à viga.

■

EXEMPLO 30 Viga flexível biapoiada com massas concentradas

Considere-se, inicialmente, a viga biapoiada de vão $4a$, prismática, flexível (de produto de rigidez à flexão EI) e imponderável, com duas massas concentradas m, submetida às forças R_1 e R_2, conforme se indica na Figura 11.12.

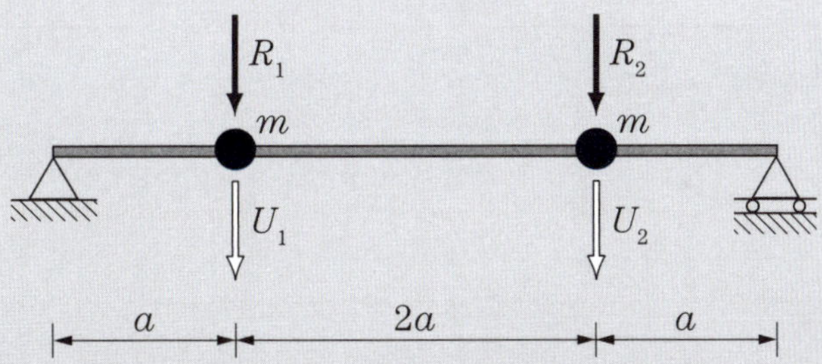

Figura 11.12
Viga biapoiada, prismática, flexível e imponderável, com duas massas concentradas, modelada com dois graus de liberdade.

Se tivessem sido considerados quatro nós, a saber, os das extremidades e os referentes às massas concentradas, o número de graus de liberdade, considerando três por nó, seria igual a doze, dos quais nove seriam livres e três vinculados. Para simplificar a análise, desconsideram-se os graus de liberdade referentes aos deslocamentos axiais (efeito de segunda ordem) e procede-se a uma condensação estática dos graus de liberdade que caracterizam a flexão da viga (rotação e deslocamento transversal), de sorte a ficar apenas com os dois graus de liberdade indicados na Figura 11.12, a saber, os deslocamentos transversais U_1 e U_2. Assim, para se obter a matriz reduzida de rigidez $\mathbf{K}_0$ (referente aos graus de liberdade U_1 e U_2), é mais interessante recorrer ao estratagema de determinar, antes, a matriz de flexibilidade **F** que lhe é associada e, depois, por inversão, a matriz de rigidez reduzida. O significado físico do termo F_{ij} é o do deslocamento segundo o grau de liberdade i, quando uma força unitária é aplicada segundo o grau de liberdade j; alternativamente, é o quociente entre o deslocamento $U_i(R_j)$ e a força R_j que o causou. Pelo teorema dos esforços virtuais (André et al., 2009), impõe-se que o trabalho complementar dos esforços virtuais externos seja igual ao trabalho complementar dos esforços virtuais internos. Assim, para se obterem os termos F_{11} e F_{21}, deve-se aplicar isoladamente a força R_1, como se indica na Figura 11.13, combinando o diagrama (a) com os diagramas (c) e (d), respectivamente.

Figura 11.13

Diagramas de momento fletor para determinação dos coeficientes de flexibilidade.

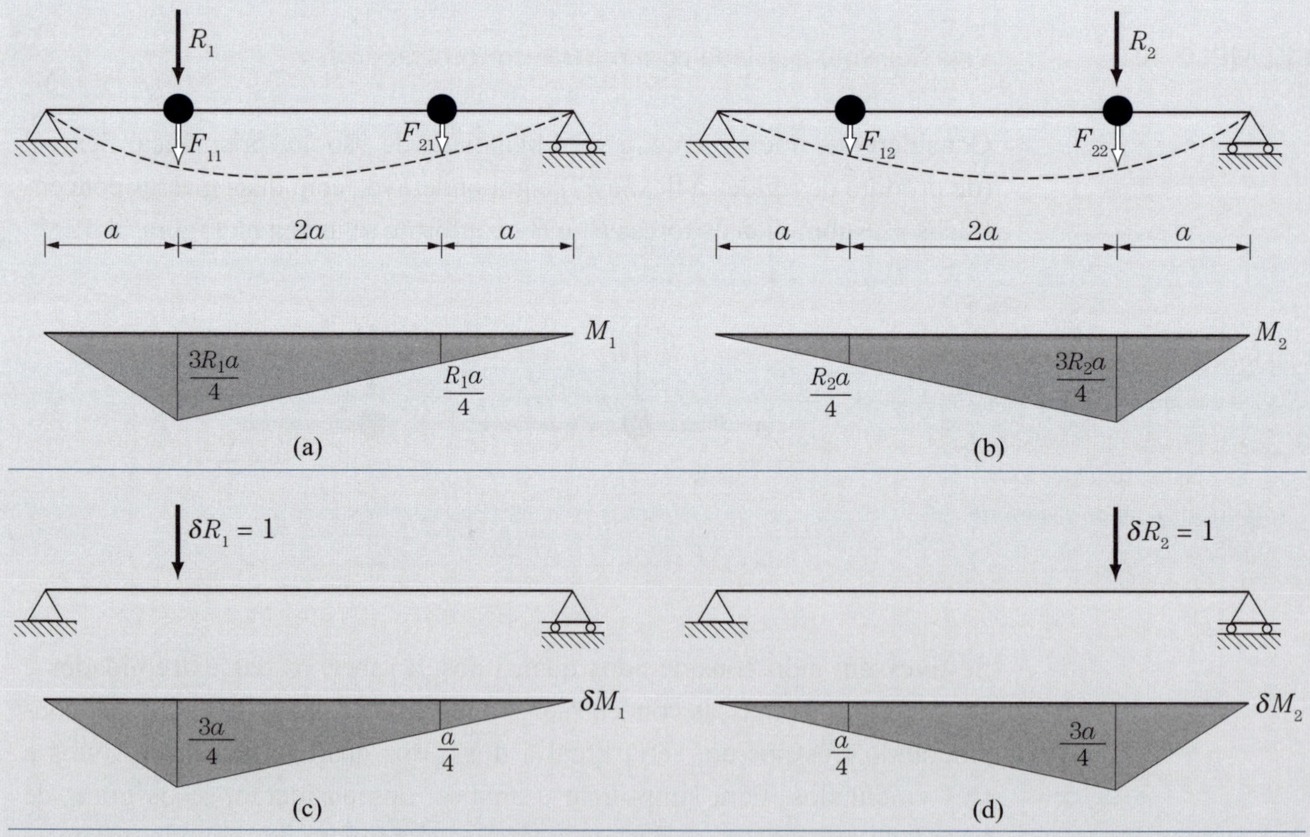

Portanto:

$$\delta R_1 U_1 = 1 \times U_1 = \int_0^{4a} \delta M_1 \frac{M_1}{EI} dx = \frac{3R_1 a^3}{4EI} \Rightarrow F_{11} = \frac{U_1}{R_1} = \frac{3a^3}{4EI}; \tag{11.84}$$

$$\delta R_2 U_2 = 1 \times U_2 = \int_0^{4a} \delta M_2 \frac{M_1}{EI} dx = \frac{7R_1 a^3}{12EI} \Rightarrow F_{21} = \frac{U_2}{R_1} = \frac{7a^3}{12EI}. \tag{11.85}$$

De forma análoga, pode-se determinar a segunda coluna da matriz de flexibilidade conforme se indica na Figura 11.13, combinando o diagrama (b) com os diagramas (c) e (d), respectivamente:

$$F_{12} = \frac{U_1}{R_2} = \frac{7a^3}{12EI}; \tag{11.86}$$

$$F_{22} = \frac{U_2}{R_2} = \frac{3a^3}{4EI}. \tag{11.87}$$

Portanto:

$$\mathbf{F} = \frac{a^3}{12EI} \begin{bmatrix} 9 & 7 \\ 7 & 9 \end{bmatrix} \tag{11.88}$$

e, consequentemente, a matriz de rigidez reduzida é

$$\mathbf{K}_0 = \mathbf{F}^{-1} = \frac{3EI}{8a^3} \begin{bmatrix} 9 & -7 \\ -7 & 9 \end{bmatrix}. \tag{11.89}$$

A matriz de massa, evidentemente, é

$$\mathbf{M} = m \begin{bmatrix} 1 & 0 \\ 0 & 1 \end{bmatrix}, \tag{11.90}$$

e o vetor de forças nodais é

$$\mathbf{R} = \begin{Bmatrix} R_1 \\ R_2 \end{Bmatrix}, \tag{11.91}$$

de sorte que a equação matricial de movimento do sistema fica totalmente caracterizada:

$$\mathbf{M\ddot{U}} + \mathbf{K}_0\mathbf{U} = \mathbf{R}. \tag{11.92}$$

Analisa-se, ainda, a associação da viga flexível com duas molas elásticas lineares de coeficiente de rigidez k e dois amortecedores viscosos e lineares de constante c, conforme representa a Figura 11.14.

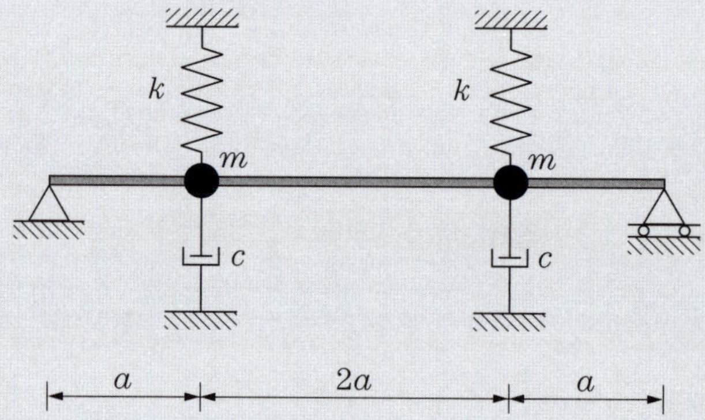

Figura 11.14
Associação da viga flexível com duas molas elásticas e dois amortecedores viscosos e lineares.

A nova equação de movimento passa a ser:

$$\mathbf{M\ddot{U}} + \mathbf{C\dot{U}} + \mathbf{K}_1\mathbf{U} = \mathbf{R}, \tag{11.93}$$

em que a matriz **M** é dada por (11.90), a matriz de amortecimento **C** é

$$\mathbf{C} = c\begin{bmatrix} 1 & 0 \\ 0 & 1 \end{bmatrix} \tag{11.94}$$

e a nova matriz de rigidez $\mathbf{K}_1$ é obtida a partir de $\mathbf{K}_0$, somando-se a rigidez das molas aos termos correspondentes:

$$\mathbf{K}_1 = \frac{3EI}{8a^3}\begin{bmatrix} 9+\alpha & -7 \\ -7 & 9+\alpha \end{bmatrix}, \tag{11.95}$$

com o coeficiente adimensional α definido por

$$\alpha = \frac{8ka^3}{3EI}. \tag{11.96}$$

■

EXEMPLO 31 Pórtico plano simples com massa distribuída

Seja o pórtico da Figura 11.15. Deseja-se obter a equação matricial de movimento para o modelo com os três graus de liberdade indicados, considerando-se as barras inextensíveis, com produto de rigidez EI = 80000 Nm^2, comprimento ℓ = 2 m e massa por unidade de comprimento μ = 50 kg/m.

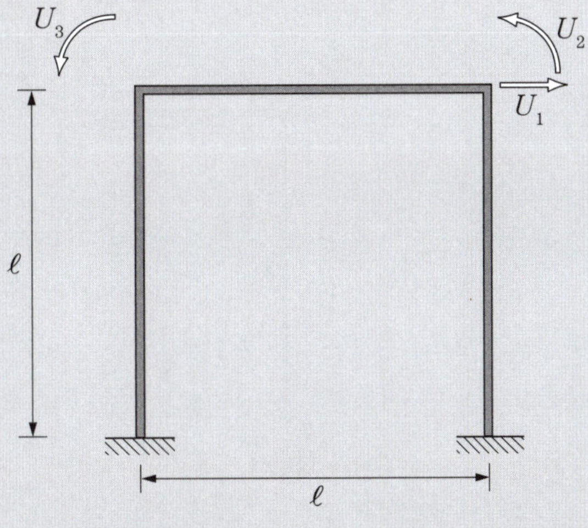

Figura 11.15
Coordenadas generalizadas de pórtico plano simples.

As Figuras 11.16a-c indicam os elementos das colunas 1-3 da matriz de rigidez reduzida (esforços nodais que devem ser aplicados para que ocorram deslocamentos unitários segundo cada coordenada generalizada isoladamente), que podem ser obtidos diretamente a partir de (11.43).

Figura 11.16
Coeficientes da matriz de rigidez.

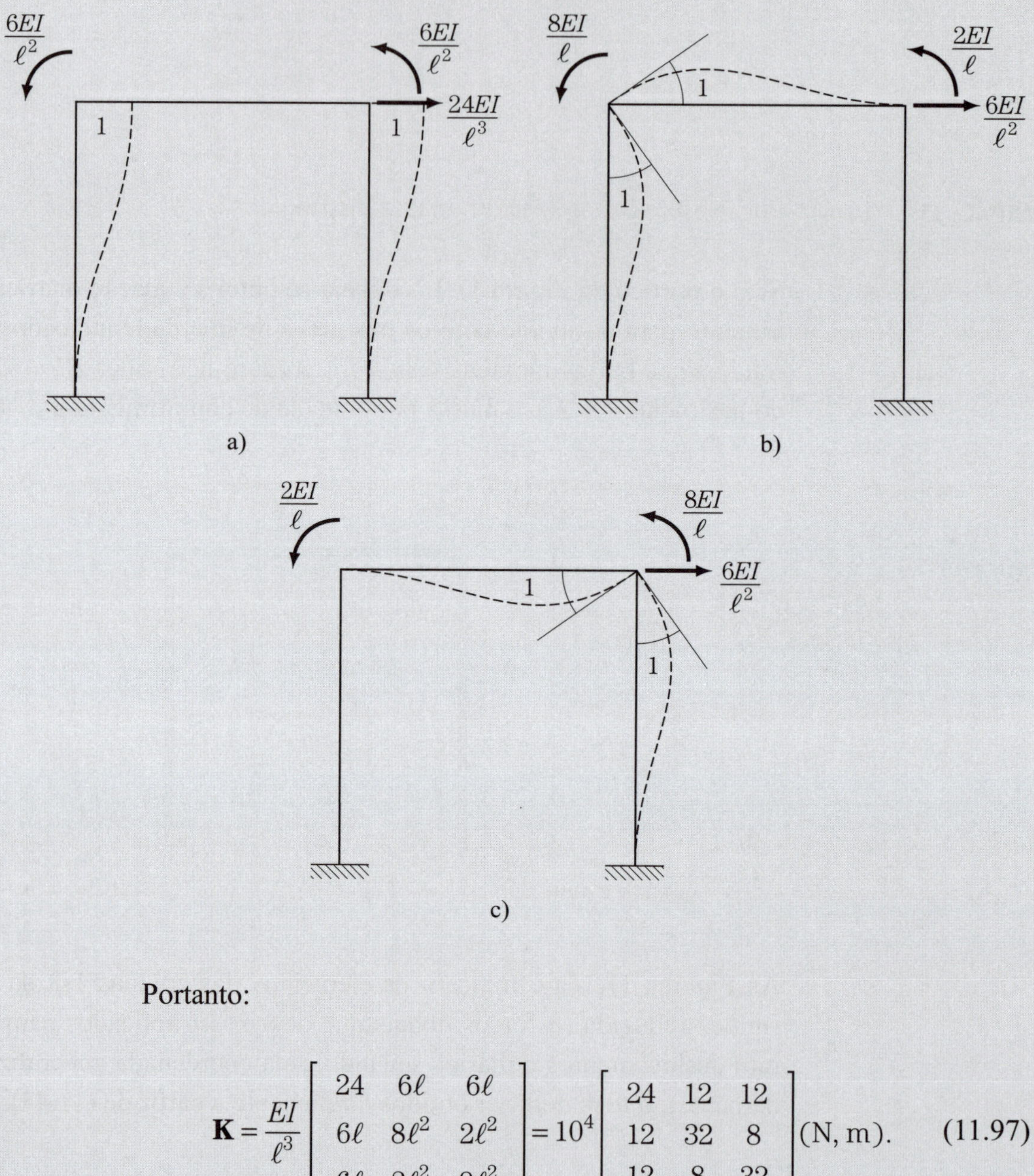

Portanto:

$$\mathbf{K} = \frac{EI}{\ell^3}\begin{bmatrix} 24 & 6\ell & 6\ell \\ 6\ell & 8\ell^2 & 2\ell^2 \\ 6\ell & 2\ell^2 & 8\ell^2 \end{bmatrix} = 10^4\begin{bmatrix} 24 & 12 & 12 \\ 12 & 32 & 8 \\ 12 & 8 & 32 \end{bmatrix}(\mathrm{N,m}). \qquad (11.97)$$

As Figuras 11.17a-c, por sua vez, indicam os elementos das colunas 1-3 da matriz de massa (esforços a serem aplicados para produzir acelerações unitárias segundo cada grau de liberdade isoladamente), que podem ser obtidos diretamente a partir de (11.46) e da consideração do movimento de translação de corpo rígido da barra horizontal.

Figura 11.17
Coeficientes da matriz de massa.

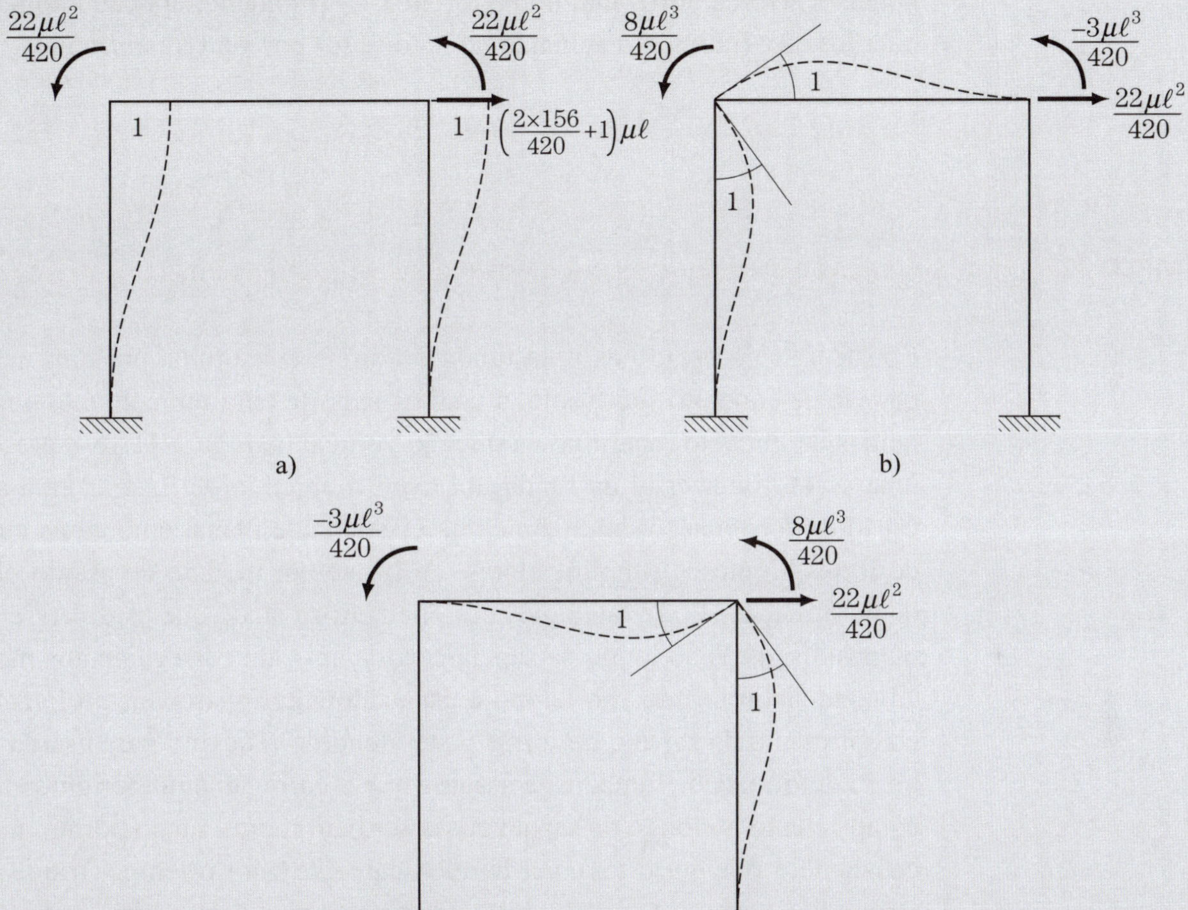

Portanto:

$$\mathbf{M}=\frac{\mu\ell}{420}\begin{bmatrix} 732 & 22\ell & 22\ell \\ 22\ell & 8\ell^2 & -3\ell^2 \\ 22\ell & -3\ell^2 & 8\ell^2 \end{bmatrix}=\begin{bmatrix} 174,29 & 10,48 & 10,48 \\ 10,48 & 7,62 & -2,86 \\ 10,48 & -2,86 & 7,62 \end{bmatrix}(\text{kg, m}). \qquad (11.98)$$

A equação matricial de movimento não amortecido, mais uma vez, assume a forma:

$$\mathbf{M\ddot{U}} + \mathbf{KU} = \mathbf{R}, \tag{11.99}$$

em que o vetor **R** é dado pelas três componentes referentes aos esforços nodais R_1 (força horizontal no nó direito), R_2 (momento aplicado no nó esquerdo) e R_3 (momento aplicado no nó direito) por ventura existentes.

■

EXEMPLO 32 — Fundação de máquina com modelo de elasticidade plana

Considere-se o estudo de uma fundação direta constituída por uma sapata corrida de concreto sobre solo, a qual dá suporte para um conjunto de máquinas de impacto repetitivo na direção vertical. A Figura 11.18 representa uma seção transversal da fundação. Com o objetivo de ilustrar uma aplicação da formulação da dinâmica na elasticidade plana, embora às custas de fortes hipóteses simplificadoras, utiliza-se um modelo de estado plano de deformação. Entre tais hipóteses, incluem-se as de que as diversas máquinas dispostas ao longo da sapata corrida aplicam carregamentos perfeitamente sincronizados no tempo e espacialmente invariáveis ao longo do comprimento da sapata, de forma a ser atendido requisito para estado plano de deformação. Também se assume que o carregamento por unidade de comprimento ao longo da sapata possa ser bem representado por um termo constante e por outro variável harmonicamente com o tempo, o que corresponde a se desprezarem todos os demais termos de sua série de Fourier. Supõe-se, ainda, que tanto o concreto quanto o solo sejam materiais elásticos lineares, homogêneos e isótropos, valendo para eles a lei de Hooke generalizada. Evidentemente, com tão fortes hipóteses, e outras que serão introduzidas ao longo da discussão do problema, não se pode pretender que esse exemplo e os a ele relacionados na sequência do livro sejam modelagens realistas de um problema de fundação de máquinas.

Figura 11.18
Fundação direta constituída por uma sapata corrida sobre solo para máquinas de impacto repetitivo na direção vertical.

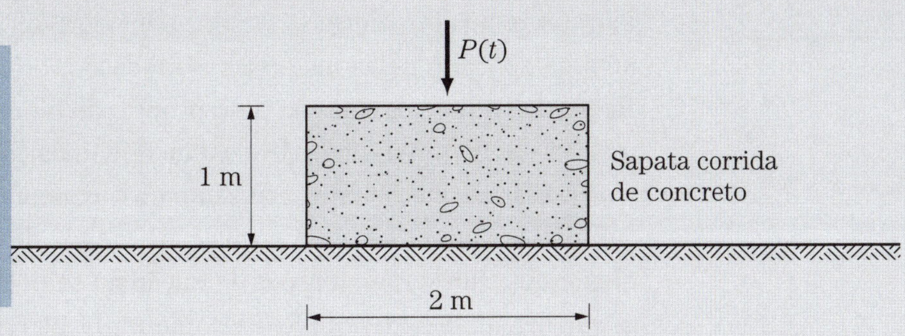

As propriedades mecânicas do concreto são: $E_c = 200 \times 10^8$ Pa (módulo de elasticidade), $\nu_c = 0{,}3$ (coeficiente de Poisson) e $\rho_c = 2{,}5 \times 10^3$ kg/m^3 (massa específica). As do solo são: $E_s = 10^8$ Pa (módulo de elasticidade), $\nu_s = 0{,}3$ (coeficiente de Poisson) e $\rho_s = 1{,}9 \times 10^3$ kg/m^3 (massa específica). Tirando-se partido da simetria do problema, pode-se modelá-lo utilizando a malha de elementos finitos retangulares de elasticidade plana da Figura 11.19, em que se admite, arbitrariamente, a fim de restringir o domínio a ser discretizado, que o solo a mais do que 4 m de profundidade ou 9 m do eixo da sapata não se deforma.

Figura 11.19
Modelo de elementos finitos de estado plano de deformação, discretizando metade do domínio (medidas em m).

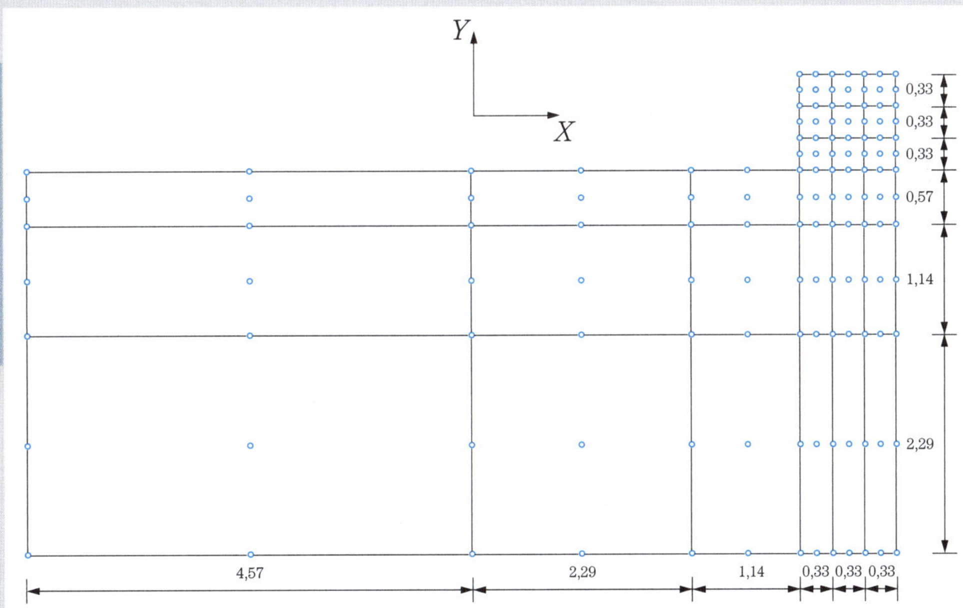

Para os propósitos deste exemplo, considera-se apenas o carregamento dinâmico aplicado pelas máquinas à fundação, ou seja, não serão incluídas as forças de volume devidas ao peso próprio do bloco e do solo. Evidentemente, tratando-se de um modelo de elasticidade linear, vale a superposição de efeitos caso se deseje obter a resposta para a concomitância dos carregamentos. Admite-se que, nessa superposição de efeitos dos carregamentos estáticos e dinâmicos, não surjam tensões de tração no solo. Essa hipótese será oportunamente discutida no Exemplo 40. A Figura 11.20 representa a força de impacto vertical por unidade de comprimento da sapata corrida (em N/m), bem como sua aproximação considerando apenas um termo constante e um harmônico da série de Fourier, conforme já comentado, de sorte que será adotado:

$$P(t) = 50000\left[1+\text{sen}\left(\bar{\omega}t - \frac{\pi}{2}\right)\right] \tag{11.100}$$

Figura 11.20
Força de impacto vertical por unidade de comprimento da sapata corrida e aproximação com dois termos da série de Fourier.

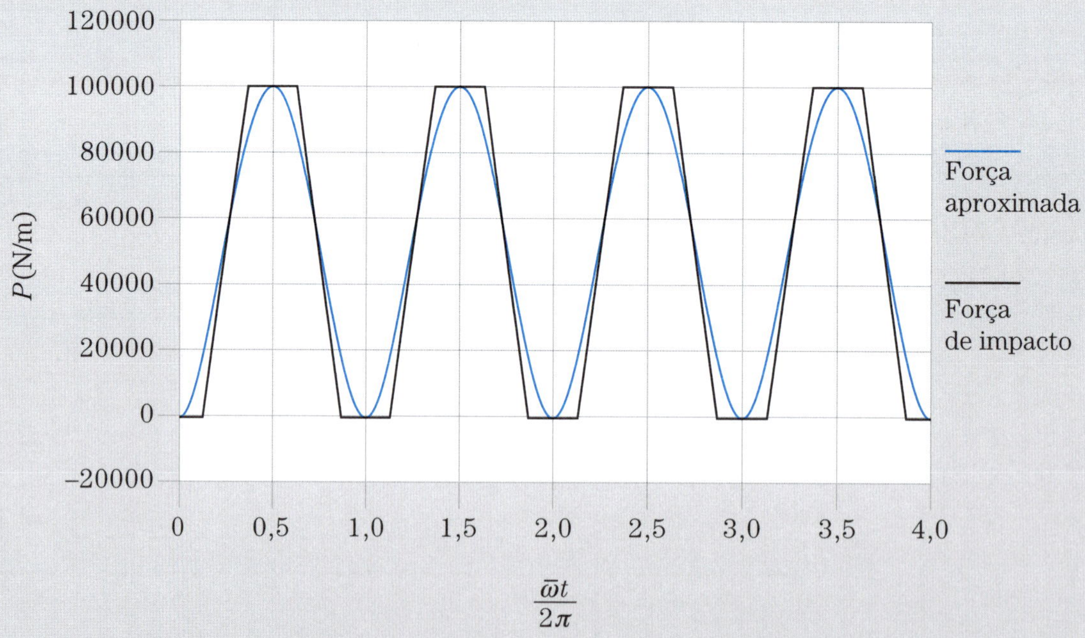

Supõe-se, a título de análise da resposta sob a condição pessimista de ressonância externa, que a frequência forçante $\bar{\omega}$ seja igual à frequência ω_1 do primeiro modo natural de vibração do modelo discreto a ser adotado.

Evidentemente, no projeto deve-se evitar a ocorrência de tal cenário. Ademais, com objetivos meramente pedagógicos, para que a manipulação das equações matriciais de movimento envolva um número pequeno de graus de liberdade livres, no lugar da malha de elementos finitos da Figura 11.19, será aqui considerada, para cálculos manuais, a malha (muito grosseira) mostrada na Figura 11.21. Para os propósitos deste exemplo, deseja-se apenas determinar as matrizes de rigidez, massa e o vetor de cargas nodais do modelo da Figura 11.21. O Exemplo 37 ocupar-se-á da análise modal dos modelos das Figuras 11.19 e 11.21, para efeito de comparação das frequências naturais obtidas, enquanto o Exemplo 40 discutirá apenas a resposta forçada do modelo da Figura 11.21.

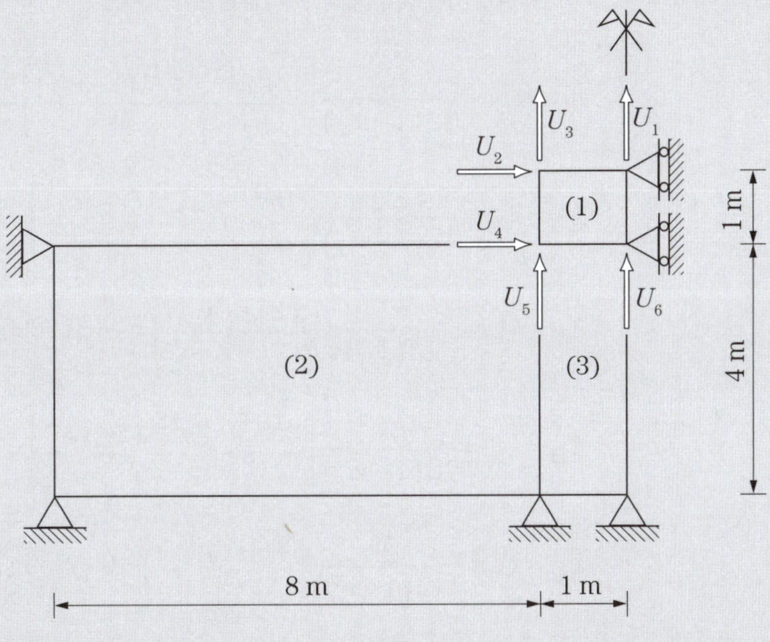

Figura 11.21
Modelo simplificado de elementos finitos de estado plano de deformação com poucos graus de liberdade.

Para a matriz de rigidez de cada elemento finito reporta-se a (11.66) e (11.67), lembrando que, para estado plano de deformação, devem ser utilizados os módulos efetivos, isto é, E_{*c} = 219,780 × 10^8 Pa e ν_{*c} = 0,429 para o concreto, e E_{*s} = 1,099 × 10^8 Pa e ν_{*s} = 0,429 para o solo, conforme (11.68) e (11.69). A matriz reduzida de rigidez do modelo da Figura 11.21, referente aos graus de liberdade livres (U_1 a U_6), pode ser obtida pelo método da colocação, conforme se indica a seguir, tendo sido utilizada a notação k_{ij}^e para designar o coeficiente de rigidez dos graus de liberdade numerados como i e j no sistema local do elemento e. Assim, observando-se que $a^{(1)}$ = 1 m e $b^{(1)}$ = 1 m para o elemento 1 (concreto), $a^{(2)}$ = 8 m e $b^{(2)}$ = 4 m para o elemento 2 (solo), e $a^{(3)}$ = 1 m e $b^{(3)}$ = 4 m para o elemento 3 (solo), vem (em Nm^{-2}):

$$K_{11} = k_{22}^{1} = \frac{E_{*c}}{12\left(1-\nu_{*c}^{2}\right)}\left[\frac{4a^{(1)}}{b^{(1)}} + \frac{2b^{(1)}\left(1-\nu_{*c}\right)}{a^{(1)}}\right] = 11541723297 \tag{11.101}$$

$$K_{12} = k_{23}^{1} = \frac{E_{*c}}{12\left(1-\nu_{*c}^{2}\right)}\left[\frac{3\left(1-3\nu_{*c}\right)}{2}\right] = -966299471$$

$$K_{13} = k_{24}^{1} = \frac{E_{*c}}{12\left(1-\nu_{*c}^{2}\right)}\left[\frac{2a^{(1)}}{b^{(1)}} - \frac{2b^{(1)}\left(1-\nu_{*c}\right)}{a^{(1)}}\right] = 1925865148$$

$$K_{14} = k_{25}^{1} = \frac{E_{*c}}{12\left(1-\nu_{*c}^{2}\right)}\left[\frac{3\left(1+\nu_{*c}\right)}{2}\right] = -4811295972$$

$$K_{15} = k_{26}^{1} = -\frac{E_{*c}}{12\left(1-\nu_{*c}^{2}\right)}\left[\frac{2a^{(1)}}{b^{(1)}} + \frac{b^{(1)}\left(1-\nu_{*c}\right)}{a^{(1)}}\right] = -5770861649$$

$$K_{16} = k_{28}^{1} = \frac{E_{*c}}{12\left(1-\nu_{*c}^{2}\right)}\left[-\frac{4a^{(1)}}{b^{(1)}} + \frac{b^{(1)}\left(1-\nu_{*c}\right)}{a^{(1)}}\right] = -7696726796$$

$$K_{22} = k_{33}^{1} = \frac{E_{*c}}{12\left(1-\nu_{*c}^{2}\right)}\left[\frac{4b^{(1)}}{a^{(1)}} + \frac{2a^{(1)}\left(1-\nu_{*c}\right)}{b^{(1)}}\right] = 11541723297$$

$$K_{23} = k_{34}^{1} = -\frac{E_{*c}}{12\left(1-\nu_{*c}^{2}\right)}\left[\frac{3\left(1+\nu_{*c}\right)}{2}\right] = -4811295972$$

$$K_{24} = k_{35}^{1} = \frac{E_{*c}}{12\left(1-\nu_{*c}^{2}\right)}\left[\frac{2b^{(1)}}{a^{(1)}} - \frac{2a^{(1)}\left(1-\nu_{*c}\right)}{b^{(1)}}\right] = 1925865148$$

$$K_{25} = k_{36}^{1} = -\frac{E_{*c}}{12\left(1-\nu_{*c}^{2}\right)}\left[\frac{3\left(1-3\nu_{*c}\right)}{2}\right] = 966299471$$

$$K_{26} = k_{38}^{1} = \frac{E_{*c}}{12\left(1-\nu_{*c}^{2}\right)}\left[\frac{3\left(1+\nu_{*c}\right)}{2}\right] = 4811295972$$

$$K_{33} = k_{44}^{1} = \frac{E_{*c}}{12\left(1-\nu_{*c}^{2}\right)}\left[\frac{4a^{(1)}}{b^{(1)}} + \frac{2b^{(1)}\left(1-\nu_{*c}\right)}{a^{(1)}}\right] = 11541723297$$

$$K_{34} = k_{45}^{1} = -\frac{E_{*c}}{12\left(1-\nu_{*c}^{2}\right)}\left[\frac{3\left(1-3\nu_{*c}\right)}{2}\right] = -966299471$$

$$K_{35} = k_{46}^{1} = \frac{E_{*c}}{12\left(1-\nu_{*c}^{2}\right)}\left[-\frac{4a^{(1)}}{b^{(1)}} + \frac{b^{(1)}\left(1-\nu_{*c}\right)}{a^{(1)}}\right] = -7696726796$$

$$K_{36}=k_{48}^{1}=-\frac{E_{*c}}{12\left(1-\nu_{*c}^{2}\right)}\left[\frac{2a^{(1)}}{b^{(1)}}+\frac{b^{(1)}\left(1-\nu_{*c}\right)}{a^{(1)}}\right]=-5770861649 \tag{11.101 cont.}$$

$$K_{44}=k_{55}^{1}+k_{11}^{2}+k_{33}^{3}=\frac{E_{*c}}{12\left(1-\nu_{*c}^{2}\right)}\left[\frac{4b^{(1)}}{a^{(1)}}+\frac{2a^{(1)}\left(1-\nu_{*c}\right)}{b^{(1)}}\right]$$
$$+\frac{E_{*s}}{12\left(1-\nu_{*s}^{2}\right)}\left[\frac{4b^{(2)}}{a^{(2)}}+\frac{2a^{(2)}\left(1-\nu_{*s}\right)}{b^{(2)}}\right]$$
$$+\frac{E_{*s}}{12\left(1-\nu_{*s}^{2}\right)}\left[\frac{4b^{(3)}}{a^{(3)}}+\frac{2a^{(3)}\left(1-\nu_{*s}\right)}{b^{(3)}}\right]=11772595605$$

$$K_{45}=k_{56}^{1}+k_{12}^{2}+k_{34}^{3}=\frac{E_{*c}}{12\left(1-\nu_{*c}^{2}\right)}\left[\frac{3\left(1+\nu_{*c}\right)}{2}\right]+\frac{E_{*s}}{12\left(1-\nu_{*s}^{2}\right)}\left[\frac{3\left(1+\nu_{*s}\right)}{2}\right]$$
$$-\frac{E_{*s}}{12\left(1-\nu_{*s}^{2}\right)}\left[\frac{3\left(1+\nu_{*s}\right)}{2}\right]=4811295972$$

$$K_{46}=k_{58}^{1}+k_{32}^{3}=-\frac{E_{*c}}{12\left(1-\nu_{*c}^{2}\right)}\left[\frac{3\left(1-3\nu_{*c}\right)}{2}\right]+\frac{E_{*s}}{12\left(1-\nu_{*s}^{2}\right)}\left[\frac{3\left(1-3\nu_{*s}\right)}{2}\right]=961467534$$

$$K_{55}=k_{66}^{1}+k_{22}^{2}+k_{44}^{3}=\frac{E_{*c}}{12\left(1-\nu_{*c}^{2}\right)}\left[\frac{4a^{(1)}}{b^{(1)}}+\frac{2b^{(1)}\left(1-\nu_{*c}\right)}{a^{(1)}}\right]$$
$$+\frac{E_{*s}}{12\left(1-\nu_{*s}^{2}\right)}\left[\frac{4a^{(2)}}{b^{(2)}}+\frac{2b^{(2)}\left(1-\nu_{*s}\right)}{a^{(2)}}\right]$$
$$+\frac{E_{*s}}{12\left(1-\nu_{*s}^{2}\right)}\left[\frac{4a^{(3)}}{b^{(3)}}+\frac{2b^{(3)}\left(1-\nu_{*s}\right)}{a^{(3)}}\right]=11700419598$$

$$K_{56}=k_{68}^{1}+k_{42}^{3}=\frac{E_{*c}}{12\left(1-\nu_{*c}^{2}\right)}\left[\frac{2b^{(1)}}{a^{(1)}}-\frac{2a^{(1)}\left(1-\nu_{*c}\right)}{b^{(1)}}\right]$$
$$+\frac{E_{*s}}{12\left(1-\nu_{*s}^{2}\right)}\left[\frac{2b^{(3)}}{a^{(3)}}-\frac{2a^{(3)}\left(1-\nu_{*s}\right)}{b^{(3)}}\right]=1880205868$$

$$K_{66}=k_{88}^{1}+k_{22}^{3}=\frac{E_{*c}}{12\left(1-\nu_{*c}^{2}\right)}\left[\frac{4a^{(1)}}{b^{(1)}}+\frac{2b^{(1)}\left(1-\nu_{*c}\right)}{a^{(1)}}\right]$$
$$+\frac{E_{*s}}{12\left(1-\nu_{*s}^{2}\right)}\left[\frac{4a^{(3)}}{b^{(3)}}+\frac{2b^{(3)}\left(1-\nu_{*s}\right)}{a^{(3)}}\right]=11604218594$$

ou seja, lembrando que a matriz de rigidez é simétrica, obtém-se (em Nm^{-2}):

$$\mathbf{K}=10^8\begin{bmatrix} 115,417 & -9,663 & 19,259 & -48,113 & -57,709 & -76,967 \\ -9,663 & 115,417 & -48,113 & 19,259 & 9,663 & 48,113 \\ 19,259 & -48,113 & 115,417 & -9,663 & -76,967 & -57,709 \\ -48,113 & 19,259 & -9,663 & 117,726 & 48,113 & 9,615 \\ -57,709 & 9,663 & -76,967 & 48,113 & 117,004 & 18,802 \\ -76,967 & 48,113 & -57,709 & 9,615 & 18,802 & 116,042 \end{bmatrix}. \quad (11.102)$$

Para a matriz de massa de cada elemento finito, reporta-se à equação (11.70). A matriz reduzida de massa do modelo da Figura 11.21, referente aos graus de liberdade livres (U_1 a U_6), pode ser obtida pelo método da colocação, conforme se indica a seguir, tendo sido utilizada a notação m_{ij}^e para designar o coeficiente de massa dos graus de liberdade numerados como i e j no sistema local do elemento e. Assim, observando-se que $a^{(1)}$ = 1 m e $b^{(1)}$ = 1 m para o elemento 1 (concreto), $a^{(2)}$ = 8 m e $b^{(2)}$ = 4 m para o elemento 2 (solo), e $a^{(3)}$ = 1 m e $b^{(3)}$ = 4 m para o elemento 3 (solo), vem (em kgm^{-1}):

$$M_{11}=m_{22}^1=\frac{\rho_c a^{(1)}b^{(1)}}{9}=278 \quad (11.103)$$

$$M_{12}=m_{23}^1=0$$

$$M_{13}=m_{24}^1=\frac{\rho_c a^{(1)}b^{(1)}}{18}=139$$

$$M_{14}=m_{25}^1=0$$

$$M_{15}=m_{26}^1=\frac{\rho_c a^{(1)}b^{(1)}}{36}=69$$

$$M_{16}=m_{28}^1=\frac{\rho_c a^{(1)}b^{(1)}}{18}=139$$

$$M_{22}=m_{33}^1=\frac{\rho_c a^{(1)}b^{(1)}}{9}=278$$

$$M_{23} = m_{34}^1 = 0 \qquad (11.103) \text{ cont.}$$

$$M_{24} = m_{35}^1 = \frac{\rho_c a^{(1)} b^{(1)}}{18} = 139$$

$$M_{25} = m_{36}^1 = 0$$

$$M_{26} = m_{38}^1 = 0$$

$$M_{33} = m_{44}^1 = \frac{\rho_c a^{(1)} b^{(1)}}{9} = 278$$

$$M_{34} = m_{45}^1 = 0$$

$$M_{35} = m_{46}^1 = \frac{\rho_c a^{(1)} b^{(1)}}{18} = 139$$

$$M_{36} = m_{48}^1 = \frac{\rho_c a^{(1)} b^{(1)}}{36} = 69$$

$$M_{44} = m_{55}^1 + m_{11}^2 + m_{33}^3 = \frac{\rho_c a^{(1)} b^{(1)}}{9} + \frac{\rho_s a^{(2)} b^{(2)}}{9} + \frac{\rho_s a^{(3)} b^{(3)}}{9} = 7878$$

$$M_{45} = m_{56}^1 + m_{12}^2 + m_{34}^3 = 0 + 0 + 0 = 0$$

$$M_{46} = m_{58}^1 + m_{32}^3 = 0 + 0 = 0$$

$$M_{55} = m_{66}^1 + m_{22}^2 + m_{44}^3 = \frac{\rho_c a^{(1)} b^{(1)}}{9} + \frac{\rho_s a^{(2)} b^{(2)}}{9} + \frac{\rho_s a^{(3)} b^{(3)}}{9} = 7878$$

$$M_{56} = m_{68}^1 + m_{42}^3 = \frac{\rho_c a^{(1)} b^{(1)}}{18} + \frac{\rho_s a^{(3)} b^{(3)}}{18} = 561$$

$$M_{66} = m_{88}^1 + m_{22}^3 = \frac{\rho_c a^{(1)} b^{(1)}}{9} + \frac{\rho_s a^{(3)} b^{(3)}}{9} = 1122$$

ou, lembrando que a matriz de massa é simétrica, obtém-se (em kgm^{-1}):

$$\mathbf{M} = \begin{bmatrix} 278 & 0 & 139 & 0 & 69 & 139 \\ 0 & 278 & 0 & 139 & 0 & 0 \\ 139 & 0 & 278 & 0 & 139 & 69 \\ 0 & 139 & 0 & 7878 & 0 & 0 \\ 69 & 0 & 139 & 0 & 7878 & 561 \\ 139 & 0 & 69 & 0 & 561 & 1122 \end{bmatrix}. \qquad (11.104)$$

Finalmente, o vetor **R** das forças nodais ativas, considerando a simetria do modelo, é dado por:

$$\mathbf{R} = \mathbf{R}_0 \left[1 + \text{sen}\left(\bar{\omega} t - \frac{\pi}{2}\right)\right], \qquad (11.105)$$

com

$$\mathbf{R}_0 = \begin{Bmatrix} -25.000 \\ 0 \\ 0 \\ 0 \\ 0 \end{Bmatrix} (\text{em Nm}^{-1}). \qquad (11.106)$$

■

12 VIBRAÇÕES LIVRES EM SISTEMAS COM VÁRIOS GRAUS DE LIBERDADE: ANÁLISE MODAL

Denomina-se análise modal à determinação dos modos e frequências naturais de um modelo estrutural.

Discute-se, inicialmente, o problema das vibrações livres em sistemas não amortecidos nas Seções 12.1 e 12.2. Na Seção 12.3 e no Apêndice são discutidos os sistemas amortecidos.

12.1 Sistemas não amortecidos

Retoma-se, aqui, a equação (11.20) para o caso em que as forças nodais **R** são nulas e o sistema não é amortecido, isto é, $\mathbf{C} = \mathbf{0}$. As vibrações são causadas por condições cinemáticas não simultaneamente nulas em $t = 0$. Nessas circunstâncias,

$$\mathbf{M}\ddot{\mathbf{U}} + \mathbf{K}\mathbf{U} = \mathbf{0}, \tag{12.1}$$

com

$$\mathbf{U}(\mathbf{0}) = \mathbf{U_0} \quad \text{e} \quad \dot{\mathbf{U}}(\mathbf{0}) = \dot{\mathbf{U}}_\mathbf{0}. \tag{12.2}$$

A solução de (12.1) pode ser escrita na forma:

$$\mathbf{U} = \hat{\mathbf{U}}\cos(\omega t - \theta). \tag{12.3}$$

Substituindo-se (12.3) em (12.1), e considerando-se que a condição obtida deva valer para qualquer instante t, tem-se:

$$(\mathbf{K} - \omega^2\mathbf{M})\hat{\mathbf{U}} = \mathbf{0}. \tag{12.4}$$

Observa-se que o sistema de equações diferenciais (12.1) fica agora substituído pelo sistema de equações algébricas lineares (12.4), que admite a solução trivial $\hat{\mathbf{U}} = \mathbf{0}$. Para que, além da solução trivial, o sistema (12.4) possa admitir também outras soluções para condições iniciais (12.2) genéricas, é necessário impor-se:

$$\left|\mathbf{K} - \omega^2\mathbf{M}\right| = 0. \tag{12.5}$$

Evidentemente, pressupõe-se que o modelo estrutural esteja adequadamente vinculado para evitar movimentos de corpo rígido. As matrizes **M** (sempre) e **K** (nos casos usuais, para vibração em torno de configurações estáveis de equilíbrio) são simétricas e positivo-definidas.

Obtém-se de (12.5) uma equação polinomial de grau n na variável ω^2 — onde n é o número de graus de liberdade do modelo e, ainda, a ordem das matrizes **K** e **M** —, que é conhecida como equação de frequência. As n soluções ω_i dessa equação são reais e positivas, e denominam-se frequências naturais não amortecidas. Usualmente, denota-se por ω_1 a menor delas, ω_2 a imediatamente maior e assim sucessivamente até ω_n, que é a maior de todas.

Uma maneira alternativa de estabelecer a equação de frequência é a que decorre do problema clássico de autovalores da matriz **A**, com $\lambda = \omega^2$:

$$\left|\mathbf{A} - \lambda\mathbf{I}\right| = 0, \tag{12.6}$$

sendo

$$\mathbf{A} = \mathbf{M}^{-1}\mathbf{K}. \tag{12.7}$$

Para cada uma das frequências naturais ω_i, pode-se determinar a forma espacial que caracteriza o correspondente modo de vibração, devendo-se retomar (12.4) na forma

$$\mathbf{E_i}\mathbf{\hat{U}_i} = \mathbf{0}, \tag{12.8}$$

com

$$\mathbf{E_i} = \mathbf{K} - \omega_i^2\mathbf{M}. \tag{12.9}$$

Naturalmente, o padrão de vibração caracterizado por $\mathbf{\hat{U}_i}$, referente ao modo i, solução de (12.8), pressupõe que tenham sido dadas condições iniciais precisas que "coloquem" o sistema a vibrar segundo aquele modo; caso contrário, outros modos contaminariam a resposta. Os modos de vibração não amortecidos são caracterizados por movimento síncrono, ou seja, os deslocamentos de todos os seus pontos atingem simultaneamente seus valores máximos; um quarto do período de vibração após a ocorrência dos máximos, os deslocamentos de todos os pontos se anulam; mais um quarto de período e os deslocamentos de todos os pontos atingem seus mínimos; e assim sucessivamente. Notam-se, ainda, pontos que permanecem fixos durante o movimento, sendo denominados "nós", e aqueles que apresentam as maiores amplitudes de deslocamento, sendo denominados "ventres". Uma "fotografia" tirada em um instante que não coincida com a situação de deslocamento nulo para todos os pontos revela a forma de vibrar característica daquele modo. Esta, a menos de um fator multiplicador, não se altera ao longo do tempo e caracteriza uma "onda estacionária".

Supondo-se o caso de frequências ω_i distintas entre si, o grau de indeterminação do sistema (12.8) será igual a um. Assim, arbitrando-se o valor unitário para uma das componentes de $\mathbf{\hat{U}_i}$, as demais poderão ser calculadas.

Denomina-se matriz modal Φ à matriz de ordem n que tem para a coluna i as componentes do vetor $\mathbf{\hat{U}_i}$, que será também representado, no que se segue, por Φ_i.

EXEMPLO 33 Frequências e modos naturais de vibração de oscilador massa-mola de dois graus de liberdade

Considere-se o problema da determinação dos dois modos de vibração e das correspondentes frequências naturais do oscilador massa-mola de dois graus de liberdade da Figura 12.1.

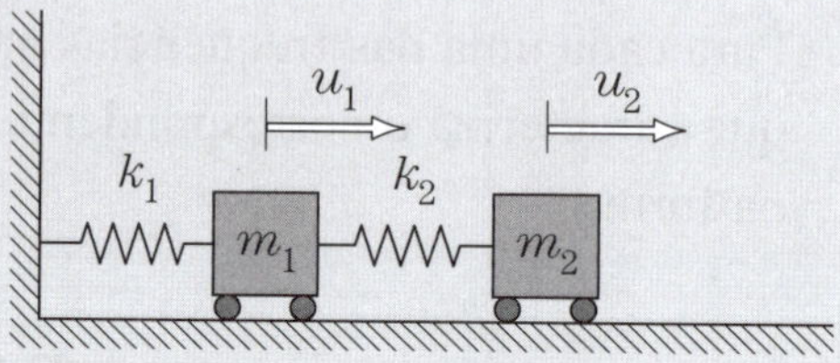

Figura 12.1
Oscilador massa-mola de dois graus de liberdade.

Note-se que se trata de um caso particular do oscilador estudado no Exemplo 28, para o qual já se determinaram as equações de movimento (10.156) e (10.157), que, no caso de vibrações livres ($p_1 = p_2 = 0$) e não amortecidas ($c_1 = c_2 = 0$), podem ser reescritas na forma matricial (12.1), com:

$$\mathbf{M} = \begin{bmatrix} m_1 & 0 \\ 0 & m_2 \end{bmatrix}, \tag{12.10}$$

$$\mathbf{K} = \begin{bmatrix} k_1 + k_2 & -k_2 \\ -k_2 & k_2 \end{bmatrix} \tag{12.11}$$

A equação de frequência (12.5), para esse oscilador, fica:

$$\begin{vmatrix} (k_1 + k_2) - m_1\omega^2 & -k_2 \\ -k_2 & k_2 - m_2\omega^2 \end{vmatrix} = 0. \tag{12.12}$$

Seja, a título de exemplo, o seguinte estudo de caso: $k_1 = k$; $m_1 = m$; $k_2 = 0{,}1k$; e $m_2 = 0{,}1m$. Assim:

$$(1{,}1k - m\omega^2)\ (0{,}1k - 0{,}1m\omega^2) - 0{,}01k^2 = 0 \quad \text{ou} \tag{12.13}$$

$$\left(1{,}1 - \frac{\omega^2}{\omega_0^2}\right)\left(1 - \frac{\omega^2}{\omega_0^2}\right) - 0{,}1 = 0, \tag{12.14}$$

onde $\omega_0^2 = \dfrac{k}{m}$. As frequências naturais são, portanto,

$$\omega_1 \cong 0{,}854\omega_0, \tag{12.15}$$

$$\omega_2 \cong 1{,}171\omega_0. \tag{12.16}$$

A determinação dos modos de vibração se faz mediante (12.8). Já que o sistema é indeterminado, usar-se-á aqui apenas a primeira equação:

$$\left[1{,}1-\left(\frac{\omega_i}{\omega_0}\right)^2\right]\hat{U}_{1i} - 0{,}1\hat{U}_{2i} = 0 \Rightarrow \hat{U}_{1i} = \frac{0{,}1}{1{,}1-\left(\dfrac{\omega_i}{\omega_0}\right)^2}\hat{U}_{2i}. \tag{12.17}$$

Arbitrar-se-á $\hat{U}_{2i} = 1$.

Para o primeiro modo $\left(\dfrac{\omega_1}{\omega_0} = 0{,}854\right)$, resulta $\hat{U}_{11} = 0{,}270156$, e assim o vetor

$$\Phi_1 = \begin{Bmatrix} 0{,}270156 \\ 1 \end{Bmatrix} \tag{12.18}$$

caracteriza o primeiro modo de vibração do sistema (ver Figura 12.2).

Figura 12.2
Primeiro modo de vibração.

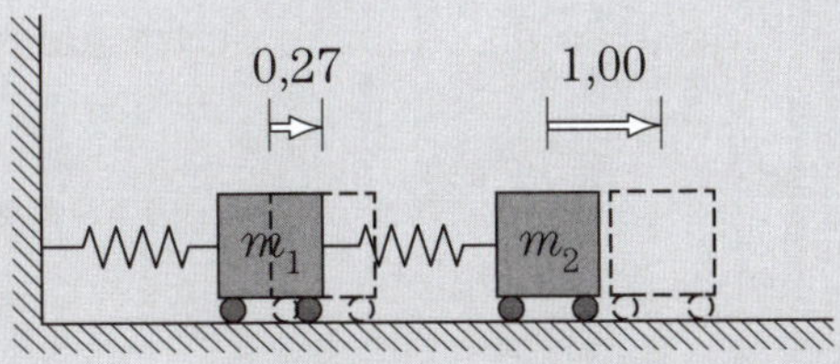

Para o segundo modo $\left(\dfrac{\omega_2}{\omega_0} = 1{,}171\right)$, vem $\hat{U}_{12} = -0{,}370157$, sendo então

$$\Phi_2 = \begin{Bmatrix} -0{,}370157 \\ 1 \end{Bmatrix} \tag{12.19}$$

o vetor que caracteriza o segundo modo (ver Figura 12.3).

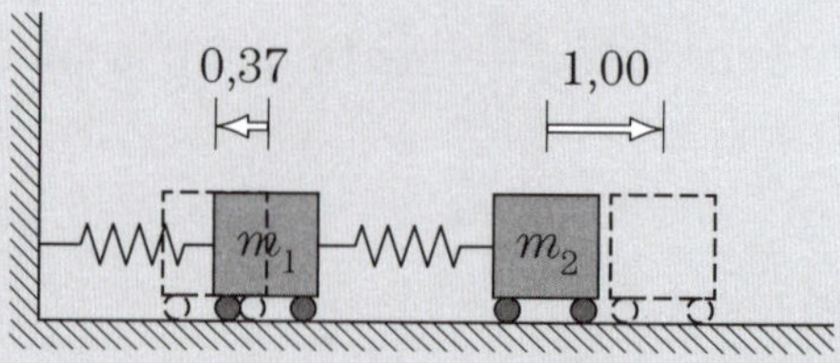

Figura 12.3
Segundo modo de vibração.

Assim, para o exemplo em questão, a matriz modal é dada por:

$$\Phi = \begin{bmatrix} 0,270156 & -0,370157 \\ 1 & 1 \end{bmatrix}. \qquad (12.20)$$

■

EXEMPLO 34

Frequências e modos de vibração de viga contínua inextensível com pêndulo rígido acoplado elasticamente

Seja o sistema do Exemplo 29. Deseja-se determinar os modos e frequências naturais de vibração sem amortecimento para o modelo com os dois graus de liberdade lá indicados. Adotam-se os seguintes valores para os parâmetros do sistema: ℓ = 5m; $EI = 2 \times 10^6$ Nm^2; μ = 52,5 kg/m; a = 1m; M = 6,25 kg e $K_2 = 1,6 \times 10^5$ Nm/rad.

A solução da equação de frequência (12.5) fornece as frequências naturais:

$$\omega_1 = 143,1 \text{ rad/s} \qquad (12.21)$$

$$\omega_2 = 178,9 \text{ rad/s}. \qquad (12.22)$$

Para a determinação dos modos de vibração, consideram-se (12.8) e (12.9). Aqui se arbitrará para a segunda componente do vetor modal $\hat{\mathbf{U}}_\mathbf{i}$ o valor unitário.

Assim, para o primeiro modo, obtém-se

$$\Phi_1 = \begin{Bmatrix} 0,20 \\ 1 \end{Bmatrix}, \qquad (12.23)$$

representado na Figura 12.4.

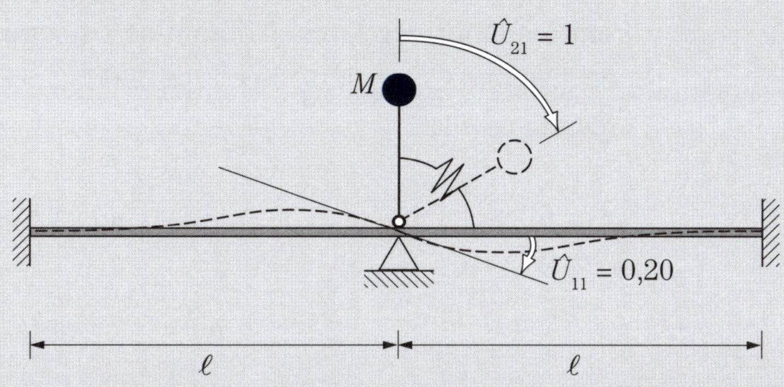

Figura 12.4
Primeiro modo de vibração.

Já para o segundo modo, obtém-se

$$\Phi_2 = \left\{ \begin{array}{c} -0,25 \\ 1 \end{array} \right\}, \tag{12.24}$$

representado na Figura 12.5.

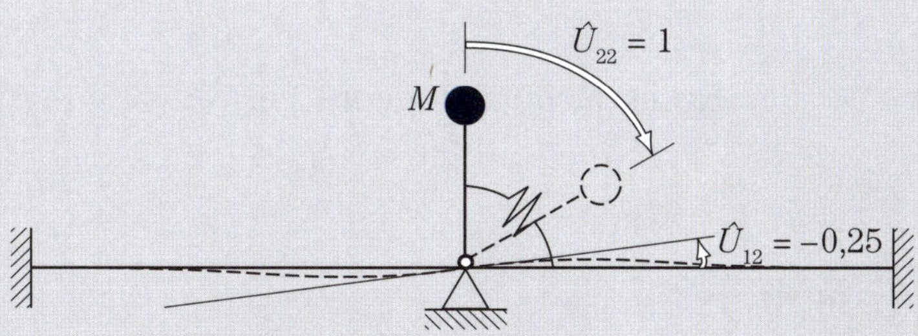

Figura 12.5
Segundo modo de vibração.

A matriz modal Φ, para o exemplo em questão, é dada por:

$$\Phi = \left[\begin{array}{cc} 0,20 & -0,25 \\ 1 & 1 \end{array} \right]. \tag{12.25}$$

■

EXEMPLO 35 Viga flexível associada a dois osciladores massa-mola

Retorna-se ao Exemplo 30, na configuração indicada na Figura 11.14, agora sem os amortecedores. Adotam-se os seguintes valores para os parâmetros do sistema: $EI = 7000$ Nm^2; $m = 480$ kg; $a = 1$m; $k = 31500$ N/m. De (11.96), resulta $\alpha = 12$.

A solução da equação de frequência (12.5) fornece as frequências naturais:

$$\omega_1 = 8{,}75 \text{ rad/s} \tag{12.26}$$

$$\omega_2 = 12{,}37 \text{ rad/s.} \tag{12.27}$$

Para a determinação dos modos de vibração, consideram-se (12.8) e (12.9). Aqui se arbitrará para a primeira componente do vetor modal $\mathbf{\hat{U}_i}$ o valor unitário.

Assim, para o primeiro modo, que é simétrico, obtém-se

$$\Phi_1 = \begin{Bmatrix} 1 \\ 1 \end{Bmatrix}, \tag{12.28}$$

representado na Figura 12.6.

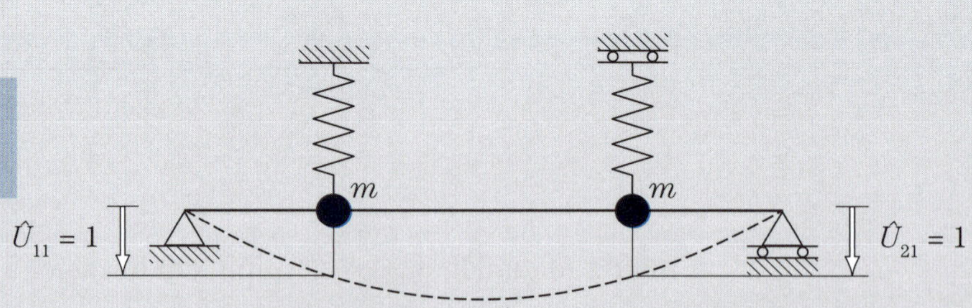

Figura 12.6
Primeiro modo de vibração.

Já para o segundo modo, que é antissimétrico, obtém-se

$$\Phi_2 = \begin{Bmatrix} 1 \\ -1 \end{Bmatrix}, \tag{12.29}$$

representado na Figura 12.7.

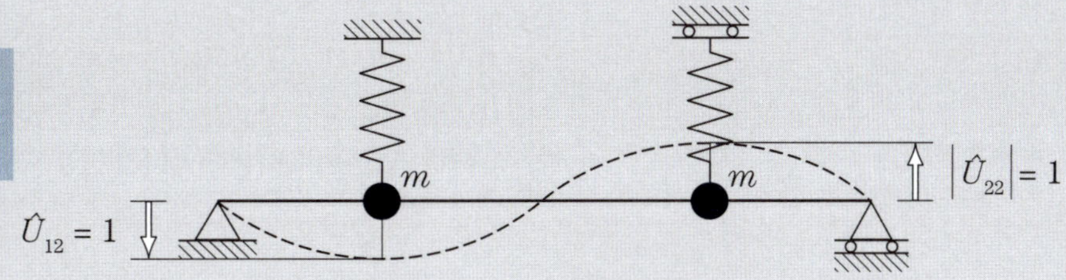

Figura 12.7
Segundo modo de vibração.

A matriz modal Φ, para o exemplo em questão, é dada por:

$$\Phi = \begin{bmatrix} 1 & 1 \\ 1 & -1 \end{bmatrix}. \tag{12.30}$$

■

EXEMPLO 36

Frequências e modos naturais de vibração de pórtico flexível com massa distribuída

Seja o pórtico do Exemplo 31. Deseja-se determinar os modos e frequências naturais de vibração sem amortecimento para o modelo com os três graus de liberdade lá indicados.

A solução da equação de frequência (12.5) fornece as frequências naturais:

$$\omega_1 = 32{,}1 \text{ rad/s} \tag{12.31}$$

$$\omega_2 = 151{,}4 \text{ rad/s} \tag{12.32}$$

$$\omega_3 = 326{,}8 \text{ rad/s}. \tag{12.33}$$

Para a determinação dos modos de vibração, consideram-se (12.8) e (12.9). Aqui se arbitrará para a segunda componente do vetor modal $\mathbf{\hat{U}_i}$ o valor unitário.

Assim, para o primeiro modo, deve-se resolver

$$\begin{bmatrix} 6,04 & 10,92 & 10,92 \\ 10,92 & 31,21 & 8,29 \\ 10,92 & 8,29 & 31,21 \end{bmatrix} \begin{Bmatrix} \hat{U}_{11} \\ 1 \\ \hat{U}_{31} \end{Bmatrix} = \begin{Bmatrix} 0 \\ 0 \\ 0 \end{Bmatrix}, \tag{12.34}$$

obtendo-se $\hat{U}_{11} = -3{,}618$ e $\hat{U}_{31} = 1$. A representação desse modo, que é antissimétrico, é feita graficamente na Figura 12.8.

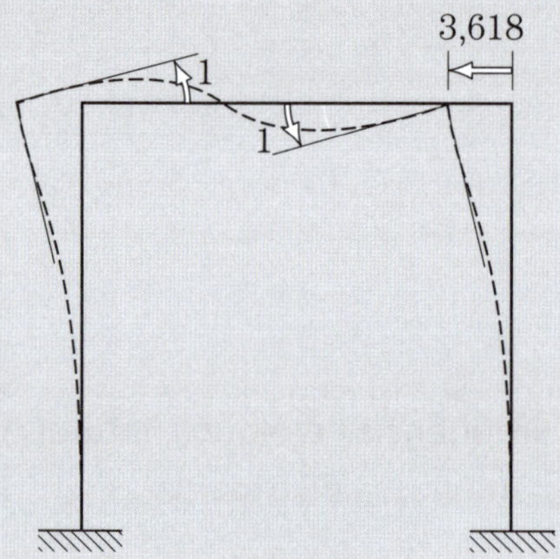

Figura 12.8
Primeiro modo de vibração.

Para o segundo modo, deve-se resolver

$$\begin{bmatrix} -375{,}27 & -12{,}00 & -12{,}00 \\ -12{,}00 & 14{,}55 & 14{,}55 \\ -12{,}00 & 14{,}55 & 14{,}55 \end{bmatrix} \begin{Bmatrix} \hat{U}_{12} \\ 1 \\ \hat{U}_{32} \end{Bmatrix} = \begin{Bmatrix} 0 \\ 0 \\ 0 \end{Bmatrix}, \tag{12.35}$$

obtendo-se $\hat{U}_{12} = 0$ e $\hat{U}_{32} = -1$. A representação gráfica do segundo modo, que é simétrico, está feita na Figura 12.9.

Figura 12.9
Segundo modo de vibração.

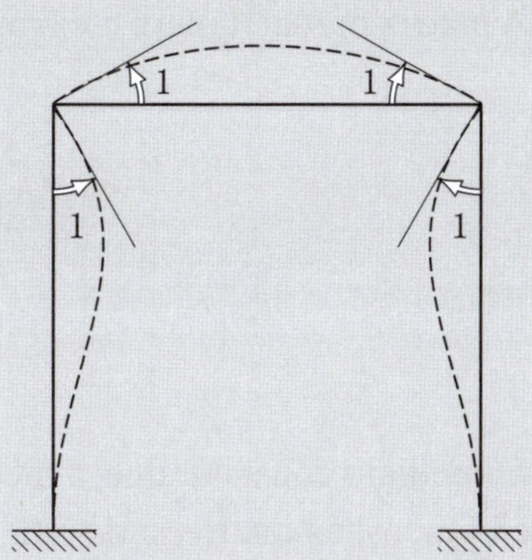

Observe-se que teria sido inadequado arbitrar-se $\hat{U}_{12} = 1$, pois, no segundo modo, esse deslocamento é nulo. É evidente que a eliminação da primeira equação de (12.35) levaria a um sistema em $\hat{U}_{22}$ e $\hat{U}_{32}$ com duas equações idênticas, não permitindo sua solução. Em soluções numéricas que sempre contêm propagação de erros, a inadequada escolha $\hat{U}_{12} = 1$ se manifestaria na forma de um problema mal condicionado.

Finalmente, para o terceiro modo, deve-se resolver

$$\begin{bmatrix} -1837,53 & -99,90 & -99,90 \\ -99,90 & -49,38 & 38,52 \\ -99,90 & 38,52 & -49,38 \end{bmatrix} \begin{Bmatrix} \hat{U}_{13} \\ 1 \\ \hat{U}_{33} \end{Bmatrix} = \begin{Bmatrix} 0 \\ 0 \\ 0 \end{Bmatrix}, \qquad (12.36)$$

obtendo-se $\hat{U}_{13} = -0,109$ e $\hat{U}_{33} = 1$. A representação gráfica do terceiro modo, também antissimétrico, está feita na Figura 12.10.

Figura 12.10
Terceiro modo de vibração.

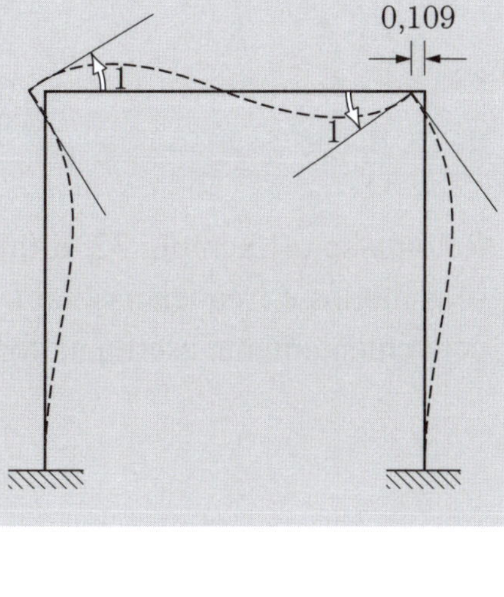

A matriz modal Φ para o exemplo em questão é dada por:

$$\Phi = \begin{bmatrix} -3,618 & 0 & -0,109 \\ 1 & 1 & 1 \\ 1 & -1 & 1 \end{bmatrix}. \tag{12.37}$$

É imediato constatar que, a menos de erros numéricos de arredondamentos já efetuados, as matrizes $\mathbf{M}^*$ e $\mathbf{K}^*$, indicadas abaixo, são diagonais:

$$\mathbf{M}^* = \Phi^T \mathbf{M} \Phi = \begin{bmatrix} 2139 & 0 & 0 \\ 0 & 21 & 0 \\ 0 & 0 & 7 \end{bmatrix}; \tag{12.38}$$

$$\mathbf{K}^* = \Phi^T \mathbf{K} \Phi = \begin{bmatrix} 2204047 & 0 & 0 \\ 0 & 481361 & 0 \\ 0 & 0 & 747588 \end{bmatrix}. \tag{12.39}$$

Efetivamente, esses resultados decorrem das chamadas propriedades de ortogonalidade dos modos de vibração, como se verá a seguir.

■

EXEMPLO 37 — Modos e frequências naturais de um modelo de elasticidade plana de fundação de máquina

Retoma-se o Exemplo 32, a fim de que se possa ilustrar a determinação de seus modos e frequências naturais. A equação de frequência (12.5) pode ser convenientemente escrita na forma (12.40):

$$\begin{vmatrix} 115,417-278\lambda & -9,663 & 19,259-139\lambda & -48,113 & -57,709-69\lambda & -76,967-139\lambda \\ -9,663 & 115,417-278\lambda & -48,113 & 19,259-139\lambda & 9,663 & 48,113 \\ 19,259-139\lambda & -48,113 & 115,417-278\lambda & -9,663 & -76,967-139\lambda & -57,709-69\lambda \\ -48,113 & 19,259-139\lambda & -9,663 & 117,726-7878\lambda & 48,113 & 9,615 \\ 57,709-69\lambda & 9,663 & -76,967-139\lambda & 48,113 & 117,004-7878\lambda & 18,802-561\lambda \\ -76,967-139\lambda & 48,113 & -57,709-69\lambda & 9,615 & 18,802-561\lambda & 116,042-1122\lambda \end{vmatrix} = 0 \qquad (12.40)$$

$$\begin{bmatrix} 115,417-278\lambda_i & -9,663 & 19,259-139\lambda_i & -48,113 & -57,709-69\lambda_i & -76,967-139\lambda_i \\ -9,663 & 115,417-278\lambda_i & -48,113 & 19,259-139\lambda_i & 9,663 & 48,113 \\ 19,259-139\lambda_i & -48,113 & 115,417-278\lambda_i & -9,663 & -76,967-139\lambda_i & -57,709-69\lambda_i \\ -48,113 & 19,259-139\lambda_i & -9,663 & 117,726-7878\lambda_i & 48,113 & 9,615 \\ 57,709-69\lambda_i & 9,663 & -76,967-139\lambda_i & 48,113 & 117,004-7878\lambda_i & 18,802-561\lambda_i \\ -76,967-139\lambda_i & 48,113 & -57,709-69\lambda_i & 9,615 & 18,802-561\lambda_i & 116,042-1122\lambda_i \end{bmatrix} \begin{Bmatrix} \hat{U}_{1i} \\ \hat{U}_{2i} \\ \hat{U}_{3i} \\ \hat{U}_{4i} \\ \hat{U}_{5i} \\ \hat{U}_{6i} \end{Bmatrix} = \begin{Bmatrix} 0 \\ 0 \\ 0 \\ 0 \\ 0 \\ 0 \end{Bmatrix} \qquad (12.41)$$

$$i = 1, 2, \ldots, 6.$$

com

$$\omega^2 = 10^8\lambda. \tag{12.42}$$

A equação polinomial (12.40), de sexto grau em λ (ou ω^2), tem as seguintes raízes, associadas aos respectivos modos de vibração: $\omega_1 = 105$ rads^{-1}, $\omega_2 = 957$ rads^{-1}, $\omega_3 = 2083$ rads^{-1}, $\omega_4 = 5021$ rads^{-1}, $\omega_5 = 7801$ rads^{-1} e $\omega_6 = 8780$ rads^{-1}.

Evidentemente, essas são estimativas grosseiras das primeiras frequências naturais, devido à escolha de uma malha pouco refinada e, consequentemente, um modelo muito rígido. A título de comparação, as dez primeiras frequências do modelo da Figura 11.19, conforme processamentos realizados no programa ADINA (2013), são, respectivamente: $\omega_1 = 90$ rads^{-1}, $\omega_2 = 106$ rads^{-1}, $\omega_3 = 112$ rads^{-1}, $\omega_4 = 136$ rads^{-1}, $\omega_5 = 181$ rads^{-1}, $\omega_6 = 193$ rads^{-1}, $\omega_7 = 200$ rads^{-1}, $\omega_8 = 245$ rads^{-1}, $\omega_9 = 255$ rads^{-1} e $\omega_{10} = 278$ rads^{-1}.

Observa-se que as frequências dos modos 2 a 6 do modelo referente à malha grosseira da Figura 11.21 corresponderiam a modos muito mais rígidos do que os referentes à malha mais refinada da Figura 11.19. Portanto, para os efeitos didáticos deste texto, será discutido apenas o primeiro modo do modelo da Figura 11.21, pois os demais careceriam de melhor significado. Como o carregamento dinâmico a ser considerado no Exemplo 32 é ressonante com o primeiro modo, os demais modos não teriam mesmo grande importância na análise da resposta. Constata-se, porém, que, mesmo para o primeiro modo, há um desvio de aproximadamente 17% entre as frequências encontradas nos dois modelos.

Voltando ao modelo da Figura 11.21, para a determinação dos modos de vibração, consideram-se (12.8) e (12.9). Assim, deve-se resolver o sistema indeterminado da equação (12.41).

Para o primeiro modo, com $\hat{U}_{61} = 1$, obtêm-se: $\hat{U}_{11} = 1{,}0000$, $\hat{U}_{21} = -0{,}0002$, $\hat{U}_{31} = 0{,}9990$, $\hat{U}_{41} = 0{,}0008$ e $\hat{U}_{51} = 0{,}9968$, compondo o vetor modal:

$$\Phi_1 = \begin{Bmatrix} 1{,}0000 \\ -0{,}0002 \\ 0{,}9990 \\ 0{,}0008 \\ 0{,}9968 \\ 1 \end{Bmatrix}. \tag{12.43}$$

A representação desse modo de vibração é feita graficamente na Figura 12.11, coincidindo com o resultado do programa ADINA® para o modelo da Figura 11.21:

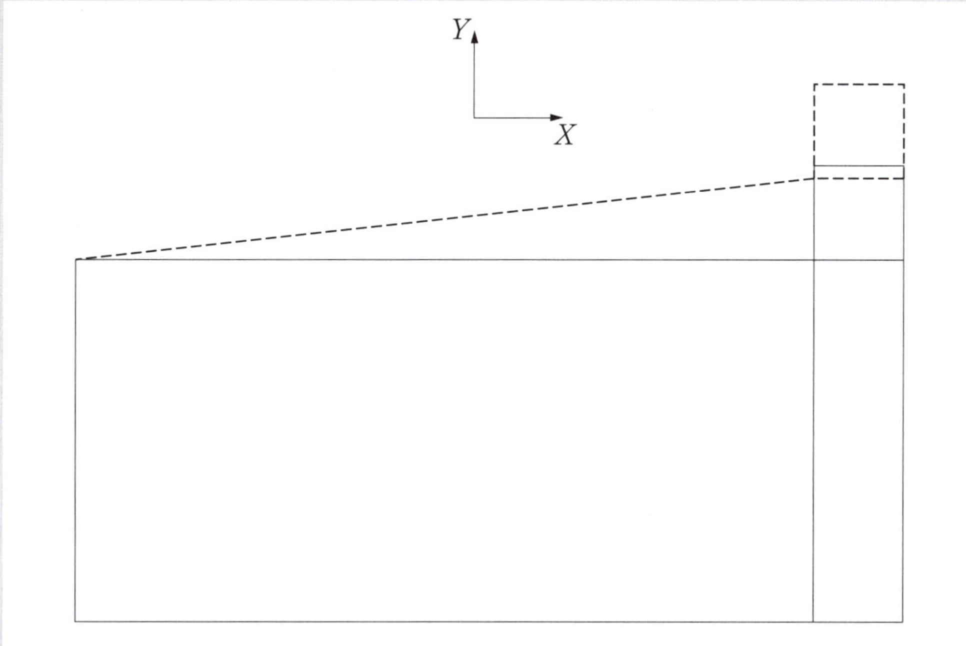

Figura 12.11
Primeiro modo de vibração do modelo da Figura 11.21.

Já para o modelo da Figura 11.19, o primeiro modo de vibração é representado pela Figura 12.12, de acordo com o programa ADINA®:

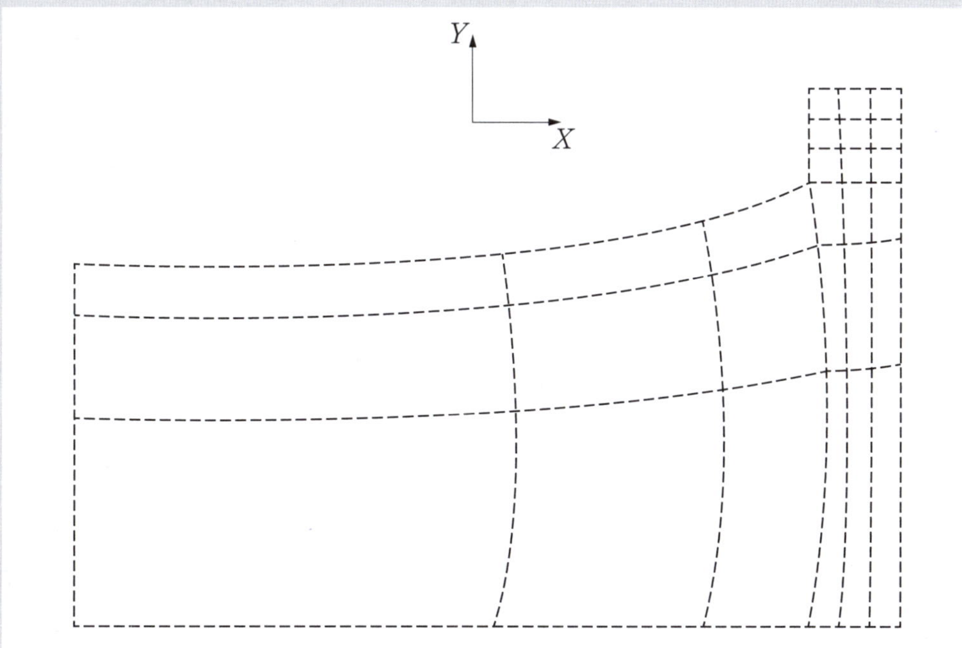

Figura 12.12
Primeiro modo de vibração do modelo da Figura 11.19

■

12.2 Ortogonalidade dos modos de vibração não amortecidos

A propriedade de ortogonalidade da matriz modal Φ em relação às matrizes de massa e de rigidez é expressa por:

$$M_{ij}^{*} = \Phi_i^T \mathbf{M} \Phi_j = 0 \qquad \text{para } i \neq j, \tag{12.44}$$

$$K_{ij}^{*} = \Phi_i^T \mathbf{K} \Phi_j = 0 \qquad \text{para } i \neq j, \tag{12.45}$$

com

$$\Phi_i = \hat{\mathbf{U}}_{\mathbf{i}} = \begin{Bmatrix} \hat{U}_{1i} \\ \hat{U}_{2i} \\ \vdots \\ \hat{U}_{ni} \end{Bmatrix}. \tag{12.46}$$

Para demonstrar (12.44), reescreve-se (12.4) na forma:

$$\mathbf{K}\Phi_i = \omega_i^2 \mathbf{M}\Phi_i. \tag{12.47}$$

Pode-se interpretar (12.47) como um problema de "equilíbrio estático" em que se aplicam os esforços de inércia como se fossem carregamento ativo.

Pelo teorema de Betti, iguala-se o trabalho realizado pelo "carregamento externo" $\omega_i^2 \mathbf{M}\Phi_i$ quando se aplicam deslocamentos $\hat{\mathbf{U}}_j = \Phi_j$ ao trabalho realizado pelo "carregamento externo" $\omega_j^2 \mathbf{M}\Phi_j$ quando se aplicam deslocamentos $\hat{\mathbf{U}}_i = \Phi_i$ isto é,

$$\Phi_j^T \omega_i^2 \mathbf{M}\Phi_i = \Phi_i^T \omega_j^2 \mathbf{M}\Phi_j. \tag{12.48}$$

como

$$\Phi_j^T \mathbf{M}\Phi_i = \Phi_i^T \mathbf{M}\Phi_j \tag{12.49}$$

porque o transposto de um escalar é igual a ele próprio, chega-se a

$$(\omega_i^2 - \omega_j^2)\Phi_i^T \mathbf{M}\Phi_j = 0, \tag{12.50}$$

diante do que, para modos com frequências distintas, deve-se respeitar (12.44). Para demonstrar (12.45), basta pré-multiplicar ambos os membros de (12.47) por Φ_j^T.

A generalização da propriedade de ortogonalidade dos modos de vibração não amortecidos pode ser sintetizada pela expressão:

$$\Phi_i^T \mathbf{M}(\mathbf{M}^{-1}\,\mathbf{K})^b \Phi_j = 0, \qquad \text{para } i \neq j, \text{ com } b \in \mathbb{Z}, \tag{12.51}$$

sendo que as condições particulares (12.44) e (12.45) correspondem a $b = 0$ e $b = 1$, respectivamente. Para $b = -1$ e $b = 2$, obtêm-se, respectivamente:

$$\Phi_i^T \mathbf{M}\mathbf{K}^{-1}\mathbf{M}\Phi_j = 0 \qquad \text{para } i \neq j, \tag{12.52}$$

$$\Phi_i^T \mathbf{K}\mathbf{M}^{-1}\mathbf{K}\Phi_j = 0 \qquad \text{para } i \neq j, \tag{12.53}$$

e assim sucessivamente.

12.3 Sistemas amortecidos

Discute-se, agora, o estudo das vibrações livres em sistemas de vários graus de liberdade, porém com amortecimento, valendo (11.20) com $\mathbf{R} = \mathbf{0}$:

$$\mathbf{M}\ddot{\mathbf{U}} + \mathbf{C}\dot{\mathbf{U}} + \mathbf{K}\mathbf{U} = \mathbf{0}. \tag{12.54}$$

Para matrizes **C** quaisquer, recai-se em problema de autovalores no campo complexo, o que é usualmente evitado nos textos introdutórios de dinâmica das estruturas, mas que está discutido sinteticamente no Apêndice. Trata-se do chamado “amortecimento não proporcional”, para o qual os modos de vibração são caracterizados por “ondas não estacionárias”, com “nós” e “ventres” não fixos.

Para os propósitos de um curso de introdução à dinâmica das estruturas, é suficiente abordar apenas o caso do chamado “amortecimento proporcional”, para o qual as propriedades de ortogonalidade dos modos não amortecidos de vibração possam ser estendidas à matriz de amortecimento. Nesse caso, pode-se mostrar que o problema de autovetores (12.4) do sistema não amortecido ainda caracteriza os modos amortecidos de vibração, embora as frequências naturais amortecidas difiram, rigorosamente, das não amortecidas, que são as soluções da equação de autovalores (12.5) ou (12.6).

É condição suficiente para o amortecimento ser do tipo "proporcional" que a matriz de amortecimento **C** seja uma combinação linear de matrizes da forma $\mathbf{M}(\mathbf{M}^{-1}\mathbf{K})^b$, para as quais vale a propriedade (12.51). Assim, se

$$\mathbf{C} = \sum_b a_b \mathbf{M}(\mathbf{M}^{-1}\mathbf{K})^b, \qquad \text{com } b \in \mathbb{Z}, \tag{12.55}$$

decorre imediatamente que

$$C_{ij}^* = \Phi_i^T \mathbf{C} \Phi_j = 0 \qquad \text{para } i \neq j. \tag{12.56}$$

Os coeficientes a_b podem ser escolhidos de forma a garantir que a taxa de amortecimento modal – veja expressão (13.12) – seja igual a um valor especificado ξ_i, para cada modo i. Em outras palavras, trata-se de calibrar a matriz de amortecimento **C** para que as taxas de amortecimento modal correspondam a valores esperados ou desejados. Pode-se mostrar (Clough e Penzien, 1975) que os coeficientes a_b resultam da solução do sistema

$$\sum_b a_b \omega_i^{(2b-1)} = 2\xi_i, \qquad i = 1, 2, \ldots, n. \tag{12.57}$$

O amortecimento do tipo Rayleigh, para o qual

$$\mathbf{C} = a_0\mathbf{M} + a_1\mathbf{K}, \tag{12.58}$$

é um caso particular da expressão geral (12.55), sendo que os coeficientes dimensionais $a_0(\mathrm{s}^{-1})$ e $a_1(\mathrm{s})$ poderiam ser obtidos, por exemplo, impondo-se que as taxas modais do primeiro e do segundo modo fossem iguais, respectivamente, a ξ_1 e ξ_2. Nesse caso, o sistema (12.57) se reduziria a:

$$\begin{bmatrix} \dfrac{1}{\omega_1} & \omega_1 \\ \dfrac{1}{\omega_2} & \omega_2 \end{bmatrix} \begin{Bmatrix} a_0 \\ a_1 \end{Bmatrix} = \begin{Bmatrix} 2\xi_1 \\ 2\xi_2 \end{Bmatrix} \tag{12.59}$$

e permitiria a determinação dos coeficientes a_0 e a_1.

É oportuno observar que, quando o amortecimento é condicionado apenas pela matriz de massa, isto é, $a_1 = 0$, de (12.59) depreende-se que

$$\xi_i = \frac{a_0}{2\omega_i}, \tag{12.60}$$

ou seja, os modos mais altos (com ω_i maiores) são menos amortecidos e, portanto, afetam mais a resposta.

Já o caso de amortecimento condicionado apenas pela matriz de rigidez, isto é, $a_0 = 0$, conforme se depreende de (12.59), levará a:

$$\xi_i = \frac{a_1 \omega_i}{2}, \tag{12.61}$$

ou seja, os modos mais baixos (com ω_i menores) são menos amortecidos e, portanto, afetam mais a resposta.

Alternativamente, poder-se-ia buscar a matriz **C** de tal sorte que

$$\Phi^T \mathbf{C}\Phi = \mathbf{C}^*, \qquad \text{com } C^*_{ii} = 2\xi_i\omega_i \text{ e } C^*_{ij} = 0 \text{ para } i \neq j. \tag{12.62}$$

Forçosamente, de (12.62) deve decorrer

$$\mathbf{C} = \Phi^{-T} \mathbf{C}^*\Phi^{-1}, \tag{12.63}$$

sendo que a obtenção da matriz Φ^{-1}, inversa de Φ, e de sua transposta Φ^{-T}, pode ser feita de forma simples, a partir de (12.44), evitando-se o procedimento geral de inversão de matrizes, bem mais trabalhoso. Pode-se mostrar que:

$$\Phi^{-1} = \mathbf{M}^{*-1}\Phi^T\mathbf{M}$$

$$\Phi^{-T} = \mathbf{M}\Phi\mathbf{M}^{*-1}, \tag{12.64}$$

sendo simples a obtenção de $\mathbf{M}^{*-1}$, pois a matriz de massas modais $\mathbf{M}^*$ é diagonal.

Apêndice

Análise modal com amortecimento não proporcional

Retoma-se, aqui, a discussão do problema geral das vibrações livres amortecidas

$$\mathbf{M\ddot{U}} + \mathbf{C\dot{U}} + \mathbf{KU} = \mathbf{0}, \tag{A.1}$$

em que a matriz de amortecimento **C** não se enquadra nas condições de "amortecimento proporcional", ou de ortogonalidade dos modos com respeito a **C**, anteriormente discutidas na Seção 12.3. Para se colocar o problema da determinação das frequências e modos amortecidos no formato clássico do problema de autovalores e autovetores, recorre-se à transformação de variáveis

$$\mathbf{x} = \mathbf{U}, \qquad \mathbf{y} = \mathbf{\dot{U}}, \qquad \mathbf{z} = \left\{ \begin{array}{c} \mathbf{x} \\ \mathbf{y} \end{array} \right\}, \tag{A.2}$$

de sorte que o sistema de segunda ordem (A.1) possa ser reescrito como um sistema de primeira ordem

$$\mathbf{\dot{z}} = \mathbf{Dz}, \tag{A.3}$$

com

$$\mathbf{D} = \left[\begin{array}{cc} \mathbf{0} & \mathbf{I} \\ -\mathbf{M}^{-1}\mathbf{K} & \mathbf{M}^{-1}\mathbf{C} \end{array} \right]. \tag{A.4}$$

A solução de (A.1), ou equivalentemente, de (A.3), pode ser escrita na forma

$$\mathbf{z} = e^{\lambda t}\mathbf{z_0}, \tag{A.5}$$

de sorte que, por substituição em (A.3) chega-se ao sistema homogêneo

$$(\mathbf{D} - \lambda\mathbf{I})\ \mathbf{z_0} = \mathbf{0}, \tag{A.6}$$

que, para ter solução não trivial para $\mathbf{z_0}$, exigirá que a matriz $(\mathbf{D} - \lambda\mathbf{I})$ seja singular, isto é,

$$|\mathbf{D} - \lambda\mathbf{I}| = 0 \quad \Longleftrightarrow \quad |\lambda^2\mathbf{M} + \lambda\mathbf{C} + \mathbf{K}| = 0. \tag{A.7}$$

Essa condição é precisamente a equação característica do problema de autovalores λ.

Nos problemas não amortecidos, surgem n pares de soluções imaginárias puras $\lambda_s = \pm\, i\beta_s$, $s = 1, \ldots, n$, sendo n o número de graus de liberdade do modelo. O valor β_s nada mais é do que o da frequência natural não amortecida ω_s do modo s. Quanto aos autovetores $\mathbf{z_{0,s}}$, eles são definidos no campo real, conforme já se viu na Seção 12.1.

Nos problemas com amortecimento subcrítico proporcional, ou respeitando as condições de ortogonalidade discutidas na Seção 12.2, surgem n pares de soluções complexas $\lambda_s = \alpha_s \pm i\beta_s$, $s = 1, \ldots, n$, com $\alpha_s = -\xi_s\omega_s$, sendo $\xi_s > 0$ a taxa de amortecimento do modo s, e $\beta_s = \omega_s\sqrt{1 - \xi_s^2}$. Note-se que β_s adquire, agora, o significado da frequência natural amortecida do modo s. Os autovetores $\mathbf{z_{0,s}}$ coincidem com os do problema não amortecido e são, portanto, definidos no campo real.

Finalmente, para o caso geral, que interessa aqui discutir, ainda se pode supor que os autovalores sejam pares de complexos conjugados $\lambda_s = \alpha_s \pm i\beta_s$, $s = 1, \ldots, n$, com $\alpha_s < 0$ para problemas dissipativos, porém, com autovetores $\mathbf{z_{0,s}}$ definidos, agora, no campo complexo

$$\mathbf{z_{0,s}} = \mathbf{u}_s \pm i\mathbf{v_s}, \qquad s = 1, \ldots, n. \tag{A.8}$$

Introduz-se, agora, a "matriz modal"

$$\mathbf{\Phi} = [\mathbf{u_1}\ \mathbf{v_1} \ldots \mathbf{u_n}\ \mathbf{v_n}], \tag{A.9}$$

que se demonstra ser inversível (Hirsh e Smale, 1974). Assim, pode-se propor a transformação de coordenadas

$$\mathbf{z} = \mathbf{\Phi}\boldsymbol{\zeta}, \tag{A.10}$$

de sorte que, levando (A.10) em (A.3), obtém-se

$$\dot{\boldsymbol{\zeta}} = \mathbf{\Phi}^{-1}\mathbf{D}\mathbf{\Phi}\boldsymbol{\zeta}, \tag{A.11}$$

com

$$\mathbf{\Phi}^{-1}\mathbf{D}\mathbf{\Phi} = \begin{bmatrix} \alpha_1 & \beta_1 & & & \\ -\beta_1 & \alpha_1 & & & \\ & & \cdots & & \\ & & & \alpha_n & \beta_n \\ & & & -\beta_n & \alpha_n \end{bmatrix} \tag{A.12}$$

formada por blocos diagonais, cujos elementos são precisamente as partes reais e imaginárias dos autovalores. Para as coordenadas ζ, denominadas "modais", as equações de movimento são desacopladas duas a duas:

$$\begin{Bmatrix} \dot{\zeta}_{2s-1} \\ \dot{\zeta}_{2s} \end{Bmatrix} = \begin{bmatrix} \alpha_s & \beta_s \\ -\beta_s & \alpha_s \end{bmatrix} \begin{Bmatrix} \zeta_{2s-1} \\ \zeta_{2s} \end{Bmatrix}, \qquad s = 1, \ldots, n, \tag{A.13}$$

com solução

$$\begin{Bmatrix} \zeta_{2s-1}(t) \\ \zeta_{2s}(t) \end{Bmatrix} = \begin{Bmatrix} e^{\alpha_s t}\,(a_s \cos\beta_s t + b_s \mathrm{sen}\beta_s t) \\ e^{\alpha_s t}\,(-a_s \mathrm{sen}\beta_s t + b_s \cos\beta_s t) \end{Bmatrix}, \qquad s = 1, \ldots, n, \tag{A.14}$$

sendo a_s e b_s constantes que dependem das condições iniciais do problema. A solução geral do sistema (A.3), para condições iniciais quaisquer, pode ser escrita como uma combinação linear das funções modais indicadas em (A.14). Entretanto, para condições iniciais que correspondam à excitação de um único modo r, a resposta será simplesmente

$$\mathbf{z}(\mathbf{t}) = \zeta_{2r-1}(t)\ \mathbf{u_r} + \zeta_{2r}(t)\ \mathbf{v_r}. \tag{A.15}$$

Note-se que $\mathbf{u_r}$ e $\mathbf{v_r}$ podem caracterizar funções espaciais das coordenadas generalizadas distintas entre si e, ainda, que as funções $\zeta_{2r-1}(t)$ e $\zeta_{2r}(t)$ podem apresentar diferença de fase entre si. Portanto, pode ocorrer que, num dado instante, $\zeta_{2r-1}(t)$ seja nula e $\zeta_{2r}(t)$ não o seja, de sorte que a forma modal será a especificada por $\mathbf{v_r}$. Por outro lado, haverá um outro instante em que se dará o contrário e, então, a forma modal será aquela especificada por $\mathbf{u_r}$. Haverá instantes em que haverá uma combinação entre as formas especificadas por $\mathbf{u_r}$ e $\mathbf{v_r}$ e, assim, com a constante alteração de formas modais, o modo não mais será caracterizado por uma "onda estacionária", como no caso de sistemas não amortecidos ou com amortecimento proporcional.

É clássico o exemplo da barra em balanço, Figura A.1, com um amortecedor viscoso-linear na extremidade livre, para o qual o segundo modo de vibração, em especial, exibe claramente a movimentação do ponto nodal (deslocamento nulo) na direção longitudinal (Figura A.2), caracterizando uma "onda não estacionária". Em sua tese de doutorado, Soares (1998) discutiu os modos não lineares de vibração desse mesmo modelo.

Os seguintes parâmetros foram utilizados para obtenção da Figura A.2: comprimento da viga $L = 2{,}00$ m; seção transversal quadrada de lado $0{,}01$ m; massa específica 7800 kg/m^3; módulo de elasticidade 210 GPa; coeficiente de amortecimento viscoso linear $c = 0{,}7$ Ns/m. Na Figura A.2, w é o deslocamento transversal para distintos instantes t e abscissas $\frac{x}{L}$ a partir da seção engastada.

Figura A.1
Barra em balanço com amortecedor na extremidade livre.

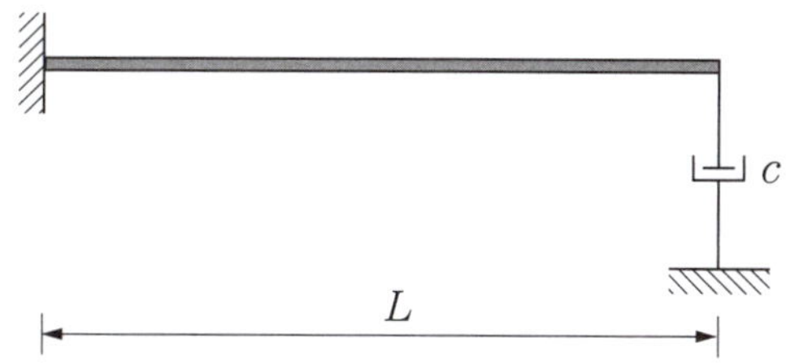

Figura A.2
Segundo modo de vibração de barra em balanço com amortecedor na extremidade livre.

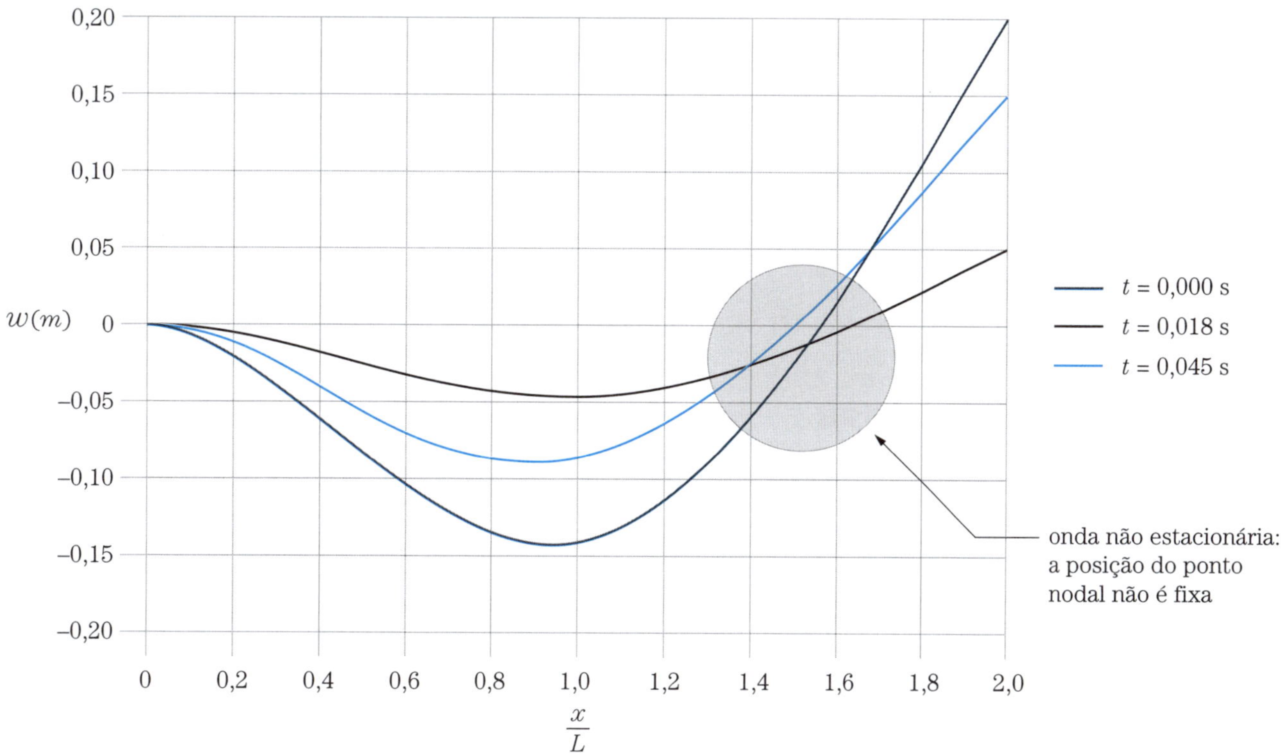

13 RESPOSTA DINÂMICA DE SISTEMAS COM VÁRIOS GRAUS DE LIBERDADE

Neste capítulo, apresentam-se os métodos usuais de análise da resposta dinâmica de sistemas com vários graus de liberdade, com destaque para o método da superposição modal (Seção 13.1), análise no domínio da frequência (Seção 13.2) e integração direta no domínio do tempo da equação matricial diferencial de movimento (Seção 13.3).

13.1 Método da superposição modal

O método da superposição modal pressupõe que a análise modal tenha sido feita previamente. Tira-se partido das propriedades de ortogonalidade para desacoplar o sistema de n equações diferenciais de segunda ordem, sendo n o número de graus de liberdade do modelo. De fato, pode-se efetuar a seguinte mudança de variáveis utilizando a matriz modal Φ como matriz de transformação:

$$\mathbf{U} = \Phi\mathbf{Y}. \tag{13.1}$$

Considera-se, agora, (13.1) nas equações de movimento (11.20):

$$\mathbf{M}\Phi\ddot{\mathbf{Y}} + \mathbf{C}\Phi\dot{\mathbf{Y}} + \mathbf{K}\Phi\mathbf{Y} = \mathbf{R}. \tag{13.2}$$

Pré-multiplicam-se ambos os membros de (13.2) por Φ^T para se obter

$$\mathbf{M}^*\ddot{\mathbf{Y}} + \mathbf{C}^*\dot{\mathbf{Y}} + \mathbf{K}^*\mathbf{Y} = \mathbf{R}^*, \tag{13.3}$$

em que

$$\mathbf{M}^* = \Phi^T\,\mathbf{M}\Phi, \tag{13.4}$$

$$\mathbf{C}^* = \Phi^T\,\mathbf{C}\Phi, \tag{13.5}$$

$$\mathbf{K}^* = \Phi^T\,\mathbf{K}\Phi, \tag{13.6}$$

$$\mathbf{R}^* = \Phi^T\,\mathbf{R}. \tag{13.7}$$

As matrizes $\mathbf{M}^*$ e $\mathbf{K}^*$ são diagonais em decorrência das propriedades de ortogonalidade (12.44) e (12.45). Seus elementos da diagonal principal são chamados, respectivamente, de massa modal e rigidez modal, valendo as relações:

$$M_i^* = \Phi_i^T\,\mathbf{M}\Phi_i, \tag{13.8}$$

$$K_i^* = \Phi_i^T\,\mathbf{K}\Phi_i = \omega_i^2\,M_i^*. \tag{13.9}$$

Quanto à matriz $\mathbf{C}^*$, conforme já se discutiu na Seção 12.3, ela também será diagonal se $\mathbf{C}$ satisfizer (12.55) ou (12.62), ou, em caso particular, se o amortecimento for do tipo Rayleigh, conforme se indica em (12.58). Para o caso de amortecimento do tipo Rayleigh, as seguintes relações se aplicam:

$$\mathbf{C}^* = \Phi^T\mathbf{C}\Phi = a_0\Phi^T\mathbf{M}\Phi + a_1\Phi^T\mathbf{K}\Phi = a_0\mathbf{M}^* + a_1\mathbf{K}^*. \tag{13.10}$$

O amortecimento modal de Rayleigh será caracterizado por

$$C_i^* = a_0 M_i^* + a_1 K_i^*. \tag{13.11}$$

Se a matriz de amortecimento puder ser diagonalizada, definir-se-á a taxa de amortecimento modal ξ_i por meio de

$$\xi_i = \frac{C_i^*}{2M_i^* \omega_i}, \tag{13.12}$$

em analogia com (4.13), válida para sistemas com um grau de liberdade. Consequentemente, converte-se o problema original de n graus de liberdade, dado por (11.20), em n problemas de um grau de liberdade, dados por:

$$M_i^* \ddot{Y}_i + C_i^* \dot{Y}_i + K_i^* Y_i = R_i^*, \qquad i = 1 \text{ a } n. \tag{13.13}$$

Cada uma das equações (13.13) pode ser integrada analítica ou numericamente, fornecendo $Y_i(t)$, desde que se conheçam as condições iniciais $Y_i(0)$ e $\dot{Y}_i(0)$. Estas, porém, devem ser obtidas a partir das condições iniciais nas variáveis originais, isto é, $\mathbf{U}_0$ e $\dot{\mathbf{U}}_0$, usando-se a relação inversa da (13.1). De (13.4), chega-se a:

$$Y_i(0) = \frac{\Phi_i^T \mathbf{M} \mathbf{U}_0}{M_i^*} \tag{13.14}$$

e

$$\dot{Y}_i(0) = \frac{\Phi_i^T \mathbf{M} \dot{\mathbf{U}}_0}{M_i^*}. \tag{13.15}$$

Uma vez de posse das funções $Y_i(t)$, pode-se obter a resposta dinâmica nas variáveis originais por superposição (modal) de efeitos. De fato, de (13.1) vem:

$$\mathbf{U}(t) = \Phi \mathbf{Y}(t) = \sum_{i=1}^{n} \Phi_i Y_i(t). \tag{13.16}$$

Na prática, para sistemas com amortecimento usualmente dominado pela matriz de rigidez e não pela matriz de massa, os modos de ordem mais baixa e aqueles com frequências naturais próximas às frequências dominantes do carregamento são os que efetivamente prevalecem na resposta, e é usual considerar apenas eles na superposição indicada em (13.16), para obter uma solução aproximada de boa qualidade.

EXEMPLO 38

Análise da resposta dinâmica de uma viga flexível associada a dois osciladores massa-mola-amortecedor pelo método da superposição modal

Retoma-se o Exemplo 30, com a configuração indicada na Figura 11.14. Os parâmetros numéricos para as propriedades geométricas e mecânicas que caracterizam o sistema estrutural são os do Exemplo 35, no que diz respeito ao problema não amortecido. Com relação aos amortecedores da Figura 11.14, o valor da constante c vale 1000 Ns/m.

Analisa-se a resposta dinâmica pelo método da superposição modal, em presença de forças harmônicas dadas por (valores em N):

$$\mathbf{R} = \begin{Bmatrix} 8000 \\ 4000 \end{Bmatrix} \operatorname{sen} 10{,}60t \tag{13.17}$$

e com condições iniciais cinemáticas definidas por

$$\mathbf{U}_0 = \begin{Bmatrix} 0{,}30 \\ 0 \end{Bmatrix} \text{m} \quad \text{e} \quad \dot{\mathbf{U}}_0 = \begin{Bmatrix} 0 \\ 3 \end{Bmatrix} \text{m/s}. \tag{13.18}$$

Deseja-se, ainda, obter o diagrama de momentos fletores no instante $t = 3{,}2$ s.

Sabe-se que o sistema tem amortecimento do tipo Rayleigh, pois a matriz de amortecimento **C**, dada por (11.94), é proporcional à matriz de massa **M**, dada por (11.90).

Portanto, os modos de vibração gozam da propriedade de serem idênticos aos do sistema sem amortecimento, estudado no Exemplo 35, de sorte que a matriz modal Φ é dada por (12.30). Entretanto, as frequências naturais não amortecidas $\omega_1 = 8{,}75$ rad/s e $\omega_2 = 12{,}37$ rad/s são ligeiramente distintas das amortecidas, pois

$$\omega_{D_i} = \omega_i \sqrt{1-\xi_i^2}, \tag{13.19}$$

de forma análoga ao estudado para sistemas de um grau de liberdade – ver (4.16) –, devido à taxa de amortecimento modal ξ_i, calculada a partir de (12.62).

Em síntese, as propriedades modais para o exemplo em questão decorrem de (13.4)-(13.6), com os seguintes valores numéricos, expressos em unidades do sistema internacional:

$$M_1^* = 960 \quad K_1^* = 73500 \quad C_1^* = 2000 \quad \xi_i = 0{,}119 \quad \omega_{D1} = 8{,}69$$

$$M_2^* = 960 \quad K_2^* = 146896 \quad C_2^* = 2000 \quad \xi_2 = 0{,}084 \quad \omega_{D2} = 12{,}33. \tag{13.20}$$

O carregamento modal decorre de (13.7):

$$\mathbf{R}^* = \Phi^T\mathbf{R} = \mathbf{R}_0^*\text{sen}10{,}60t, \tag{13.21}$$

com

$$\mathbf{R}_0^* = \left\{ \begin{array}{c} 12000 \\ 4000 \end{array} \right\} \text{N}. \tag{13.22}$$

A partir de (13.14) e (13.15), as condições iniciais, em termos das variáveis modais, podem ser determinadas:

$$Y_{01} = 0{,}15 \qquad \dot{Y}_{01} = 1{,}5$$

$$Y_{02} = 0{,}15 \qquad \dot{Y}_{02} = -1{,}5. \tag{13.23}$$

Portanto, a resposta dinâmica, considerando tanto a solução homogênea quanto a particular, é dada por:

$$Y_i(t) = e^{-\xi_i\omega_i t}\,\rho_i\cos(\omega_{Di}t - \theta_i) + \bar{\rho}_i\text{sen}\big(10{,}6t - \bar{\theta}_i\big), \tag{13.24}$$

com

$$\beta_i = \frac{10{,}60}{\omega_i}; \tag{13.25}$$

$$D_i = \frac{1}{\sqrt{\left(1-\beta_i^2\right)^2 + (2\xi_i\beta_i)^2}}; \tag{13.26}$$

$$\bar{\rho}_i = \frac{R_{0i}^*}{K_i^*}D_i; \tag{13.27}$$

$$\bar{\theta}_i = \arctan\frac{2\xi_i\beta_i}{1-\beta_i^2}; \tag{13.28}$$

$$\rho_i = \sqrt{\left(Y_{0i} + \bar{\rho}_i \mathrm{sen}\bar{\theta}_i\right)^2 + \left[\frac{\dot{Y}_{0i} - \bar{\omega}\bar{\rho}_i \cos\bar{\theta}_i + \xi_i \omega_i \left(Y_{0i} + \bar{\rho}_i \mathrm{sen}\bar{\theta}_i\right)}{\omega_{D_i}}\right]^2}; \quad (13.29)$$

$$\theta_i = \arctan \frac{\dot{Y}_{0i} - \bar{\omega}\bar{\rho}_i \cos\bar{\theta}_i + \xi_i \omega_i \left(Y_{0i} + \bar{\rho}_i \mathrm{sen}\bar{\theta}_i\right)}{\omega_{D_i}\left(Y_{0i} + \bar{\rho}_i \mathrm{sen}\bar{\theta}_i\right)}. \quad (13.30)$$

Para o modo $i = 1$, obtêm-se $\beta_1 = 1{,}21$, $D_1 = 1{,}82$, $\bar{\rho}_1 = 0{,}30$, $\bar{\theta}_1 = 2{,}59$ rad, $\rho_1 = 0{,}60$ e $\theta_1 = 1{,}04$ rad, de forma que:

$$Y_1(t) = 0{,}60e^{-1{,}04t}\cos(8{,}69t - 1{,}04) + 0{,}30\mathrm{sen}(10{,}60t - 2{,}59). \quad (13.31)$$

Para o modo $i = 2$, obtêm-se $\beta_2 = 0{,}86$, $D_2 = 3{,}35$, $\bar{\rho}_2 = 0{,}09$, $\bar{\theta}_2 = 0{,}50$ rad, $\rho_2 = 0{,}26$ e $\theta_2 = -0{,}74$ rad, de forma que:

$$Y_2(t) = 0{,}26e^{-1{,}04t}\cos(12{,}33t + 0{,}74) + 0{,}09\mathrm{sen}(10{,}60t - 0{,}50). \quad (13.32)$$

As Figuras 13.1 e 13.2 reproduzem as funções indicadas em (13.31) e (13.32), respectivamente, bem como individualizam a solução em regime permanente (apenas as segundas parcelas):

Figura 13.1
Resposta dinâmica para a variável modal $Y_1(t)$, total e em regime permanente.

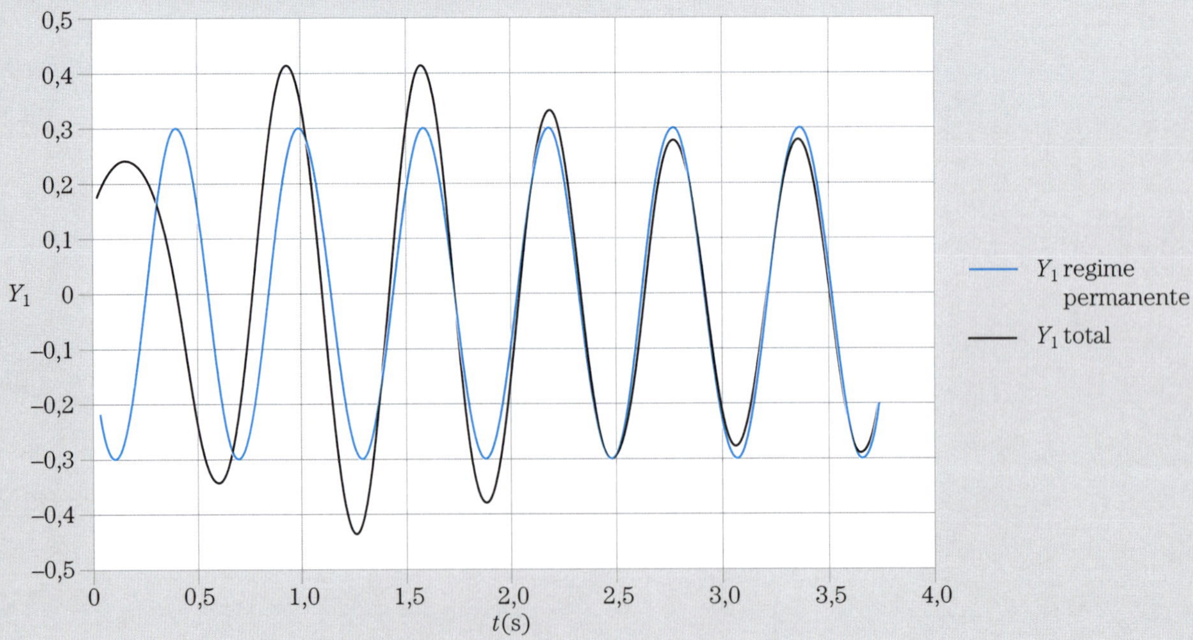

Figura 13.2
Resposta dinâmica para a variável modal $Y_2(t)$, total e em regime permanente.

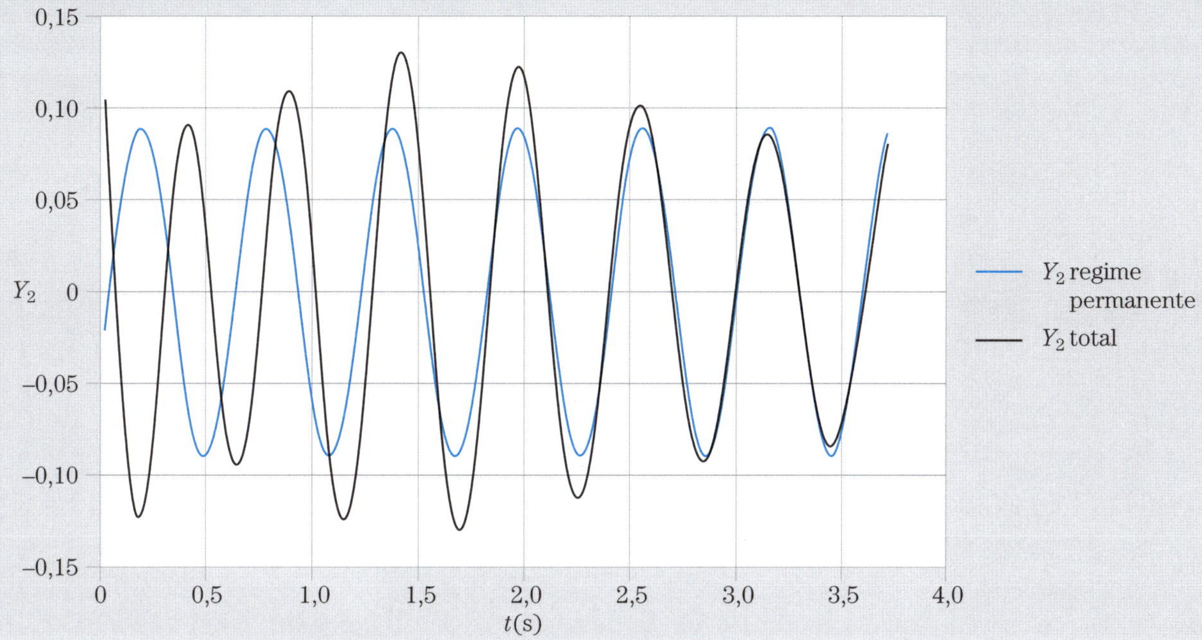

Observa-se que, para $t > 3s$, a solução total e a solução em regime permanente praticamente coincidem tanto para Y_1 quanto para Y_2, a denunciar que a solução da equação homogênea já decaiu para valores insignificantes após poucos ciclos forçados. Assim, para efeitos práticos, a reconstituição da resposta dinâmica nas coordenadas generalizadas originais pelo método da superposição modal pode se restringir à solução em regime permanente, segundo (13.16):

$$\begin{aligned} U_1(t) &= 0{,}30 \operatorname{sen}(10{,}60t - 2{,}59) + 0{,}09 \operatorname{sen}(10{,}60t - 0{,}50) \\ &= 0{,}26 \operatorname{sen}(10{,}60t + 4{,}00) \text{ m} \end{aligned} \tag{13.33}$$

$$\begin{aligned} U_2(t) &= 0{,}30 \operatorname{sen}(10{,}60t - 2{,}59) - 0{,}09 \operatorname{sen}(10{,}60t - 0{,}50) \\ &= 0{,}35 \operatorname{sen}(10{,}60t + 3{,}48) \text{ m.} \end{aligned} \tag{13.34}$$

As Figuras 13.3 e 13.4 representam as funções $U_1(t)$ e $U_2(t)$, respectivamente. Em particular, para $t = 3{,}2$ s, os valores encontrados para os deslocamentos são: $U_1(3{,}2 \text{ s}) = 0{,}056$ m e $U_2(3{,}2 \text{ s}) = -0{,}107$ m.

Figura 13.3
Resposta dinâmica $U_1(t)$ em regime permanente.

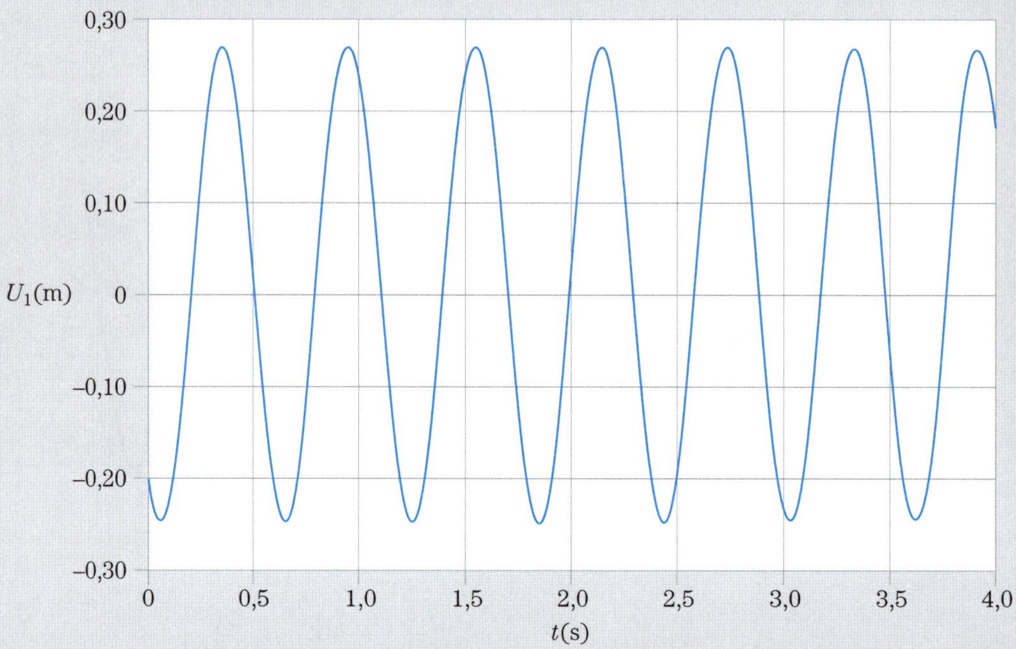

Figura 13.4
Resposta dinâmica $U_2(t)$ em regime permanente.

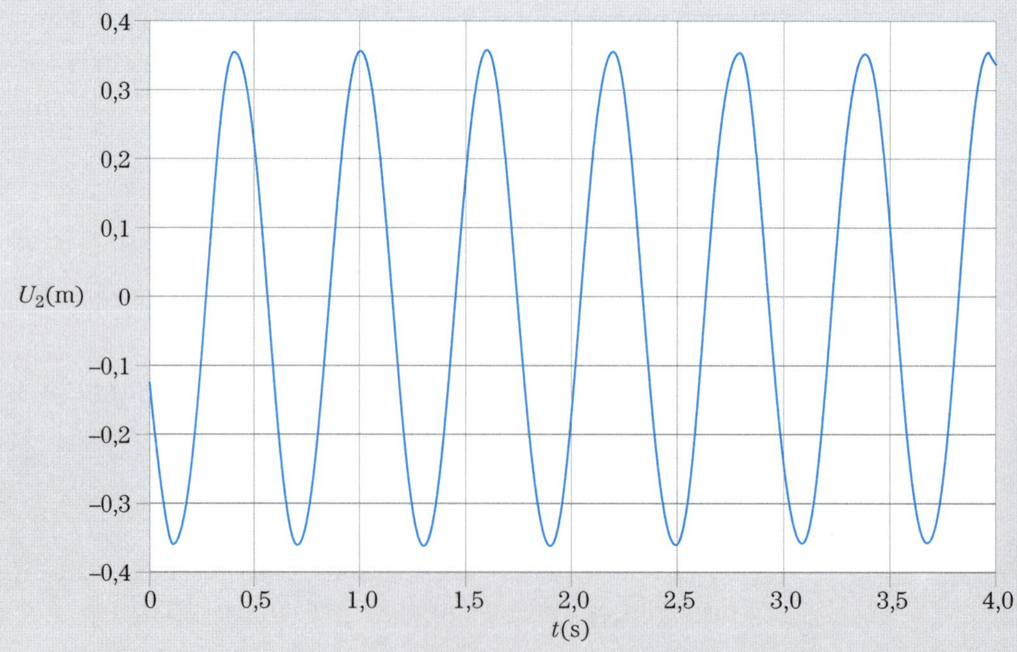

Para determinação dos esforços solicitantes na viga, é necessário considerar, como carregamento, apenas aquele que resulta das forças $\mathbf{F}(t)$ transmitidas elasticamente, ou seja:

$$\mathbf{F}(t) = \mathbf{K}_0\mathbf{U}(t), \tag{13.35}$$

sendo $\mathbf{K}_0$ definida em (11.89), isto é:

$$\mathbf{K}_0 = \frac{3EI}{8a^3}\begin{bmatrix} 9 & -7 \\ -7 & 9 \end{bmatrix} = 2625\begin{bmatrix} 9 & -7 \\ -7 & 9 \end{bmatrix}. \tag{13.36}$$

Portanto, no instante $t = 3{,}2$ s, tem-se:

$$\mathbf{F}(3{,}2\,\mathrm{s}) = 2625\begin{bmatrix} 9 & -7 \\ -7 & 9 \end{bmatrix}\begin{Bmatrix} 0{,}056 \\ -0{,}107 \end{Bmatrix} = \begin{Bmatrix} 3296 \\ -3566 \end{Bmatrix}\mathrm{N}. \tag{13.37}$$

A Figura 13.5 apresenta o diagrama de momentos fletores que atuam sobre a viga no instante $t = 3{,}2$ s.

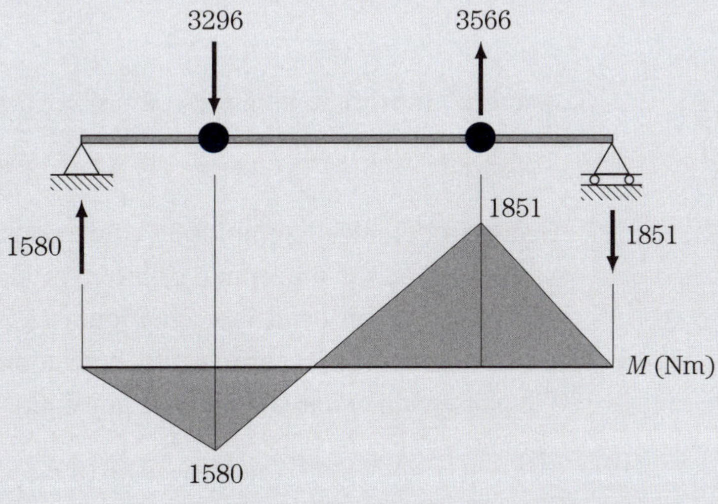

Figura 13.5
Diagrama de momentos fletores no instante $t = 3{,}2$ s.

A Figura 13.6 representa o histórico dos momentos fletores, nas seções onde se localizam as massas concentradas esquerda (M_1) e direita (M_2), percebendo-se que há instantes em que têm o mesmo sinal, mas também há instantes em que têm sinais opostos, como, aliás, ocorreu no instante $t = 3{,}2$ s, conforme ilustrado na Figura 13.5.

Figura 13.6
Resposta dinâmica para os momentos fletores M_1 e M_2 em regime permanente.

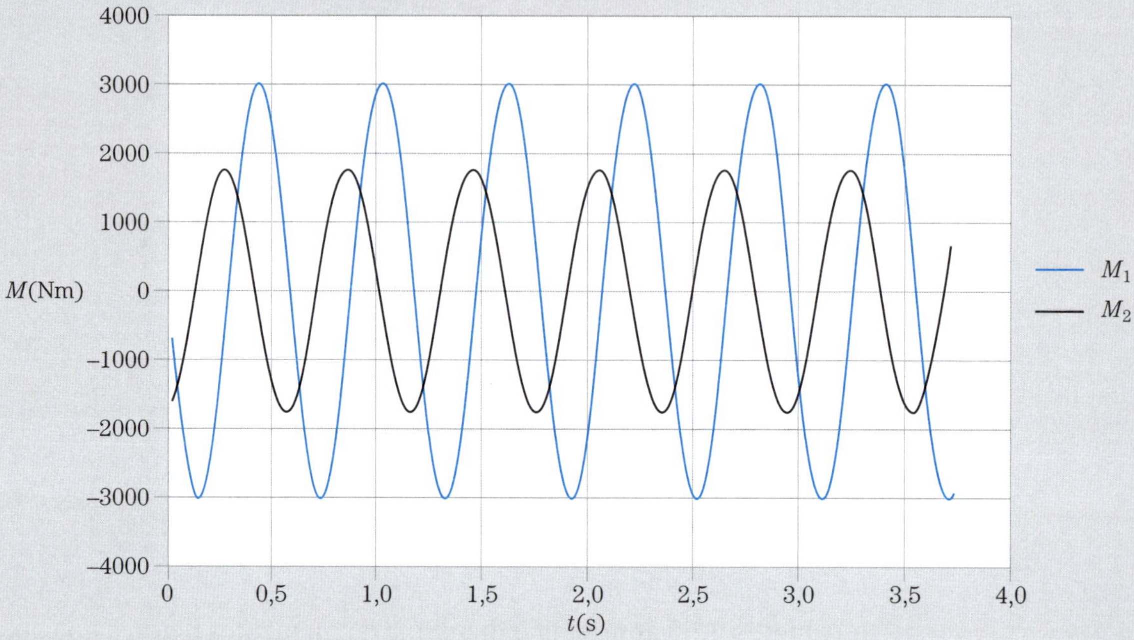

■

EXEMPLO 39

Análise da resposta dinâmica de um pórtico plano pelo método da superposição modal

Seja o modelo dos Exemplos 31 e 36 e considere-se a aplicação de uma força harmônica ressonante com o primeiro modo $R_1(t) = 1000 \text{ sen} \bar{\omega} t$ (em N), ou seja, $\bar{\omega} = \omega_1$, conforme indica a Figura 13.7. Deseja-se determinar a resposta dinâmica em regime permanente, bem como estimar o momento fletor máximo na base dos pilares. Supõe-se que o amortecimento seja do tipo Rayleigh, com $a_0 = 0$ e $a_1 = 3{,}12 \times 10^{-3}$s.

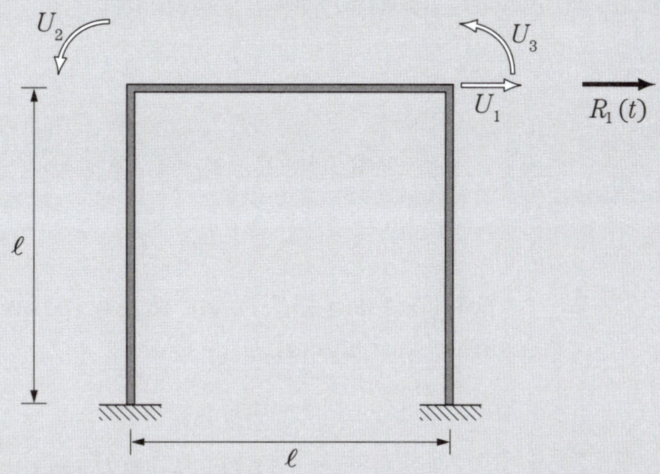

Figura 13.7
Pórtico plano simples.

De posse das frequências naturais e da matriz modal, obtêm-se, em unidades do sistema internacional,

$$\begin{aligned} M_1^* &= 2139 \qquad & K_1^* &= 2204047 \\ M_2^* &= 21 \qquad & K_2^* &= 481361 \\ M_3^* &= 7 \qquad & K_3^* &= 747588. \end{aligned} \tag{13.38}$$

Para o amortecimento modal, vem:

$$C_1^* = a_1 K_1^* = 6877 \quad \Rightarrow \quad \xi_1 = \frac{C_1^*}{2M_1^*\omega_1} = 0{,}050 \tag{13.39}$$

$$C_2^* = a_1 K_2^* = 1502 \quad \Rightarrow \quad \xi_2 = \frac{C_2^*}{2M_2^*\omega_2} = 0{,}236 \tag{13.40}$$

$$C_3^* = a_1 K_3^* = 2332 \quad \Rightarrow \quad \xi_3 = \frac{C_3^*}{2M_3^*\omega_3} = 0{,}510. \tag{13.41}$$

Note-se que os modos de ordem mais elevada estão mais amortecidos, conforme já se comentou com respeito à equação (12.61), justificando o procedimento de desprezá-los, se for o caso.

O carregamento modal é dado por:

$$\mathbf{R}^* = \Phi^T\mathbf{R} = \mathbf{R}_0^* \text{sen } 32{,}1t = \begin{Bmatrix} -3618 \\ 0 \\ -109 \end{Bmatrix} \text{sen } 32{,}1t. \tag{13.42}$$

As soluções de (13.13), em regime permanente, neste problema admitem a seguinte forma geral:

$$Y_i(t) = \frac{R_{0i}^*}{K_i^*} D_i \text{sen}\left(32{,}1t - \bar{\theta}_i\right), \tag{13.43}$$

com

$$D_i = \frac{1}{\sqrt{\left(1-\beta_i^2\right)^2 + \left(2\xi_i\beta_i\right)^2}}, \tag{13.44}$$

$$\bar{\theta}_i = \arctan\frac{2\xi_i\beta_i}{1-\beta_i^2}, \tag{13.45}$$

$$\beta_i = \frac{32{,}1}{\omega_i}. \tag{13.46}$$

- Para o primeiro modo, $\beta_1 = 1$, $D_1 = 9{,}98$ e $\bar{\theta}_1 = \frac{\pi}{2}$ rad, resultando:

$$Y_1(t) = -0{,}016\text{sen } (32{,}1t - 1{,}571). \tag{13.47}$$

- Para o segundo modo, $\beta_2 = 0{,}212$, $D_2 = 1{,}04$ e $\bar{\theta}_2 = 0{,}104$ rad, resultando, entretanto,

$$Y_2(t) = 0, \tag{13.48}$$

porque $R_{02}^* = 0$.

- Para o terceiro modo, $\beta_3 = 0{,}098$, $D_3 = 1{,}001$ e $\bar{\theta}_3 = 0{,}101$ rad, resultando:

$$Y_3(t) = -0{,}0001\text{sen}(32{,}1t - 0{,}101). \tag{13.49}$$

Efetua-se, então, a superposição modal indicada por (13.16), para se chegar a:

$$U_1(t) = 0{,}059\ \text{sen}(32{,}1t - 1{,}571) + 0{,}00002\ \text{sen}(32{,}1t - 0{,}101)\ \text{m} \tag{13.50}$$

$$U_2(t) = -0{,}016\ \text{sen}(32{,}1t - 1{,}571) - 0{,}0001\ \text{sen}(32{,}1t - 0{,}101)\ \text{rad} \tag{13.51}$$

$$U_3(t) = U_2(t). \tag{13.52}$$

Note-se que, efetivamente, a resposta está fortemente dominada pelo primeiro modo neste problema, não apenas porque o carregamento externo está em ressonância com ele, mas também porque os outros modos estão fortemente amortecidos. Aliás, o segundo modo sequer contribui para a resposta dinâmica em regime permanente, porque se trata de um modo simétrico e o carregamento é antissimétrico, ou seja, ortogonal ao segundo modo. Com aproximação muito boa, pode-se considerar:

$$\{U\} = \begin{Bmatrix} 0{,}059 \\ -0{,}016 \\ -0{,}016 \end{Bmatrix} \text{sen}\,(32{,}1t - 1{,}571). \tag{13.53}$$

O momento fletor na base dos pilares é dado por

$$M = 6\frac{EI}{L^2}U_1 + 2\frac{EI}{L}U_2 = 6\frac{EI}{L^2}U_1 + 2\frac{EI}{L}U_3 = 5804\ \text{sen}\,(32{,}1t - 1{,}571). \tag{13.54}$$

Logo, o momento fletor máximo será 5804 Nm.

■

EXEMPLO 40 **Análise da resposta dinâmica pelo método da superposição modal para um modelo de elasticidade plana de uma fundação de máquina**

Retoma-se, agora, o modelo simplificado de elementos finitos de estado plano de deformação da Figura 11.21, estudado nos Exemplos 32 e 37, considerando que a fundação está submetida ao carregamento dinâmico dado por (11.105) e (11.106), que modela a ação de um conjunto de máquinas de impacto repetitivo, com as hipóteses simplificadoras já mencionadas no Exemplo 32. Ilustra-se, aqui, a aplicação do método da superposição modal para a análise da resposta dinâmica do modelo. Relembra-se que o carregamento é ressonante com o primeiro modo de vibração obtido com o modelo da Figura 11.21, ou seja, $\bar{\omega} = \omega_1 = 105 \text{ rads}^{-1}$, de sorte que a "superposição modal", nesse caso, limitar-se-á à consideração desse único modo na resposta dinâmica, até porque as frequências naturais dos demais modos do modelo da Figura 11.21 estão superestimadas em relação aos valores que seriam obtidos em um modelo mais refinado (adicionalmente, estariam com amortecimento supercrítico e teriam uma pequena participação modal). Considera-se, simplificadamente, amortecimento de Rayleigh – vide (13.11) – com coeficientes $a_0 = 0$ e $a_1 = 0{,}0038$ s.

De posse do primeiro modo e sua frequência natural determinados no Exemplo 37, obtêm-se:

$$M_1^* = 1124 \text{ kgm}^{-1} \text{ e } K_1^* = 1{,}2926 \times 10^8 \text{ Nm}^{-2}. \qquad (13.55)$$

Para o amortecimento modal, vem:

$$C_1^* = a_1 K_1^* = 4{,}9118 \times 10^5 \text{ Nsm}^{-2} \quad \text{e} \quad \xi_1 = \frac{C_1^*}{2M_1^*\omega_1} = 0{,}200. \qquad (13.56)$$

O carregamento modal, considerando (13.7), (11.105) e (11.106), é dado por:

$$\mathbf{R}_1^* = \Phi_1^T \mathbf{R}_1 = \mathbf{R}_0^* \left[1 + \text{sen}\left(\bar{\omega}t - \frac{\pi}{2}\right)\right], \qquad (13.57)$$

com

$$\text{R}_{01}^* = -24995 \text{ Nm}^{-1}. \qquad (13.58)$$

A solução de (13.13) para o problema ora em discussão, considerando apenas a resposta em regime permanente, é:

$$Y_1(t) = \frac{R_{01}^*}{K_1^*}\left[1 + D_1 \text{sen}\left(\bar{\omega}t - \frac{\pi}{2} - \bar{\theta}_1\right)\right], \tag{13.59}$$

com

$$D_1 = \frac{1}{\sqrt{\left(1-\beta_1^2\right)^2 + (2\xi_1\beta_1)^2}}; \quad \beta_1 = \frac{\bar{\omega}}{\omega_1} \quad \text{e} \quad \bar{\theta}_1 = \arctan\frac{2\xi_1\beta_1}{1-\beta_1^2}. \tag{13.60}$$

Para o primeiro modo, $\beta_1 = 1$, $D_1 = 2{,}506$ e $\bar{\theta}_1 = \dfrac{\pi}{2} = 1{,}571$, resultando:

$$Y_1(t) = [-19{,}337 + 48{,}465\cos(105t - 1{,}571)] \times 10^{-5}\ \text{m}. \tag{13.61}$$

Assim, simplifica-se na prática a superposição modal indicada por (13.16), considerando-se apenas a contribuição do primeiro modo na determinação dos deslocamentos nodais (em m), conforme a numeração dos graus de liberdade da Figura 11.21:

$$\begin{aligned}
U_1 &= [-19{,}334 + 48{,}455\cos(105t - 1{,}571)] \times 10^{-5}\\
U_2 &= [0{,}015 - 0{,}039\cos(105t - 1{,}571)] \times 10^{-5}\\
U_3 &= [-19{,}299 + 48{,}368\cos(105t - 1{,}571)] \times 10^{-5}\\
U_4 &= [-0{,}035 + 0{,}087\cos(105t - 1{,}571)] \times 10^{-5}\\
U_5 &= [-19{,}268 + 49{,}290\cos(105t - 1{,}571)] \times 10^{-5}\\
U_6 &= [-19{,}337 + 48{,}465\cos(105t - 1{,}571)] \times 10^{-5}.
\end{aligned} \tag{13.62}$$

Note-se que os deslocamentos verticais U_1, U_3, U_5 e U_6 variam praticamente entre 0,29 mm para cima e 0,68 mm para baixo, e os deslocamentos horizontais U_2 e U_4 são praticamente nulos, caracterizando um movimento de penetração oscilatória do bloco de fundação no solo. A Figura 13.8 apresenta o deslocamento vertical U_6 do ponto $P \equiv (0{,}5;\ 2{,}0)$ nas coordenadas locais do elemento 3 ao longo do tempo, considerando apenas a solução estacionária, isto é, desconsiderando condições iniciais e o regime transitório.

A título de comparação, o correspondente gráfico, obtido pelo programa ADINA®, é mostrado na Figura 13.9 para o modelo de malha grosseira da Figura 11.21. Nota-se que o resultado da aplicação do método da superposição modal ao modelo da Figura 11.21 concorda com o da integração numérica no domínio do tempo para o mesmo modelo. De fato, das Figuras 13.8 e 13.9, obtêm-se deslocamentos extremos iguais, se considerado apenas o regime permanente.

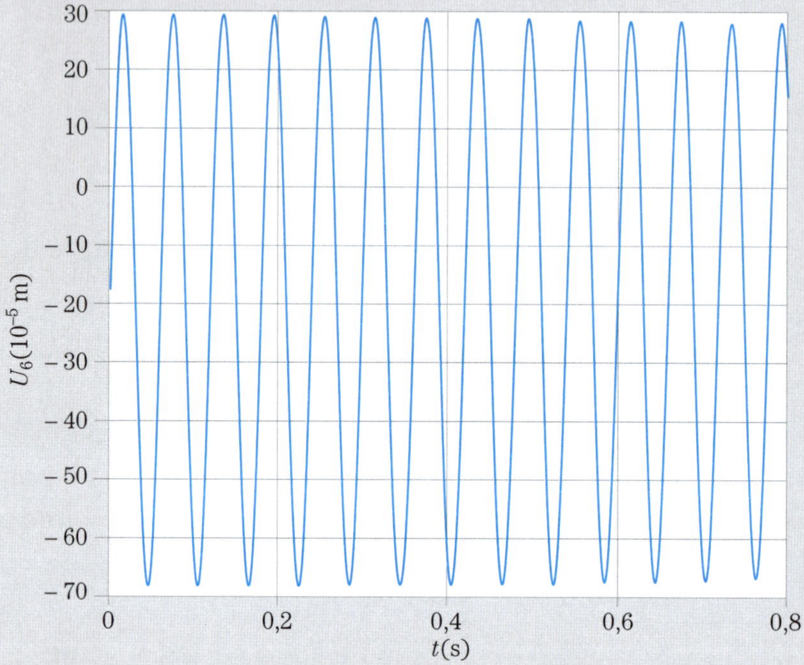

Figura 13.8
Resposta permanente no domínio do tempo do deslocamento vertical do ponto $P \equiv (0{,}5; 2{,}0)$ do elemento 3 do modelo da Figura 11.21, obtida pelo método da superposição modal.

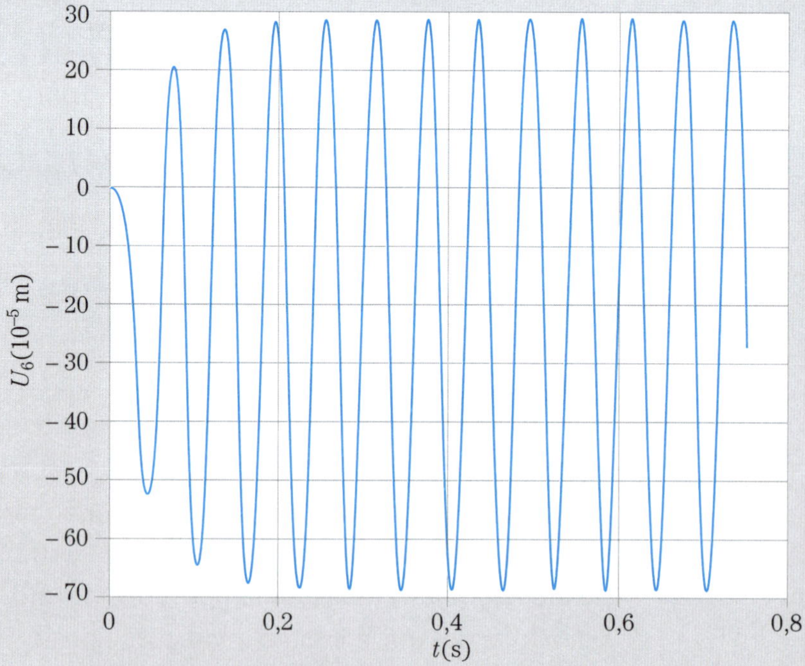

Figura 13.9
Resposta no domínio do tempo do deslocamento vertical do ponto $P \equiv (0{,}5; 2{,}0)$ do elemento 3 do modelo da Figura 11.21, obtida pelo programa ADINA® para condições iniciais triviais.

Retoma-se, agora, o método da superposição modal aplicado ao modelo da Figura 11.21, para calcular as deformações no ponto $P \equiv (x; y)$ do elemento finito 3 (solo), considerando seu sistema local, e usando (11.40) e (11.41):

$$\varepsilon = \begin{Bmatrix} \varepsilon_{xx} \\ \varepsilon_{yy} \\ \gamma_{xy} \end{Bmatrix} = \mathbf{B}\upsilon = \begin{bmatrix} \frac{1}{2}\left(1+\frac{y}{2}\right) & 0 & -\frac{1}{2}\left(1+\frac{y}{2}\right) & 0 & -\frac{1}{2}\left(1-\frac{y}{2}\right) & 0 & \frac{1}{2}\left(1-\frac{y}{2}\right) & 0 \\ 0 & \frac{1}{8}(1+2x) & 0 & \frac{1}{8}(1-2x) & 0 & -\frac{1}{8}(1-2x) & 0 & -\frac{1}{8}(1+2x) \\ \frac{1}{8}(1+2x) & \frac{1}{2}\left(1+\frac{y}{2}\right) & \frac{1}{8}(1-2x) & -\frac{1}{2}\left(1+\frac{y}{2}\right) & -\frac{1}{8}(1-2x) & -\frac{1}{2}\left(1-\frac{y}{2}\right) & -\frac{1}{8}(1+2x) & \frac{1}{2}\left(1-\frac{y}{2}\right) \end{bmatrix} \begin{Bmatrix} 0 \\ U_6 \\ U_4 \\ U_5 \\ 0 \\ 0 \\ 0 \\ 0 \end{Bmatrix}$$

$$= \begin{Bmatrix} -\frac{U_4}{2}\left(1+\frac{y}{2}\right) \\ \frac{U_6}{8}(1+2x) + \frac{U_5}{8}(1-2x) \\ \frac{U_4}{8}(1-2x) + \frac{(U_6-U_5)}{2}\left(1+\frac{y}{2}\right) \end{Bmatrix}, \tag{13.63}$$

ou seja,

$$\begin{aligned} \varepsilon_{xx} &= -\frac{10^{-5}}{2}\left(1+\frac{y}{2}\right)[-0,035+0,087\cos(105t-1,571)] \\ \varepsilon_{yy} &= \frac{10^{-5}}{8}(1+2x)[-19,337+48,465\cos(105t-1,571)] + \frac{10^{-5}}{8}(1-2x)[-19,268+48,290\cos(105t-1,571)] \\ \gamma_{xy} &= \frac{10^{-5}}{8}(1-2x)[-0,035+0,087\cos(105t-1,571)] + \frac{10^{-5}}{2}\left(1+\frac{y}{2}\right)[-0,069+0,175\cos(105t-1,571)]. \end{aligned} \tag{13.64}$$

Finalmente, as tensões σ_{xx}, σ_{yy} e σ_{xy} em regime permanente, no ponto $P \equiv (x;\ y)$ do elemento 3, podem ser calculadas de acordo com (10.58) e (11.64), lembrando que os módulos elásticos efetivos para o solo são $E_{*S} = 1{,}099 \times 10^8$ Pa e $\nu_{*S} = 0{,}429$:

$$\begin{Bmatrix} \sigma_{xx} \\ \sigma_{yy} \\ \sigma_{xy} \end{Bmatrix} = \frac{E_*}{1-\nu_*^2} \begin{bmatrix} 1 & \nu_* & 0 \\ \nu_* & 1 & 0 \\ 0 & 0 & \dfrac{1-\nu_*}{2} \end{bmatrix} \begin{Bmatrix} \varepsilon_{xx} \\ \varepsilon_{yy} \\ \gamma_{xy} \end{Bmatrix} =$$

$$= 10^7 \begin{bmatrix} 13,469 & 5,778 & 0 \\ 5,778 & 13,469 & 0 \\ 0 & 0 & 3,845 \end{bmatrix} \begin{Bmatrix} \varepsilon_{xx} \\ \varepsilon_{yy} \\ \gamma_{xy} \end{Bmatrix} \tag{13.65}$$

ou seja (valores em kPa):

$$\begin{aligned} \sigma_{xx} = & -\frac{1{,}347}{2}\left(1+\frac{y}{2}\right)[-0{,}035+0{,}087\cos(105t-1{,}571)] \\ & +\frac{0{,}578}{2}(1+2x)[-19,337+48{,}465\cos(105t-1{,}571)] \\ & +\frac{0{,}578}{8}(1-2x)[-19{,}268+48{,}290\cos(105t-1{,}571)] \end{aligned}$$

$$\begin{aligned} \sigma_{yy} = & -\frac{0{,}578}{2}\left(1+\frac{y}{2}\right)[-0{,}035+0{,}087\cos(105t-1{,}571)] \\ & +\frac{1{,}347}{8}(1+2x)[-19,337+48{,}465\cos(105t-1{,}571)] \\ & +\frac{1{,}347}{8}(1-2x)[-19{,}268+48{,}290\cos(105t-1{,}571)] \end{aligned} \tag{13.66}$$

$$\begin{aligned} \sigma_{xy} = & \frac{0{,}385}{2}\left(1+\frac{y}{2}\right)[-0{,}069+0{,}175\cos(105t-1{,}571)] \\ & +\frac{0{,}385}{8}(1-2x)[-0,035+0,087\cos(105t-1{,}571)]. \end{aligned}$$

Em particular, para o ponto $P \equiv (0{,}5;\ 2{,}0)$ do elemento 3, as tensões normais (valores em kPa) obtidas pela aplicação do método da superposição modal ao modelo da Figura 11.21 são:

$$\begin{aligned} \sigma_{xx} &= -2{,}747 + 6{,}883\cos(105t - 1{,}571) \\ \sigma_{yy} &= -6{,}491 + 16{,}269\cos(105t - 1{,}571). \end{aligned} \tag{13.67}$$

A tensão tangencial σ_{xy} dá valores desprezíveis. A Figura 13.10 apresenta as respostas destas tensões no domínio do tempo, considerando apenas a solução estacionária, isto é, desconsiderando condições iniciais e o regime transitório.

Figura 13.10

Resposta no domínio do tempo para as tensões σ_{xx} e σ_{yy} no ponto $P \equiv (0,5; 2,0)$ do elemento 3 do modelo da Figura 11.21.

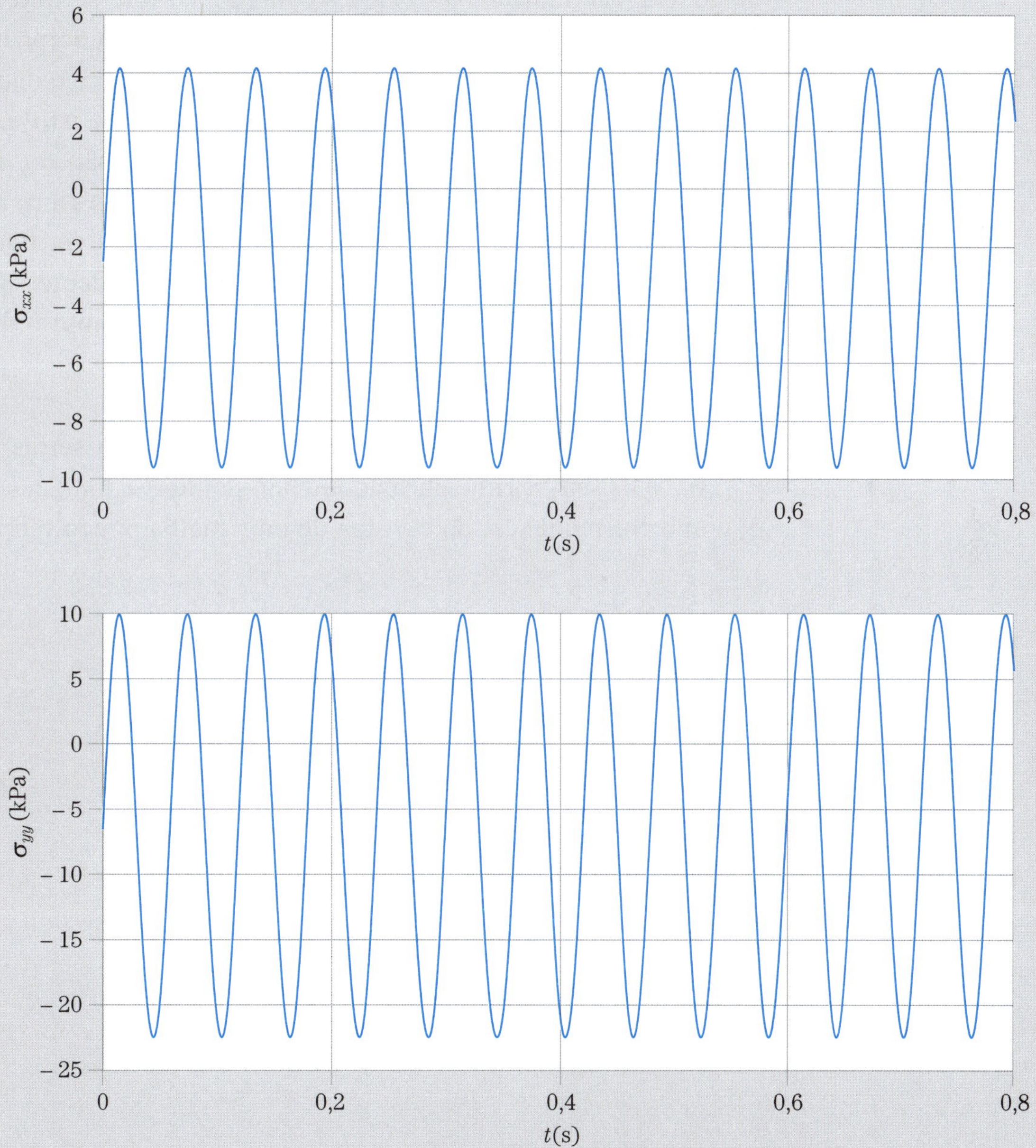

Note-se que, embora a amplitude da parcela harmônica ("dinâmica") do carregamento seja igual à parcela constante ("quase estática"), devido à ressonância com o primeiro modo, as amplitudes "dinâmicas" das tensões resultam sensivelmente maiores do que as "quase estáticas". De fato, para a maior componente de tensão normal, que é σ_{yy}, a amplitude "dinâmica" (16,269 kPa) é 2,51 vezes maior do que a "quase estática" (6,491 kPa). São obtidos os seguintes valores para as tensões extremas: tensão normal σ_{xx} entre 4,136 kPa (tração) e −9,630 kPa (compressão); tensão normal σ_{yy} entre 9,778 kPa (tração) e −22,760 kPa (compressão); tensão tangencial σ_{xy} entre 0,040 kPa e −0,094 kPa. Note-se que, em especial, a tensão de tração de 9,778 kPa para σ_{yy}, quando superposta àquela decorrente do peso próprio do bloco, ou seja, −24,525 kPa, não considerada na análise, dá um valor resultante de −14,747 kPa, isto é, compressão na direção vertical. Raciocínio análogo para a tensão σ_{xx} indicaria que também não haveria tração na direção horizontal. Assim, a hipótese de ausência de tração no solo, feita no Exemplo 32, fica verificada. A Figura 13.11 mostra os resultados de σ_{xx} e σ_{yy} correspondentes aos da Figura 13.10, agora obtidos por integração numérica no domínio do tempo pelo programa ADINA®.

Evidentemente, estas são estimativas muito grosseiras das tensões σ_{xx}, σ_{yy} e σ_{xy} em regime permanente, no ponto $P \equiv (0{,}5; 2{,}0)$ do elemento 3, como consequência da escolha de uma malha pouco refinada.

■

Figura 13.11
Resposta no domínio do tempo para as tensões σ_{xx} e σ_{yy} no ponto $P \equiv (0,5;\ 2,0)$ do elemento 3 do modelo da Figura 11.21, obtidas pelo programa ADINA® para condições iniciais triviais.

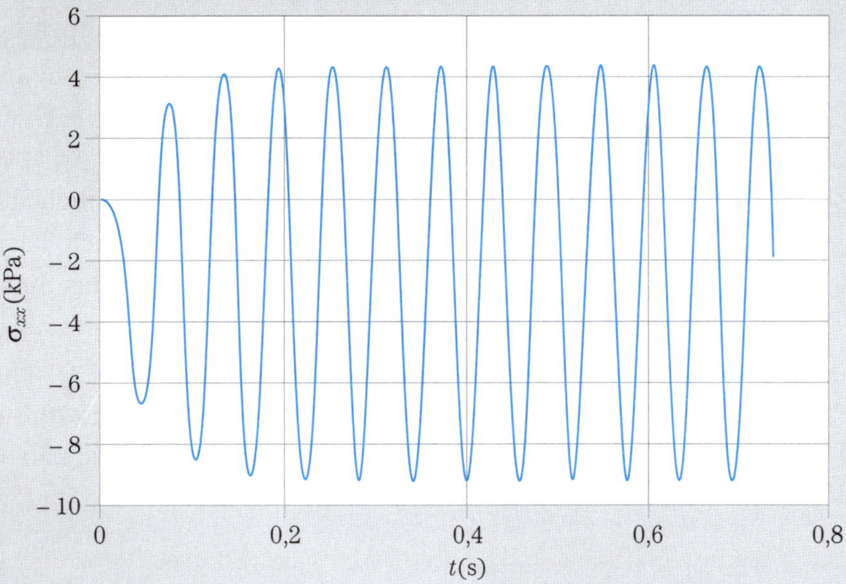

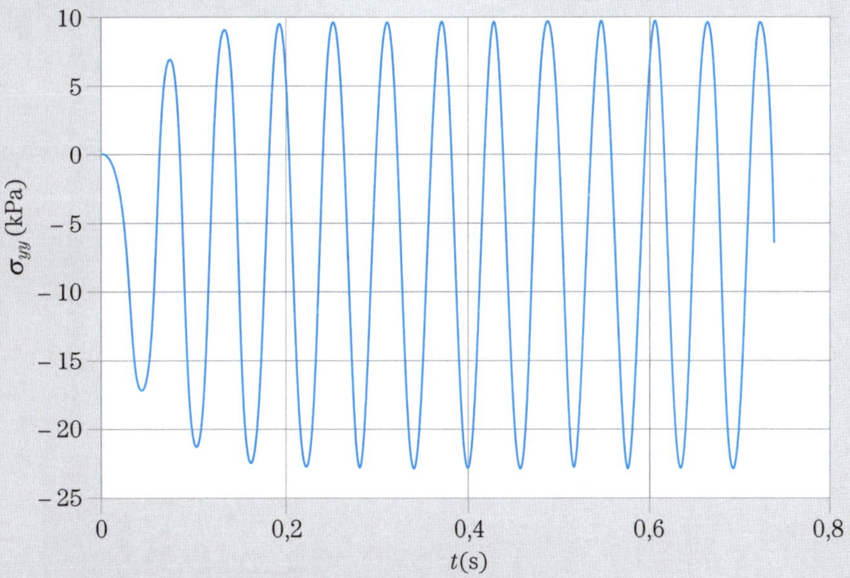

■

13.1.1 Controle passivo

Sistemas de controle passivo são dispositivos associados ao sistema estrutural a ser controlado, que alteram suas propriedades de massa, amortecimento ou rigidez, projetados de tal sorte que atenuem sua resposta dinâmica. Sistemas de controle elementares já foram objeto de consideração neste texto, como nos Exemplos 3 a 5, sem que, no entanto, o número de graus de liberdade do modelo fosse alterado. No exemplo que se segue, considerar-se-á o dispositivo conhecido na literatura de língua inglesa como TMD (*tuned-mass damper*), que nada mais é do que um oscilador massa-mola-amortecedor conectado ao sistema estrutural a ser controlado, como um apêndice, acrescentando ao modelo matemático mais um grau de liberdade. Mediante uma criteriosa escolha de seus parâmetros, de sorte que a massa do TMD seja pequena comparada às massas modais da estrutura, pretende-se que esse apêndice seja sintonizado de forma a extrair parcela substancial da energia cinética introduzida pelas ações dinâmicas no sistema estrutural. Evidentemente, não basta poupar a estrutura, mas também é importante que o TMD tenha respostas dinâmicas compatíveis com sua resistência e durabilidade e, ainda, que seu movimento não cause choques mecânicos com a estrutura a ser protegida. Outros sistemas de controle passivo, tais como elementos estruturais viscoelásticos de contraventamento, lajes-sanduíche, atenuadores fluidodinâmicos e magnéticos, não serão discutidos neste texto.

EXEMPLO 41 — Análise de um oscilador de um grau de liberdade controlado por um TMD (*tuned mass damper*)

Considere-se, inicialmente, o sistema massa-mola-amortecedor de um grau de liberdade da Figura 13.12 submetido a um carregamento harmônico ressonante $p(t) = p_0 \operatorname{sen}\bar{\omega}t$, com $\bar{\omega} = \omega_0 = \sqrt{\dfrac{k_1}{m_1}} = \sqrt{\dfrac{k}{m}}$.

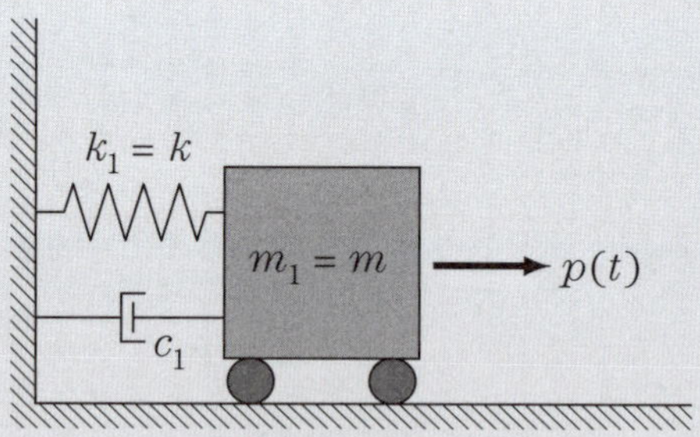

Figura 13.12
Sistema massa-mola-amortecedor original.

Supondo-se uma taxa de amortecimento $\xi = \dfrac{c_1}{2m_1\omega_0} = 0{,}05$, a resposta máxima em regime estacionário terá amplitude $\rho = D\left(\dfrac{p_0}{k}\right) = \dfrac{1}{2\xi}\left(\dfrac{p_0}{k}\right) = 10\left(\dfrac{p_0}{k}\right)$, como se sabe de (6.8) e (6.15). Desejando-se atenuar esse deslocamento, acrescenta-se ao sistema original um TMD, que, como já se disse, nada mais é do que um outro oscilador massa-mola-amortecedor, transformando-o em um sistema de dois graus de liberdade, conforme indica a Figura 13.13.

Figura 13.13
Sistema com TMD.

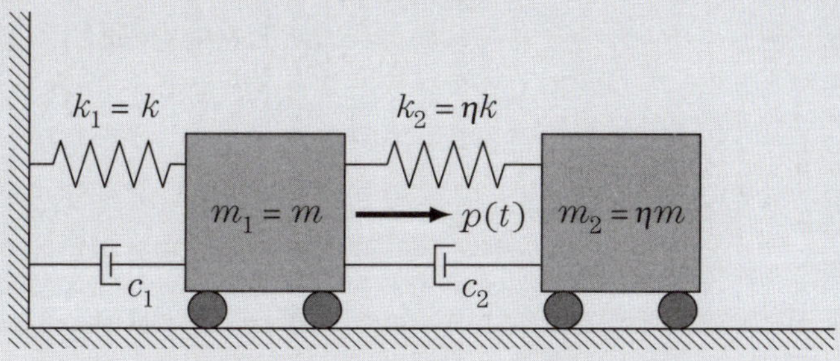

Impõe-se o critério de sintonia entre a frequência do TMD e a frequência do carregamento que, neste caso, é igual à frequência natural ω_0 da estrutura original, isto é:

$$\frac{k_2}{m_2} = \omega_0^2. \tag{13.68}$$

Isso se consegue, aqui, fazendo-se $k_2 = \eta k$ e $m_2 = \eta m$. É interessante, do ponto de vista de um projeto mais econômico, impor-se que $0 < \eta \ll 1$. Aqui se considerará o caso em que $\eta = 0{,}1$. Note-se que o sistema não amortecido associado ao modelo da Figura 13.13 coincide com o do Exemplo 33, para o qual as frequências naturais e os modos de vibração já foram determinados:

$$\omega_1 = 0{,}854\omega_0, \qquad \Phi_1 = \begin{Bmatrix} 0{,}2702 \\ 1 \end{Bmatrix} \tag{13.69}$$

$$\omega_2 = 1{,}171\omega_0, \qquad \Phi_2 = \begin{Bmatrix} -0{,}3702 \\ 1 \end{Bmatrix}. \tag{13.70}$$

Supõe-se, aqui, amortecimento proporcional com $a_0 = 0$ e $a_1 = \dfrac{2\xi}{\omega_0} = \dfrac{0{,}1}{\omega_0}$. Nas coordenadas modais Y_1 e Y_2, aplica-se (13.13), com

$$M_1^* = \Phi_1^T \mathbf{M}\Phi_1 = 0{,}1730\ m \tag{13.71}$$

$$K_1^* = \Phi_1^T \mathbf{K}\Phi_1 = 0{,}1262\ k \tag{13.72}$$

$$C_1^* = a_1 K_1^* = 0{,}0126\ \frac{k}{\omega_0} \tag{13.73}$$

$$R_1^* = \Phi_1^T \begin{Bmatrix} p_0 \operatorname{sen} \omega_0 t \\ 0 \end{Bmatrix} = 0{,}2702 p_0 \operatorname{sen} \omega_0 t; \tag{13.74}$$

e

$$M_2^* = \Phi_2^T \, \mathbf{M} \Phi_2 = 0{,}2371 \; m, \tag{13.75}$$

$$K_2^* = \Phi_2^T \, \mathbf{K} \Phi_2 = 0{,}3251 \; k, \tag{13.76}$$

$$C_2^* = a_1 K_2^* = 0{,}0325 \, \frac{k}{\omega_0}, \tag{13.77}$$

$$R_2^* = \Phi_2^T \begin{Bmatrix} p_0 \operatorname{sen} \omega_0 t \\ 0 \end{Bmatrix} = -0{,}3702 p_0 \operatorname{sen} \omega_0 t; \tag{13.78}$$

As equações modais ficam:

$$\ddot{Y}_1 + 2\xi_1 \omega_1 \dot{Y}_1 + \omega_1^2 Y_1 = \frac{R_1^*}{M_1^*} = 1{,}5617 \, \frac{p_0}{m} \operatorname{sen} \omega_0 t, \tag{13.79}$$

$$\ddot{Y}_2 + 2\xi_2 \omega_2 \dot{Y}_2 + \omega_2^2 Y_2 = \frac{R_2^*}{M_2^*} = -1{,}5617 \, \frac{p_0}{m} \operatorname{sen} \omega_0 t, \tag{13.80}$$

com

$$\xi_1 = \frac{C_1^*}{2 M_1^* \omega_1} = 0{,}0427, \tag{13.81}$$

$$\xi_2 = \frac{C_2^*}{2 M_2^* \omega_2} = 0{,}0585, \tag{13.82}$$

$$\beta_1 = \frac{\omega_0}{\omega_1} = 1{,}171 \quad \text{e} \quad \beta_2 = \frac{\omega_0}{\omega_2} = 0{,}854, \tag{13.83}$$

$$D_1(\beta_1; \xi_1) = 2{,}604, \tag{13.84}$$

$$D_2(\beta_2; \xi_2) = 3{,}465, \tag{13.85}$$

$$\bar{\theta}_1(\beta_1; \xi_1) = 2{,}878, \tag{13.86}$$

$$\bar{\theta}_2(\beta_2; \xi_2) = 0{,}354. \tag{13.87}$$

As respostas modais, em regime permanente, serão:

$$Y_1 = D_1 \frac{R_1^*}{K_1^*} \text{sen}\left(\omega_0 t - \bar{\theta}_1\right) = 5{,}574 \frac{p_0}{k} \text{sen}\left(\omega_0 t - \bar{\theta}_1\right), \tag{13.88}$$

$$Y_2 = D_2 \frac{R_2^*}{K_2^*} \text{sen}\left(\omega_0 t - \bar{\theta}_2\right) = -3{,}946 \frac{p_0}{k} \text{sen}\left(\omega_0 t - \bar{\theta}_2\right). \tag{13.89}$$

Considerando-se a superposição modal, tem-se:

$$u_1 = 0{,}2702 Y_1 - 0{,}3702 Y_2, \tag{13.90}$$

$$u_2 = Y_1 + Y_2, \tag{13.91}$$

e, portanto, as respostas do sistema a ser controlado e do TMD são, respectivamente:

$$\begin{aligned} u_1 &= 1{,}506 \frac{p_0}{k} \text{sen}\left(\omega_0 t - 2{,}878\right) + 1{,}461 \frac{p_0}{k} \text{sen}\left(\omega_0 t - 0{,}354\right) \\ &= 0{,}902 \left(\frac{p_0}{k}\right) \text{sen}\left(\omega_0 t - 1{,}664\right); \end{aligned} \tag{13.92}$$

$$\begin{aligned} u_2 &= 5{,}574 \frac{p_0}{k} \text{sen}\left(\omega_0 t - 2{,}878\right) - 3{,}946 \frac{p_0}{k} \text{sen}\left(\omega_0 t - 0{,}354\right) \\ &= 9{,}084 \left(\frac{p_0}{k}\right) \text{sen}\left(\omega_0 t - 3{,}132\right). \end{aligned} \tag{13.93}$$

A amplitude da resposta do sistema com o TMD, para o carregamento que era ressonante na situação original, reduziu-se a 9% do valor anterior, o que é um fato auspicioso.

Note-se que também se recomenda analisar criteriosamente a resposta u_2 do TMD, pois pode ser excessiva do ponto de vista de condicionantes cinemáticas (interferência com o movimento do sistema a ser controlado, com risco de impacto) ou de resistência mecânica (análise dos esforços na mola de rigidez k_2 ou no amortecedor de constante c_2).

Deve-se, finalmente, verificar as amplitudes da resposta do sistema a ser controlado para as novas condições de ressonância que surgem após o acréscimo do TMD. Para

$$\begin{aligned} \bar{\omega} &= \omega_1 \\ \beta_1 &= 1 \\ \beta_2 &= 0{,}730 \end{aligned} \quad \Rightarrow \quad \begin{aligned} D_1 &= 11{,}7 \\ D_2 &= 2{,}10 \\ \bar{\theta}_1 &= 1{,}571 \\ \bar{\theta}_2 &= 0{,}181 \end{aligned} \tag{13.94}$$

tem-se:

$$\begin{aligned} u_1 &= 6{,}774\left(\frac{p_0}{k}\right)\operatorname{sen}(\omega_1 t - 1{,}571) + 0{,}886\left(\frac{p_0}{k}\right)\operatorname{sen}(\omega_1 t - 0{,}181) \\ &= 6{,}987\left(\frac{p_0}{k}\right)\operatorname{sen}(\omega_1 t - 1{,}446), \end{aligned} \tag{13.95}$$

e para

$$\begin{aligned} \bar{\omega} &= \omega_2 \\ \beta_1 &= 1{,}370 \\ \beta_2 &= 1 \end{aligned} \quad \Rightarrow \quad \begin{aligned} D_1 &= 1{,}13 \\ D_2 &= 8{,}54 \\ \bar{\theta}_1 &= 3{,}009 \\ \bar{\theta}_2 &= 1{,}571 \end{aligned} \tag{13.96}$$

tem-se:

$$\begin{aligned} u_1 &= 0{,}652\left(\frac{p_0}{k}\right)\operatorname{sen}(\omega_2 t - 3{,}009) + 3{,}600\left(\frac{p_0}{k}\right)\operatorname{sen}(\omega_2 t - 1{,}571) \\ &= 3{,}743\left(\frac{p_0}{k}\right)\operatorname{sen}(\omega_2 t - 1{,}745), \end{aligned} \tag{13.97}$$

Constata-se que, ao pico ressonante original, fica associado um vale na curva de resposta em frequência (amplitude-frequência) associada ao grau de liberdade u_1 do sistema controlado pelo TMD, mas surgem dois outros picos, para as novas frequências de ressonância ω_1 e ω_2, porém com amplitudes menores do que a original (70% e 37%, respectivamente), conforme mostra a Figura 13.14. O projeto do TMD deve levar em consideração todos esses aspectos.

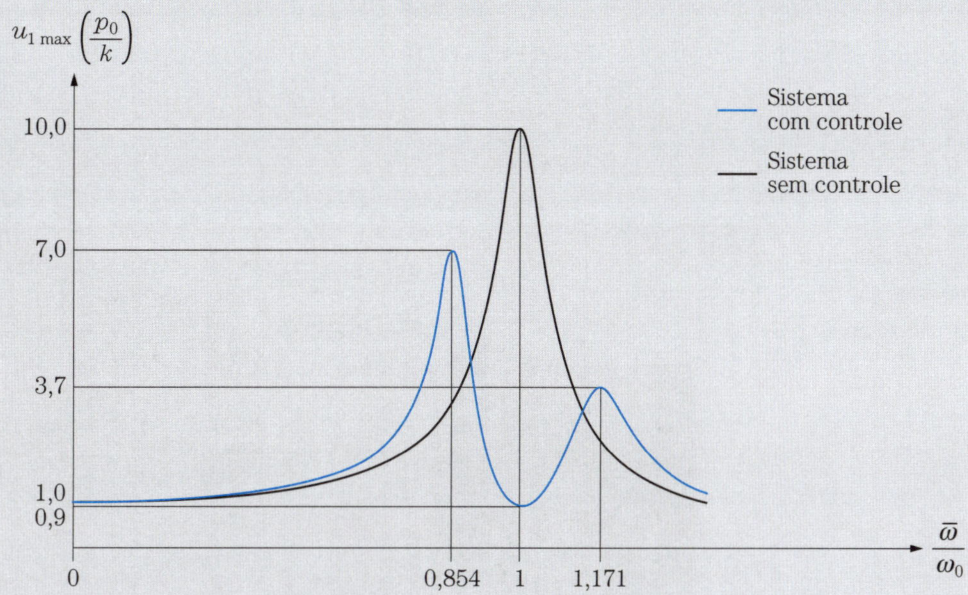

Figura 13.14
Curva de resposta em frequência para o sistema original e o controlado pelo TMD.

Note-se que o pêndulo rígido dos Exemplos 29 e 34 comporta-se como um TMD para a viga contínua à qual está conectado elasticamente.

■

EXEMPLO 42 Controle passivo de ponte por meio de TMD's

Considera-se, aqui, uma versão simplificada do problema de análise de um sistema de controle passivo de vibrações, por meio de TMD's, de uma ponte que suporta tráfego pesado de caminhões. Trata-se de exemplo inspirado em relato do Eng. Ronaldo Carvalho Battista (Battista e Magluta, 1994) a respeito do projeto de sistemas de controle de vibração de ponte de acesso ao píer de minério do Porto de Sepetiba (RJ), conforme ilustrado na Figura 13.15. Entretanto, o estudo de caso aqui apresentado é totalmente fictício. Considera-se, por simplicidade, uma ponte em grelha com três longarinas, simplesmente apoiadas nas ombreiras. As frequências naturais dos três primeiros modos de vibração dessa ponte são, respectivamente, f_1 = 6,0 Hz (modo simétrico com predominância de torção nas longarinas), f_2 = 10,0 Hz (modo simétrico com predominância de flexão no plano vertical das longarinas) e f_3 = 25,0 Hz (modo antissimétrico com predominância de torção nas longarinas). A Figura 13.16 ilustra os três primeiros modos de vibração.

Figura 13.15
TMD's da ponte de acesso ao píer de minério da Ponte de Sepetiba, RJ (imagem gentilmente cedida por Ronaldo Carvalho Battista).

Extensômetros foram instalados para determinar as deformações ao longo da ponte. A análise espectral das respostas dinâmicas sob ação de tráfego revelou picos nas frequências de 8,0 Hz (de pequena intensidade), 10,0 Hz (de grande intensidade) e 12,4 Hz (de pequena intensidade). A manutenção da situação descrita pode comprometer a durabilidade da estrutura devido à fadiga. Para reduzir a amplitude das vibrações, será considerado um par de TMD's instalado nas longarinas de extremidade, na seção de meio de vão, onde se localizam os ventres dos modos simétricos. Tais TMD's são constituídos por uma haste de aço em balanço, com rigidez à flexão EI, comprimento h e massa m, conforme se representa na Figura 13.17.

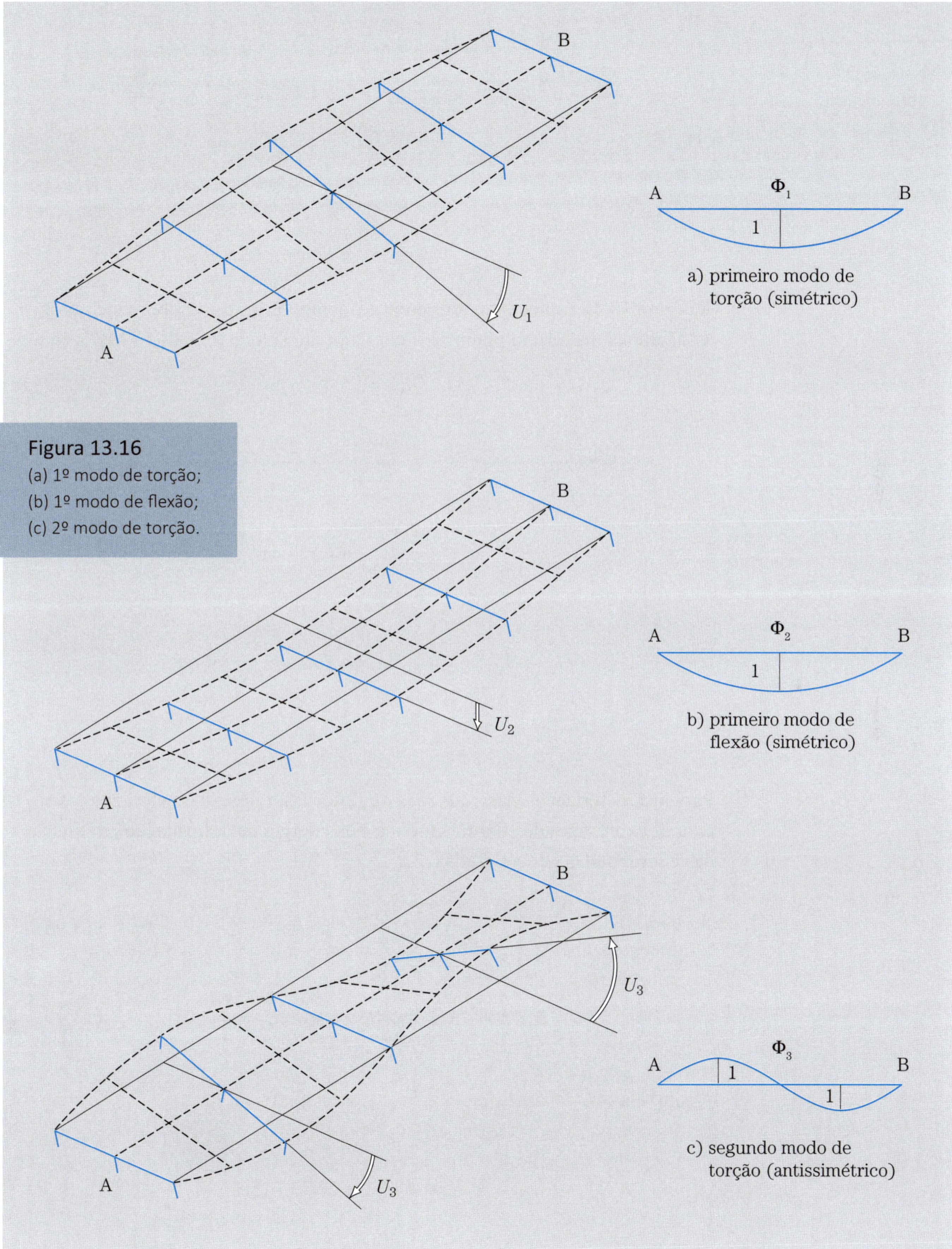

Figura 13.16
(a) 1º modo de torção;
(b) 1º modo de flexão;
(c) 2º modo de torção.

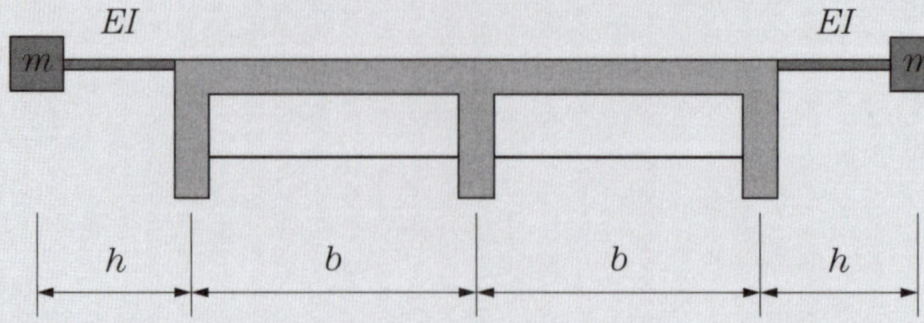

Figura 13.17
Ponte em grelha com TMD's instalados na seção onde se localizam os ventres dos modos simétricos.

A Figura 13.18 representa, esquematicamente, os graus de liberdade modais associados à flexão no plano vertical da ponte (modo 2) e dos TMD's (modos 4 e 5).

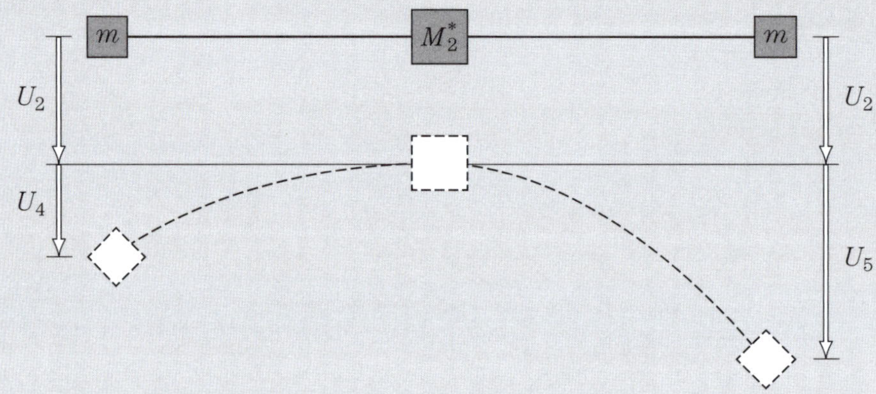

Figura 13.18
Representação dos graus de liberdade 2, 4 e 5.

Para a caracterização das equações de Euler-Lagrange, é conveniente explicitar as expressões da energia cinética e da energia de deformação em função das coordenadas generalizadas.

$$\mathcal{T} = \frac{1}{2}\left[J_1^* + 2m(b+h)^2\right]\dot{U}_1^2 + \frac{1}{2}M_2^*\dot{U}_2^2 + \frac{1}{2}J_3^*\dot{U}_3^2 + \frac{1}{2}m\left(\dot{U}_2 + \dot{U}_4\right)^2 + \frac{1}{2}m\left(\dot{U}_2 + \dot{U}_5\right)^2 \quad (13.98)$$

$$\mathcal{U} = \frac{1}{2}K_1^*U_1^2 + \frac{1}{2}K_2^*U_2^2 + \frac{1}{2}K_3^*U_3^2 + \frac{1}{2}kU_4^2 + \frac{1}{2}kU_5^2 \quad (13.99)$$

Assim:

$$
\begin{aligned}
&\frac{d}{dt}\left(\frac{\partial \mathcal{T}}{\partial \dot{U}_1}\right) = \left[J_1^* + 2m\,(b+h)^2\right]\ddot{U}_1 \quad \text{e} \quad \frac{\partial \mathcal{T}}{\partial U_1} = 0 \\
&\frac{d}{dt}\left(\frac{\partial \mathcal{T}}{\partial \dot{U}_2}\right) = \left(M_2^* + 2m\right)\ddot{U}_2 + m\ddot{U}_4 + m\ddot{U}_5 \quad \text{e} \quad \frac{\partial \mathcal{T}}{\partial U_2} = 0 \\
&\frac{d}{dt}\left(\frac{\partial \mathcal{T}}{\partial \dot{U}_3}\right) = J_3^*\ddot{U}_3 \quad \text{e} \quad \frac{\partial \mathcal{T}}{\partial U_3} = 0 \\
&\frac{d}{dt}\left(\frac{\partial \mathcal{T}}{\partial \dot{U}_4}\right) = m\ddot{U}_2 + m\ddot{U}_4 \quad \text{e} \quad \frac{\partial \mathcal{T}}{\partial U_4} = 0 \\
&\frac{d}{dt}\left(\frac{\partial \mathcal{T}}{\partial \dot{U}_5}\right) = m\ddot{U}_2 + m\ddot{U}_5 \quad \text{e} \quad \frac{\partial \mathcal{T}}{\partial U_5} = 0 \\
&\frac{\partial \mathcal{U}}{\partial U_1} = K_1^* U_1 \\
&\frac{\partial \mathcal{U}}{\partial U_2} = K_2^* U_2 \\
&\frac{\partial \mathcal{U}}{\partial U_3} = K_3^* U_3 \\
&\frac{\partial \mathcal{U}}{\partial U_4} = kU_4 \\
&\frac{\partial \mathcal{U}}{\partial U_5} = kU_5
\end{aligned}
\tag{13.100}
$$

de sorte que, a partir da equação de Euler-Lagrange (10.41), as matrizes de massa e de rigidez poderão ser escritas na forma:

$$
\mathbf{M} = \begin{bmatrix} J_1^* + 2m\,(b+h)^2 & 0 & 0 & 0 & 0 \\ 0 & M_2^* + 2m & 0 & m & m \\ 0 & 0 & J_3^* & 0 & 0 \\ 0 & m & 0 & m & 0 \\ 0 & m & 0 & 0 & m \end{bmatrix}; \tag{13.101}
$$

$$
\mathbf{K} = \begin{bmatrix} K_1^* & 0 & 0 & 0 & 0 \\ 0 & K_2^* & 0 & 0 & 0 \\ 0 & 0 & K_3^* & 0 & 0 \\ 0 & 0 & 0 & k & 0 \\ 0 & 0 & 0 & 0 & k \end{bmatrix}. \tag{13.102}
$$

Dos dados do problema, sabe-se que as frequências naturais originais são tais que:

$$\omega_{10} = 2\pi f_1 = 12\pi \text{ rad/s} = \sqrt{\frac{K_1^*}{J_1^*}} \tag{13.103}$$

$$\omega_{20} = 2\pi f_2 = 20\pi \text{ rad/s} = \sqrt{\frac{K_2^*}{M_2^*}} \tag{13.104}$$

$$\omega_{30} = 2\pi f_3 = 50\pi \text{ rad/s} = \sqrt{\frac{K_3^*}{J_3^*}}. \tag{13.105}$$

Como condição de projeto do TMD, impôs-se a sintonia com a frequência dominante do carregamento (10 Hz), que é ressonante com o segundo modo, isto é:

$$k = \frac{3EI}{h^3} = m\,(\omega_{20})^2 \quad \Rightarrow \quad \frac{EI}{mh^3} = \frac{(20\pi)^2}{3}. \tag{13.106}$$

A massa do TMD deve ser uma pequena fração da massa modal M_2^*, isto é, o parâmetro de projeto

$$\eta = \frac{m}{M_2^*} \tag{13.107}$$

deve ser pequeno comparado com a unidade. Para a discussão das implicações da instalação do par de TMDs, é necessário examinar a nova equação de frequência (12.5)

$$\left|\mathbf{K} - \omega^2\mathbf{M}\right| = 0, \tag{13.108}$$

que pode ser escrita, de forma explícita, como

$$A(\omega^2)\,B(\omega^2)\,C(\omega^2)\,D(\omega^2) = 0, \tag{13.109}$$

onde

$$A(\omega^2) = K_1^* - [J_1^* + 2m\,(b + h)^2]\omega^2 \tag{13.110}$$

$$B(\omega^2) = K_3^* - J_3^*\omega^2 \tag{13.111}$$

$$C(\omega^2) = [K_2^* - (M_2^* + 2m)\omega^2](k - m\omega^2)^2 - 2(m\omega^2)^2\,(k - m\omega^2) \tag{13.112}$$

$$D(\omega^2) = k - m\omega^2. \tag{13.113}$$

Portanto, as frequências naturais do sistema com controle são obtidas impondo-se que ou $A(\omega^2) = 0$, ou $B(\omega^2) = 0$, ou $C(\omega^2) = 0$ ou $D(\omega^2) = 0$.

Da imposição $A(\omega^2) = 0$, observa-se que a nova frequência do modo 1 ficará menor do que 6 Hz, pois

$$\omega_1 = \sqrt{\frac{K_1^*}{J_1^* + 2m(b+h)^2}} < \sqrt{\frac{K_1^*}{J_1^*}}. \tag{13.114}$$

Da imposição de $B(\omega^2) = 0$, a frequência do modo 3 ficará inalterada. Da imposição de $C(\omega^2) = 0$, constata-se que, no lugar de ω_{20}, surgirão duas novas frequências ω_{2-} e ω_{2+}, dadas por

$$\omega_{2-} = \omega_{20}\sqrt{1+\eta-\sqrt{(1+\eta)^2-1}} < \omega_{20}; \tag{13.115}$$

$$\omega_{2+} = \omega_{20}\sqrt{1+\eta+\sqrt{(1+\eta)^2-1}} > \omega_{20}. \tag{13.116}$$

Portanto, o pico ressonante em torno da frequência ω_{20} será substituído por um vale, com dois outros picos menores nas proximidades de ω_{2-} e ω_{2+}, valendo qualitativamente a mesma situação discutida a respeito da Figura 13.14. Assim, se for adotado o valor $\eta = 0{,}10$, as novas frequências naturais em torno da frequência ω_{20} serão $\omega_{2-} = 50{,}3$ rad/s ($f_{2-} = 8{,}0$ Hz) e $\omega_{2+} = 78{,}4$ rad/s ($f_{2+} = 12{,}4$ Hz). Note-se que a estrutura foi poupada do pico ressonante de grande amplitude, associado ao carregamento de frequência 10 Hz, mas foi exposta a dois outros picos ressonantes, embora de menor amplitude, associados aos carregamentos de frequência 8 Hz e 12 Hz. Já se for adotado o valor $\eta = 0{,}05$, as novas frequências naturais em torno da frequência ω_{20} passarão a ser $\omega_{2-} = 53{,}7$ rad/s ($f_{2-} = 8{,}5$ Hz) e $\omega_{2+} = 73{,}6$ rad/s ($f_{2+} = 11{,}7$ Hz), tirando a estrutura dos três picos ressonantes associados às frequências dominantes do carregamento, com um projeto muito mais leve e econômico do TMD. Naturalmente, para que se possa afirmar categoricamente que uma determinada escolha de parâmetros de projeto de TMD seja a melhor, é necessário analisar as respostas dinâmicas tanto da estrutura quanto do TMD, de sorte a verificar todas as exigências pertinentes a ambos, conforme já discutido anteriormente.

A imposição de $D(\omega^2) = 0$ conduz à frequência dos modos locais dos TMDs, ou seja,

$$\omega_{TMD} = \sqrt{\frac{k}{m}}. \tag{13.117}$$

■

13.2 Análise no domínio da frequência

Generaliza-se aqui o procedimento descrito na Seção 9.2 para sistemas de um grau de liberdade. Evidentemente, tudo o que se afirmou para os sistemas de um grau de liberdade poderá ser diretamente aplicado aos de vários graus de liberdade, desde que o método da superposição modal esteja sendo usado e tenha produzido equações desacopladas. De fato, para o caso de amortecimento do tipo Rayleigh ou que, de forma mais geral, satisfaça à condição de ortogonalidade (12.56), o método da superposição modal permite transformar o problema acoplado de vários graus de liberdade em vários problemas de um grau de liberdade, mediante a transformação de variáveis (13.1), já discutida na seção anterior. Entretanto, o que se pretende, agora, é tratar da formulação direta do problema de vários graus de liberdade, sem que o método da superposição modal tenha necessariamente sido utilizado.

Considere-se, inicialmente, a equação de movimento (11.20) de um sistema de vários graus de liberdade, submetido a um carregamento periódico expresso por

$$\mathbf{R} = \mathbf{R}_0 e^{i\bar{\omega}t}, \tag{13.118}$$

de sorte que a resposta em regime permanente possa ser expressa por

$$\mathbf{U} = \mathbf{U}_0 e^{i\bar{\omega}t}. \tag{13.119}$$

Naturalmente, tanto para **R**, como para **U**, apenas a parte real tem significado físico. Substituindo-se (13.118) e (13.119) em (11.20), vem:

$$\left(-\bar{\omega}^2\mathbf{M} + i\bar{\omega}\mathbf{C} + \mathbf{K}\right)\mathbf{U}_0 = \mathbf{R}_0, \tag{13.120}$$

sendo $-\bar{\omega}^2\mathbf{M} + i\bar{\omega}\mathbf{C} + \mathbf{K}$ denominada matriz de rigidez dinâmica. De (13.120) decorre

$$\mathbf{U}_0 = \mathbf{H}\mathbf{R}_0, \tag{13.121}$$

onde **H** é a matriz complexa de resposta em frequência, dada por

$$\mathbf{H} = \left(-\bar{\omega}^2\mathbf{M} + i\bar{\omega}\mathbf{C} + \mathbf{K}\right)^{-1}. \tag{13.122}$$

Recordam-se, agora, as expressões dos pares de transformadas de Fourier, tanto para deslocamentos quanto para carregamentos, isto é:

$$\mathbf{U}(t) = \frac{1}{2\pi}\mathrm{Re}\left[\int_{-\infty}^{\infty} \mathbf{U}(\bar{\omega})e^{i\bar{\omega}t}\,d\bar{\omega}\right]; \tag{13.123}$$

$$\mathbf{U}(\bar{\omega}) = \int_{-\infty}^{\infty} \mathbf{U}(t)e^{-i\bar{\omega}t}\,dt; \tag{13.124}$$

$$\mathbf{R}(t) = \frac{1}{2\pi}\mathrm{Re}\left[\int_{-\infty}^{\infty} \mathbf{R}(\bar{\omega})e^{i\bar{\omega}t}\,d\bar{\omega}\right]; \tag{13.125}$$

$$\mathbf{R}(\bar{\omega}) = \int_{-\infty}^{\infty} \mathbf{R}(t)e^{-i\bar{\omega}t}\,dt. \tag{13.126}$$

Assim, a resposta $\mathbf{U}(\bar{\omega})$ no domínio da frequência pode ser determinada uma vez conhecida a transformada de Fourier do carregamento $\mathbf{R}(\bar{\omega})$, por meio de:

$$\mathbf{U}(\bar{\omega}) = \mathbf{H}\mathbf{R}(\bar{\omega}), \tag{13.127}$$

como em (13.121). Evidentemente, a obtenção da resposta no domínio do tempo $\mathbf{U}(t)$ a partir da resposta no domínio da frequência depende da aplicação de (13.123).

No caso de carregamentos dinâmicos gerais, não necessariamente periódicos, poder-se-á raciocinar em termos de sua representação em série de Fourier, invocando-se o princípio da superposição de efeitos para se obter a resposta dinâmica.

13.3 Integração numérica

Em princípio, qualquer uma das técnicas discutidas na Seção 9.3 para a integração numérica de equações integrais ou diferenciais de movimento de sistemas de um grau de liberdade pode ser diretamente aplicada à integração das equações de movimento de sistemas de vários graus de liberdade, desde que o método da superposição modal esteja sendo usado e tenha produzido equações desacopladas, conforme discutido na Seção 13.1. Entretanto, o que se pretende agora é tratar da integração direta no domínio do tempo das equações diferenciais de movimento de sistemas de vários graus de liberdade, sem que se tenha optado necessariamente pela utilização do método da superposição modal. Para tanto, será necessária a generalização dos métodos numéricos anteriormente discutidos para um grau de liberdade na Seção 9.3.

13.3.1 Método de Runge-Kutta de 4ª ordem

A integração de (11.20) no domínio do tempo pode ser realizada por via numérica, generalizando os procedimentos utilizados na Seção 9.3.2 para um grau de liberdade. A aplicação do método de Runge-Kutta de 4ª ordem à integração da equação diferencial matricial de segunda ordem (11.20), que caracteriza o movimento de um oscilador de n graus de liberdade, pressupõe sua transformação em um sistema de $2n$ equações diferenciais de primeira ordem, o que se pode fazer com uma simples mudança de variáveis:

$$\mathbf{X} = \mathbf{U}, \tag{13.128}$$

$$\mathbf{Y} = \dot{\mathbf{U}}. \tag{13.129}$$

Note-se que $\mathbf{X}$ e $\mathbf{Y}$ nada mais são do que o vetor-deslocamento e o vetor-velocidade, sendo conhecidos seus valores em $t = 0$, isto é, as condições iniciais $\mathbf{X}_0 = \mathbf{U}_0$ e $\mathbf{Y}_0 = \dot{\mathbf{U}}_0$. Derivando-se membro a membro (13.128)-(13.129) e pré-multiplicando-se (11.20) pela inversa da matriz de massa, obtém-se o sistema de primeira ordem e os vetores de funções auxiliares $\mathbf{F}(\mathbf{Y})$ e $\mathbf{G}(\mathbf{X}, \mathbf{Y}, t)$:

$$\dot{\mathbf{X}} = \mathbf{F}(\mathbf{Y}) = \mathbf{Y} \tag{13.130}$$

$$\dot{\mathbf{Y}} = \mathbf{G}(\mathbf{X}, \mathbf{Y}, t) = \mathbf{M}^{-1}\,[\mathbf{R}(t) - \mathbf{KX} - \mathbf{CY}]. \tag{13.131}$$

Considera-se, por conveniência, que o tempo seja discretizado em intervalos de duração Δt constante, denominado passo de integração. Assim, conhecendo-se as condições iniciais para o deslocamento $\mathbf{X}_0$ e a velocidade $\mathbf{Y}_0$, pretende-se determinar o deslocamento $\mathbf{X}_i$ e a velocidade $\mathbf{Y}_i$ em um instante $t_i = i\Delta t$. Pode-se obter fórmulas recorrentes, de sorte que os valores do deslocamento $\mathbf{X}_{i+1}$ e da velocidade $\mathbf{Y}_{i+1}$ em um instante t_{i+1} sejam calculados a partir dos correspondentes valores $\mathbf{X}_i$ e $\mathbf{Y}_i$ em um instante t_i, conforme se indica:

$$\mathbf{X}_{i+1} = \mathbf{X}_i + \frac{\Delta t}{6}(\mathbf{F}_1 + 2\mathbf{F}_2 + 2\mathbf{F}_3 + \mathbf{F}_4) \tag{13.132}$$

$$\mathbf{Y}_{i+1} = \mathbf{Y}_i + \frac{\Delta t}{6}(\mathbf{G}_1 + 2\mathbf{G}_2 + 2\mathbf{G}_3 + \mathbf{G}_4), \tag{13.133}$$

onde

$$\begin{aligned}\mathbf{F}_1 &= \mathbf{F}(\mathbf{Y}_i),\\ \mathbf{F}_2 &= \mathbf{F}\left(\mathbf{Y}_i + \frac{\Delta t}{2}\mathbf{G}_1\right)\\ \mathbf{F}_3 &= \mathbf{F}\left(\mathbf{Y}_i + \frac{\Delta t}{2}\mathbf{G}_2\right)\\ \mathbf{F}_4 &= \mathbf{F}(\mathbf{Y}_i + \Delta t\mathbf{G}_3)\end{aligned} \tag{13.134}$$

$$\begin{aligned}\mathbf{G}_1 &= \mathbf{G}(\mathbf{X}_i, \mathbf{Y}_i, t_i),\\ \mathbf{G}_2 &= \mathbf{G}\left[\left(\mathbf{X}_i + \frac{\Delta t}{2}\mathbf{F}_1\right),\left(\mathbf{Y}_i + \frac{\Delta t}{2}\mathbf{G}_1\right),\left(t_i + \frac{\Delta t}{2}\right)\right]\\ \mathbf{G}_3 &= \mathbf{G}\left[\left(\mathbf{X}_i + \frac{\Delta t}{2}\mathbf{F}_2\right),\left(\mathbf{Y}_i + \frac{\Delta t}{2}\mathbf{G}_2\right),\left(t_i + \frac{\Delta t}{2}\right)\right]\\ \mathbf{G}_4 &= \mathbf{G}\left[(\mathbf{X}_i + \Delta t\mathbf{F}_3), (\mathbf{Y}_i + \Delta t\mathbf{G}_3), (t_i + \Delta t)\right].\end{aligned} \tag{13.135}$$

Para que essa solução seja uma boa aproximação da resposta, é recomendável adotar para Δt valor da ordem de $\frac{T^*}{20}$, mas nunca superior a $\frac{T^*}{10}$, sendo T^* o menor valor entre o período natural do modo mais alto considerado na análise e o menor período forçado relevante.

EXEMPLO 43

Integração numérica da equação de movimento pelo método de Runge-Kutta de 4ª ordem

Retomam-se os Exemplos 31, 36 e 39 e efetua-se a análise no domínio do tempo pelo método de Runge-Kutta de 4ª ordem para o pórtico modelado pela equação de movimento (11.20), com

$$\mathbf{M} = \begin{bmatrix} 174{,}29 & 10{,}48 & 10{,}48 \\ 10{,}48 & 7{,}62 & -2{,}86 \\ 10{,}48 & -2{,}86 & 7{,}62 \end{bmatrix} \tag{13.136}$$

$$\mathbf{K} = 10^4 \begin{bmatrix} 24 & 12 & 12 \\ 12 & 32 & 8 \\ 12 & 8 & 32 \end{bmatrix} \tag{13.137}$$

$$\mathbf{C} = 3{,}12 \times 10^{-3}\mathbf{K} = \begin{bmatrix} 748{,}8 & 374{,}4 & 374{,}4 \\ 374{,}4 & 998{,}4 & 249{,}6 \\ 374{,}4 & 249{,}6 & 998{,}4 \end{bmatrix} \tag{13.138}$$

$$\mathbf{R} = 1000\,\mathrm{sen}32{,}1t \begin{Bmatrix} 1 \\ 0 \\ 0 \end{Bmatrix}, \tag{13.139}$$

em unidades do sistema internacional e condições iniciais triviais $\mathbf{U}_0 = \mathbf{0}$ e $\dot{\mathbf{U}}_0 = \mathbf{0}$.

Adota-se $\Delta t = 0{,}005$ s, inferior a $\frac{1}{20}$ do período do carregamento, o qual coincide com o período do primeiro modo. As equações (13.132)-(13.133) permitem determinar o vetor de deslocamentos $\mathbf{X}_{i+1}$ e o de velocidades $\mathbf{Y}_{i+1}$. No caso presente, o gráfico da Figura 13.19 representa o deslocamento horizontal U_1 no topo dos pilares ao longo do tempo, obtido por meio desse procedimento.

Figura 13.19
Gráfico da resposta dinâmica, segundo o método de Runge--Kutta de 4ª ordem, com Δt = 0,005 s.

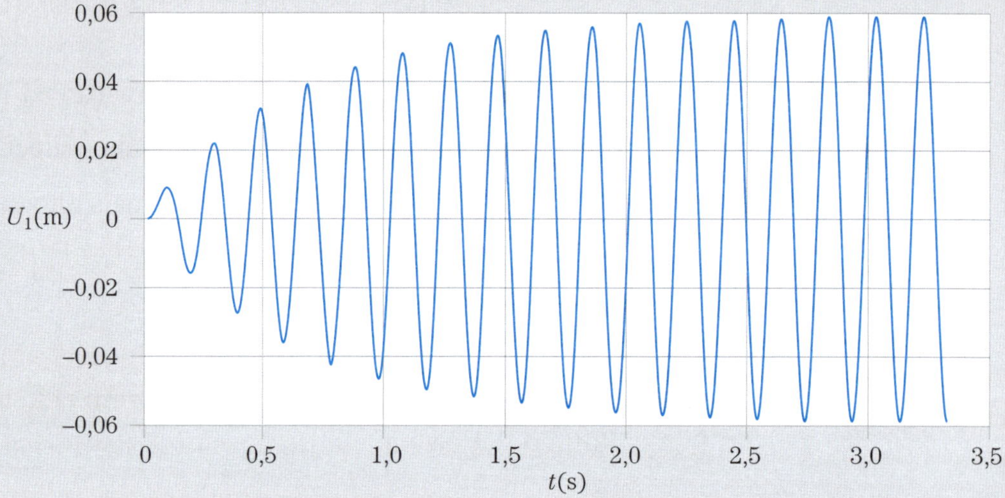

O valor máximo alcançado por U_1 é aproximadamente $0{,}059$ m, com boa concordância com o valor obtido no Exemplo 39, no qual se utilizou solução analítica combinada com o método da superposição modal. Note-se que o método de Runge-Kutta de 4ª ordem não é incondicionalmente estável. Neste exemplo, se tivesse sido adotado $\Delta t = 0{,}01$ s, a solução para $t \to \infty$ divergiria, o que não é evidentemente correto, conforme mostra a Figura 13.19. ■

13.3.2 Método de Euler-Gauss

A integração de (11.20) no domínio do tempo pode ser realizada por via numérica, generalizando os procedimentos utilizados na Seção 9.3.2 para um grau de liberdade. A generalização do método clássico de Euler-Gauss leva a:

$$\hat{\mathbf{K}}\mathbf{U}_{i+1} = \hat{\mathbf{R}}_{i+1}, \tag{13.140}$$

com

$$\hat{\mathbf{K}} = \mathbf{K} + \frac{4}{\Delta t^2}\mathbf{M} + \frac{2}{\Delta t}\mathbf{C}, \tag{13.141}$$

$$\hat{\mathbf{R}}_{i+1} = \mathbf{R}_{i+1} + \mathbf{M}\left(\frac{4}{\Delta t^2}\mathbf{U}_i + \frac{4}{\Delta t}\dot{\mathbf{U}}_i + \ddot{\mathbf{U}}_i\right) + \mathbf{C}\left(\frac{2}{\Delta t}\mathbf{U}_i + \dot{\mathbf{U}}_i\right). \tag{13.142}$$

Os valores referentes ao índice inferior i são calculados no instante $t = i\Delta t$, sendo Δt o passo de integração (constante). Em $t = 0$, o vetor-aceleração $\ddot{\mathbf{U}}_0$ pode ser calculado em função das condições iniciais $\mathbf{U}_0$ e $\dot{\mathbf{U}}_0$:

$$\ddot{\mathbf{U}}_0 = \mathbf{M}^{-1}\left(\mathbf{R}_0 - \mathbf{C}\dot{\mathbf{U}}_0 - \mathbf{K}\mathbf{U}_0\right). \tag{13.143}$$

As expressões (13.140)-(13.142) e (13.143) correspondem a (9.38)-(9.40) e (9.32) para um grau de liberdade. A determinação dos vetores de acelerações e velocidades pode ser realizada por meio de:

$$\ddot{\mathbf{U}}_{i+1} = \frac{4}{\Delta t^2}\left(\mathbf{U}_{i+1} - \mathbf{U}_i\right) - \frac{4}{\Delta t}\dot{\mathbf{U}}_i - \ddot{\mathbf{U}}_i, \tag{13.144}$$

$$\dot{\mathbf{U}}_{i+1} = \dot{\mathbf{U}}_i + \frac{\Delta t}{2}\ddot{\mathbf{U}}_i + \frac{\Delta t}{2}\ddot{\mathbf{U}}_{i+1}. \tag{13.145}$$

Para que a solução obtida seja uma boa aproximação da resposta, é recomendável adotar para Δt valor da ordem de $\frac{T^*}{20}$, mas nunca superior a $\frac{T^*}{10}$, sendo T^* o menor valor entre o período natural do modo mais alto considerado na análise e o menor período forçado relevante.

EXEMPLO 44

Integração numérica da equação do movimento pelo método de Euler-Gauss

Retomam-se os Exemplos 31, 36 e 39 e efetua-se a análise no domínio do tempo pelo método de Euler-Gauss para o pórtico modelado pela equação de movimento (11.20), com

$$\mathbf{M} = \begin{bmatrix} 174{,}29 & 10{,}48 & 10{,}48 \\ 10{,}48 & 7{,}62 & -2{,}86 \\ 10{,}48 & -2{,}86 & 7{,}62 \end{bmatrix} \tag{13.146}$$

$$\mathbf{K} = 10^4 \begin{bmatrix} 24 & 12 & 12 \\ 12 & 32 & 8 \\ 12 & 8 & 32 \end{bmatrix} \quad (13.147)$$

$$\mathbf{C} = 3{,}12 \times 10^{-3}\mathbf{K} = \begin{bmatrix} 748{,}8 & 374{,}4 & 374{,}4 \\ 374{,}4 & 998{,}4 & 249{,}6 \\ 374{,}4 & 249{,}6 & 998{,}4 \end{bmatrix} \quad (13.148)$$

$$\mathbf{R} = 1000\,\mathrm{sen}32{,}1t \begin{Bmatrix} 1 \\ 0 \\ 0 \end{Bmatrix}, \quad (13.149)$$

em unidades do sistema internacional e condições iniciais triviais $\mathbf{U}_0 = \mathbf{0}$ e $\dot{\mathbf{U}}_0 = \mathbf{0}$.

Adota-se Δt = 0,010 s, inferior a $\frac{1}{10}$ do período do carregamento, o qual coincide com o período do primeiro modo. As equações (13.140)-(13.142) permitem determinar o vetor de deslocamentos $\mathbf{U}_{i+1}$, e (13.144) e (13.145) os vetores de acelerações $\ddot{\mathbf{U}}_{i+1}$ e de velocidades $\dot{\mathbf{U}}_{i+1}$. No caso presente, o gráfico da Figura 13.20 representa o deslocamento horizontal U_1 no topo dos pilares, ao longo do tempo, obtido por meio desse procedimento.

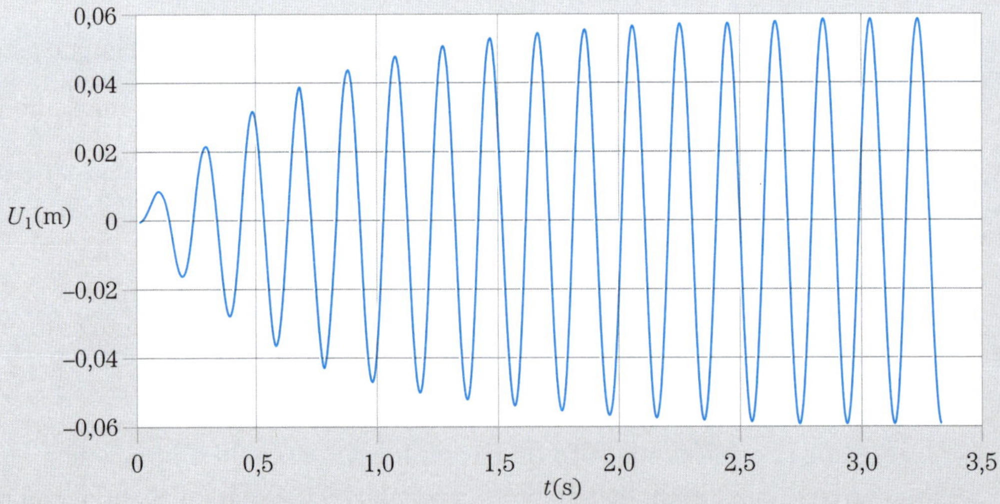

Figura 13.20 Gráfico da resposta dinâmica, segundo o método de Euler--Gauss, com Δt = 0,010 s.

O valor máximo alcançado por U_1 é aproximadamente 0,058 m, com boa concordância com o valor obtido no Exemplo 39, no qual se utilizou solução analítica combinada com o método da superposição modal, e no Exemplo 43, no qual se utilizou o método de Runge-Kutta de 4ª ordem. ■

13.3.3 Método de Newmark

A integração de (11.20) no domínio do tempo pode ser realizada por via numérica, generalizando os procedimentos utilizados na Seção 9.3.2 para um grau de liberdade. A generalização do método de Newmark leva a:

$$\hat{\mathbf{K}}\mathbf{U}_{i+1} = \hat{\mathbf{R}}_{i+1}, \tag{13.150}$$

com

$$\hat{\mathbf{K}} = \mathbf{K} + \frac{1}{\alpha \Delta t^2}\mathbf{M} + \frac{\delta}{\alpha \Delta t}\mathbf{C}, \tag{13.151}$$

$$\begin{aligned}\hat{\mathbf{R}}_{i+1} &= \mathbf{R}_{i+1} + \mathbf{M}\left[\frac{1}{\alpha \Delta t^2}\mathbf{U}_i + \frac{1}{\alpha \Delta t}\dot{\mathbf{U}}_i + \left(\frac{1}{2\alpha}-1\right)\ddot{\mathbf{U}}_i\right] \\ &+ \mathbf{C}\left[\frac{\delta}{\alpha \Delta t}\mathbf{U}_i + \left(\frac{\delta}{\alpha}-1\right)\dot{\mathbf{U}}_i + \left(\frac{\delta}{\alpha}-2\right)\frac{\Delta t}{2}\ddot{\mathbf{U}}_i\right].\end{aligned} \tag{13.152}$$

Os valores referentes ao índice inferior i são calculados no instante $t = i\Delta t$, sendo Δt o passo de integração (constante). Em $t = 0$, o vetor-aceleração $\{\ddot{\mathbf{U}}_0\}$ pode ser calculado em função das condições iniciais $\mathbf{U}_0$ e $\dot{\mathbf{U}}_0$:

$$\ddot{\mathbf{U}}_0 = \mathbf{M}^{-1}\left(\mathbf{R}_0 - \mathbf{C}\dot{\mathbf{U}}_0 - \mathbf{K}\mathbf{U}_0\right). \tag{13.153}$$

As expressões (13.150)-(13.152) e (13.153) correspondem a (9.47)-(9.49) e (9.32) para um grau de liberdade. A determinação dos vetores de acelerações e velocidades pode ser realizada por meio de:

$$\ddot{\mathbf{U}}_{i+1} = \frac{1}{\alpha \Delta t^2}(\mathbf{U}_{i+1} - \mathbf{U}_i) - \frac{1}{\alpha \Delta t}\dot{\mathbf{U}}_i - \left(\frac{1}{2\alpha}-1\right)\ddot{\mathbf{U}}_i, \tag{13.154}$$

$$\dot{\mathbf{U}}_{i+1} = \dot{\mathbf{U}}_i + (1-\delta)\,\Delta t\ddot{\mathbf{U}}_i + \delta\Delta t\ddot{\mathbf{U}}_{i+1}. \tag{13.155}$$

Nota-se, mais uma vez, que o método de Euler-Gauss é um caso particular do método de Newmark, com $\delta = \frac{1}{2}$ e $\alpha = \frac{1}{4}$. O método da aceleração linear também é um caso particular do método de Newmark, agora com $\delta = \frac{1}{2}$ e $\alpha = \frac{1}{6}$. O método de Newmark será incondicionalmente estável, no sentido de que convergirá para uma solução, se $\delta \geq \frac{1}{2}$ e $\alpha \geq \frac{1}{4}\left(\frac{1}{2} + \delta\right)^2$ (Bathe, 1982). Ou seja, o método de Euler-Gauss, como já se havia afirmado, é incondicionalmente estável para a análise linear. Já o método da aceleração linear não o é. Ainda assim, para que a solução obtida seja uma boa aproximação da resposta, é recomendável adotar para Δt valor da ordem de $\frac{T^*}{20}$, mas nunca superior a $\frac{T^*}{10}$, sendo T^* o menor valor entre o período natural do modo mais alto considerado na análise e o menor período forçado relevante.

EXEMPLO 45 Integração numérica da equação do movimento pelo método da aceleração linear

Retomam-se os exemplos 31, 36 e 39 e efetua-se a análise no domínio do tempo pelo método da aceleração linear (Newmark) para o pórtico modelado pela equação de movimento (11.20), com

$$\mathbf{M} = \begin{bmatrix} 174{,}29 & 10{,}48 & 10{,}48 \\ 10{,}48 & 7{,}62 & -2{,}86 \\ 10{,}48 & -2{,}86 & 7{,}62 \end{bmatrix} \tag{13.156}$$

$$\mathbf{K} = 10^4 \begin{bmatrix} 24 & 12 & 12 \\ 12 & 32 & 8 \\ 12 & 8 & 32 \end{bmatrix} \tag{13.157}$$

$$\mathbf{C} = 3{,}12 \times 10^{-3}\mathbf{K} = \begin{bmatrix} 748{,}8 & 374{,}4 & 374{,}4 \\ 374{,}4 & 998{,}4 & 249{,}6 \\ 374{,}4 & 249{,}6 & 998{,}4 \end{bmatrix} \tag{13.158}$$

$$\mathbf{R} = 1000 \operatorname{sen} 32{,}1t \begin{Bmatrix} 1 \\ 0 \\ 0 \end{Bmatrix}, \tag{13.159}$$

em unidades do sistema internacional e condições iniciais triviais $\mathbf{U}_0 = \mathbf{0}$ e $\dot{\mathbf{U}}_0 = \mathbf{0}$.

Adota-se $\Delta t = 0{,}010$ s, inferior a $\frac{1}{10}$ do período do carregamento, o qual coincide com o período do primeiro modo. As equações (13.150)-(13.153) permitem determinar o vetor de deslocamentos $\mathbf{U}_{i+1}$, e (13.154) e (13.155) os vetores de acelerações $\ddot{\mathbf{U}}_{i+1}$ e de velocidades $\dot{\mathbf{U}}_{i+1}$. No caso presente, o gráfico da Figura 13.21 representa o deslocamento horizontal U_1 no topo dos pilares, ao longo do tempo, obtido por meio desse procedimento.

Figura 13.21
Gráfico da resposta dinâmica, segundo o método da aceleração linear (Newmark), com $\Delta t = 0,010$ s.

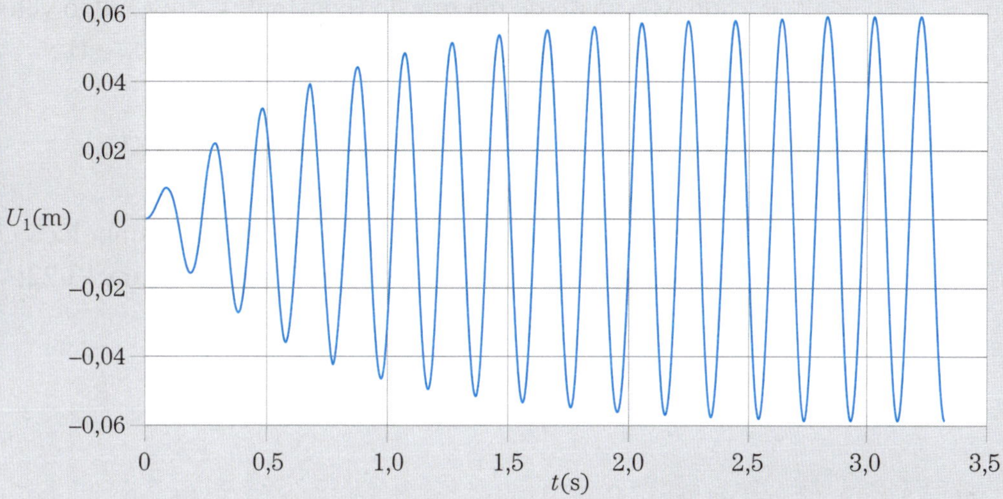

O valor máximo alcançado por U_1 é aproximadamente $0,059$ m, com boa concordância com o valor obtido no Exemplo 39, no qual se utilizou solução analítica combinada com o método da superposição modal; no Exemplo 43, no qual se utilizou o método de Runge-Kutta de 4ª ordem; e no Exemplo 44, no qual se utilizou o método de Euler-Gauss.

■

13.3.4 Método de Wilson-θ

A integração de (11.20) no domínio do tempo pode ser realizada por via numérica, generalizando os procedimentos utilizados na Seção 9.3.2 para um grau de liberdade. A generalização do método de Wilson-θ leva a:

$$\hat{\mathbf{K}}\mathbf{U}_\theta = \hat{\mathbf{R}}_\theta, \tag{13.160}$$

com

$$\hat{\mathbf{K}} = \mathbf{K} + \frac{6}{(\theta\Delta t)^2}\mathbf{M} + \frac{3}{\theta\Delta t}\mathbf{C}, \tag{13.161}$$

$$\hat{\mathbf{R}}_\theta = \mathbf{R}_\theta + \mathbf{M}\left(\frac{6}{(\theta\Delta t)^2}\mathbf{U}_i + \frac{6}{\theta\Delta t}\dot{\mathbf{U}}_i + 2\ddot{\mathbf{U}}_i\right) + \mathbf{C}\left(\frac{3}{\theta\Delta t}\mathbf{U}_i + 2\dot{\mathbf{U}}_i + \frac{\theta\Delta t}{2}\ddot{\mathbf{U}}_i\right). \tag{13.162}$$

Os valores referentes ao índice inferior i são calculados no instante $t = i\Delta t$, sendo Δt o passo de integração (constante). Em $t = 0$, o vetor-aceleração $\ddot{\mathbf{U}}_0$ pode ser calculado em função das condições iniciais $\mathbf{U}_0$ e $\dot{\mathbf{U}}_0$:

$$\ddot{\mathbf{U}}_0 = \mathbf{M}^{-1}(\mathbf{R}_0 - \mathbf{C}\dot{\mathbf{U}}_0 - \mathbf{K}\mathbf{U}_0). \tag{13.163}$$

Note-se que em (13.162) está implícita a extrapolação linear do vetor de carregamentos $\mathbf{R}_\theta$, conforme se representa na Figura 13.22:

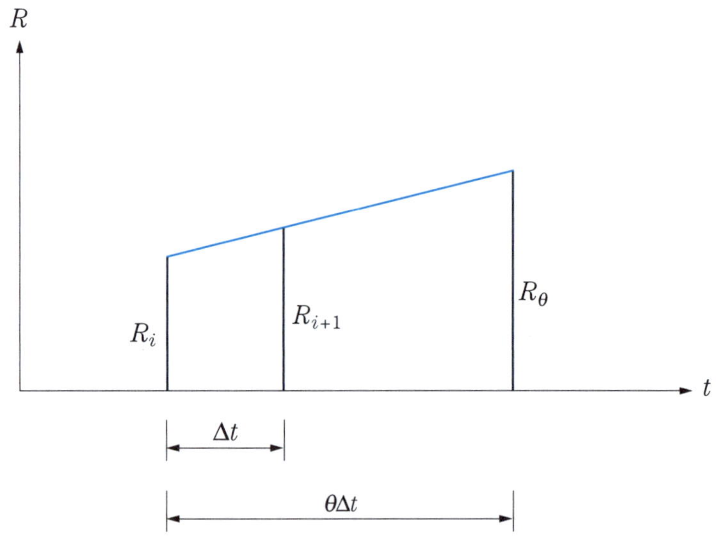

Figura 13.22
Extrapolação linear de R_θ para $\theta > 1$.

$$\mathbf{R}_\theta = \mathbf{R}_i + \theta(\mathbf{R}_{i+1} - \mathbf{R}_i). \tag{13.164}$$

As expressões (13.160)-(13.162), (13.163) e (13.164) correspondem a (9.60)-(9.62), (9.32) e (9.58) para um grau de liberdade. Uma vez resolvido o sistema (13.160), determina-se $\mathbf{U}_\theta$ e, a partir desse vetor, obtém-se:

$$\ddot{\mathbf{U}}_\theta = \frac{6}{(\theta\Delta t)^2}(\mathbf{U}_\theta - \mathbf{U}_i) - \frac{6}{\theta\Delta t}\dot{\mathbf{U}}_i - 2\ddot{\mathbf{U}}_i, \tag{13.165}$$

análoga a (9.56). A determinação dos vetores de acelerações, velocidades e deslocamentos no final do intervalo pode ser realizada por meio de:

$$\ddot{\mathbf{U}}_{i+1} = \ddot{\mathbf{U}}_i + \frac{\ddot{\mathbf{U}}_\theta - \ddot{\mathbf{U}}_i}{\theta} \tag{13.166}$$

$$\dot{\mathbf{U}}_{i+1} = \dot{\mathbf{U}}_i + \Delta t\ddot{\mathbf{U}}_i + \frac{\Delta t}{2\theta}\left(\ddot{\mathbf{U}}_\theta - \ddot{\mathbf{U}}_i\right) \tag{13.167}$$

$$\mathbf{U}_{i+1} = \mathbf{U}_i + \Delta t\dot{\mathbf{U}}_i + \frac{(\Delta t)^2}{2}\ddot{\mathbf{U}}_i + \frac{(\Delta t)^2}{6\theta}\left(\ddot{\mathbf{U}}_\theta - \ddot{\mathbf{U}}_i\right). \tag{13.168}$$

Para que o método seja incondicionalmente estável, é necessário que $\theta > 1{,}37$, sendo usual adotar-se $\theta = 1{,}40$ (Bathe, 1982). Para que a solução obtida seja uma boa aproximação da resposta, é recomendável adotar para Δt valor da ordem de $\frac{T^*}{20}$, mas nunca superior a $\frac{T^*}{10}$, sendo T^* o menor valor entre o período natural do modo mais alto considerado na análise e o menor período forçado relevante.

EXEMPLO 46 Integração numérica da equação do movimento pelo método de Wilson-θ

Retomam-se os Exemplos 31, 36 e 39 e efetua-se a análise no domínio do tempo pelo método Wilson-θ para o pórtico modelado pela equação de movimento (11.20), com

$$\mathbf{M} = \begin{bmatrix} 174{,}29 & 10{,}48 & 10{,}48 \\ 10{,}48 & 7{,}62 & -2{,}86 \\ 10{,}48 & -2{,}86 & 7{,}62 \end{bmatrix} \tag{13.169}$$

$$\mathbf{K} = 10^4 \begin{bmatrix} 24 & 12 & 12 \\ 12 & 32 & 8 \\ 12 & 8 & 32 \end{bmatrix} \tag{13.170}$$

$$\mathbf{C} = 3{,}12 \times 10^{-3}\mathbf{K} = \begin{bmatrix} 748{,}8 & 374{,}4 & 374{,}4 \\ 374{,}4 & 998{,}4 & 249{,}6 \\ 374{,}4 & 249{,}6 & 998{,}4 \end{bmatrix} \tag{13.171}$$

$$\mathbf{R} = 1000\,\text{sen}\,32{,}1t \begin{Bmatrix} 1 \\ 0 \\ 0 \end{Bmatrix}, \tag{13.172}$$

em unidades do sistema internacional e condições iniciais triviais $\mathbf{U}_0 = \mathbf{0}$ e $\dot{\mathbf{U}}_0 = \mathbf{0}$.

Adota-se $\Delta t = 0{,}010$ s, inferior a $\frac{1}{10}$ do período do carregamento, o qual coincide com o período do primeiro modo. As equações (13.160)-(13.162) permitem determinar o vetor de deslocamentos $\mathbf{U}_\theta$, e as equações (13.165) a (13.168) os vetores de acelerações $\ddot{\mathbf{U}}_{i+1}$, velocidades $\dot{\mathbf{U}}_{i+1}$ e deslocamentos $\mathbf{U}_{i+1}$. No caso presente, o gráfico da Figura 13.23 representa o deslocamento horizontal U_1 no topo dos pilares, ao longo do tempo, obtido por meio desse procedimento.

O valor máximo alcançado por U_1 é aproximadamente 0,054 m, com razoável concordância com o valor obtido no Exemplo 39, no qual se utilizou solução analítica combinada com o método da superposição modal; no Exemplo 43, no qual se utilizou o método de Runge-Kutta de 4ª ordem; no Exemplo 44, no qual se utilizou o método de de Euler-Gauss; e no Exemplo 45, no qual se utilizou o método da aceleração linear (Newmark).

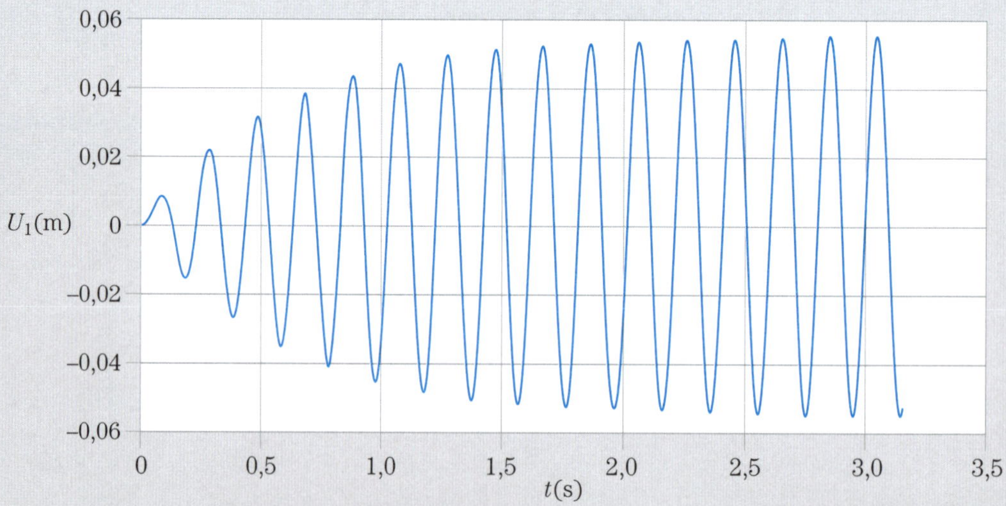

Figura 13.23 Gráfico da resposta dinâmica, segundo o método de Wilson-θ, com $\Delta t = 0,010$ s.

■

14 ESTUDOS DE CASO

Neste capítulo são discutidos dois estudos de caso referentes a pontes, de forma a ilustrar aspectos de modelagem dos sistemas estruturais e das ações dinâmicas, bem como os métodos de obtenção de suas respostas.

14.1 Análise dinâmica da operação de giro de uma ponte estaiada para posicionamento final

Estuda-se, aqui, uma das alternativas consideradas, mas não a escolhida, para a construção da Ponte Jacu-Pêssego, sobre o Rio Tietê, conectando a Avenida Jacu-Pêssego à Rodovia Ayrton Senna, na Zona Leste de São Paulo (Figura 14.1). Pelas características especiais de seu método construtivo, entretanto, permanece como interessante estudo de caso. Os autores expressam seu agradecimento ao Eng. Daniel Lepikson de Oliveira, pelos processamentos numéricos realizados, e à OUTEC Engenharia de Projetos S/C Ltda., por ter gentilmente cedido as informações básicas sobre o projeto. Enfatiza-se que o presente estudo de caso não se propõe a ser uma memória de cálculo compatível com as exigências de um projeto executivo, mas apenas uma discussão sobre a modelagem dinâmica da operação de giro da ponte para posicionamento final, usando modelos de baixa hierarquia e aplicando formulações e procedimentos simples, discutidos nesse livro.

Trata-se, efetivamente, de uma ponte viária estaiada de dois vãos de $127{,}50$ m simetricamente dispostos em relação à torre, com tabuleiro em seção celular de $28{,}76$ m de largura, acomodando três faixas de tráfego em cada sentido, passeios laterais e canteiro central (Figura 14.2). A torre, com $54{,}00$ m de altura, é executada em concreto armado, na sua parte inferior, e aço revestido de concreto não estrutural na sua parte superior, facilitando a ancoragem dos dezoito pares de cabos em semi-harpa dispostos simetricamente no plano vertical, ao longo do eixo longitudinal da ponte. No trecho considerado, a Rodovia Ayrton Senna e o Rio Tietê desenvolvem-se paralelamente, de forma que a torre situa-se na faixa compreendida entre ambos. De acordo com o método construtivo, a maior parte do tabuleiro ($117{,}50$ m de cada lado da torre) é construída ao longo da faixa compreendida entre a rodovia e o rio, de sorte que, posteriormente, o conjunto torre-tabuleiro estaiado deve ser solidariamente girado de cerca de 100°, em torno do eixo vertical da torre, até seu posicionamento final. A conclusão do tabuleiro é, então, feita a partir dos dois encontros de extremidade.

Outras pontes já foram construídas de acordo com este método construtivo, mas todas elas situam-se fora do Brasil. A título de exemplo, mencionam-se a Ponte Ben-Ahin (Bélgica), a Ponte sobre o Canal do Danúbio na A4, Ost Autobahn, em Viena (Áustria) e a Ponte dos Mártires em Grenoble (França).

A superestrutura da ponte está ligada monoliticamente a um pilar de concreto com $8{,}71$ m de altura em seção caixão de inércia variável, que, por sua vez, apoia-se em um bloco de concreto de $26{,}00$ m × $26{,}00$ m × $3{,}50$ m, suportado por 30 estacas de $1{,}60$ m de diâmetro e capacidade de 8800 kN, com um comprimento

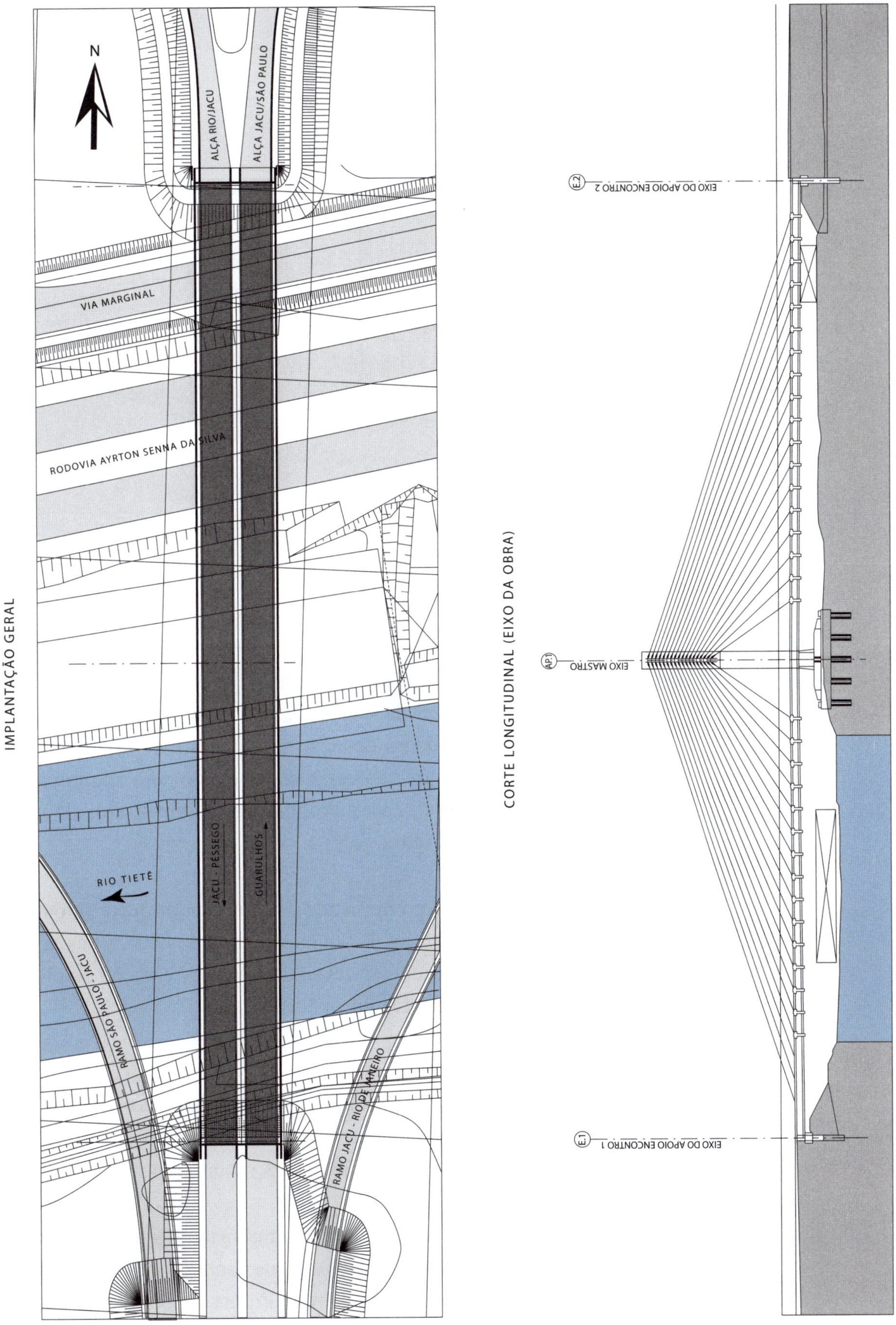

Figura 14.1
Implantação geral e corte longitudinal da ponte.

Figura 14.2
Seção transversal típica da ponte (medidas em cm).

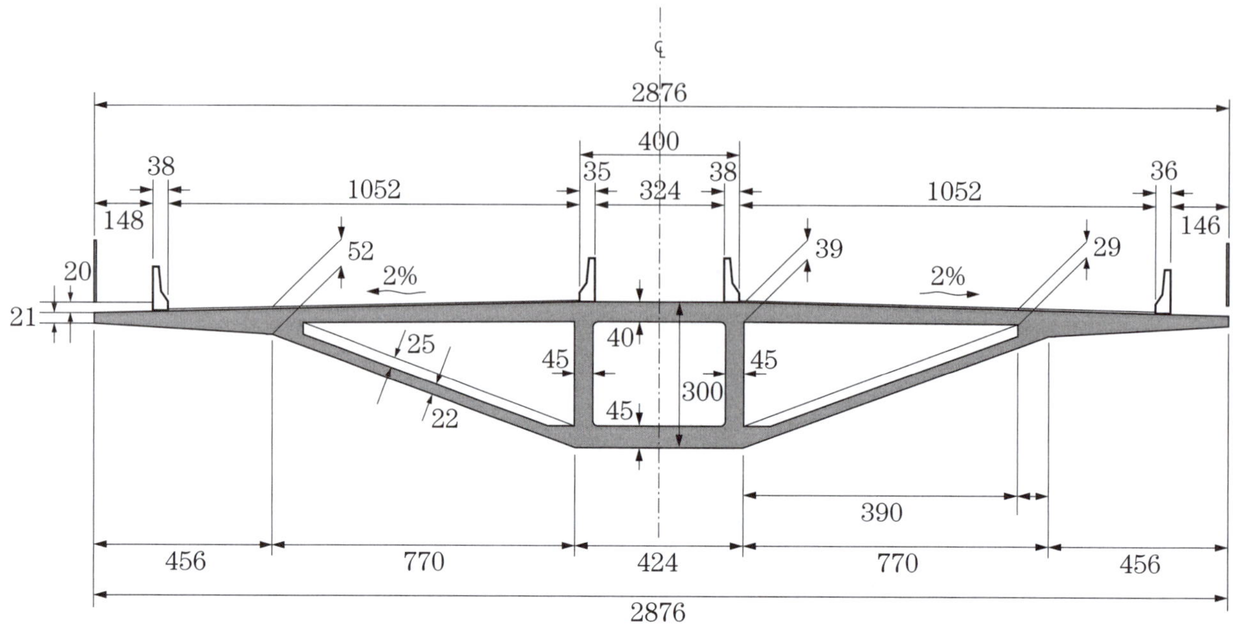

estimado de 22,00 m. Nos extremos, a superestrutura apoia-se nas travessas dos encontros. A base circular do pilar, de 16,00 m de diâmetro, em concreto armado está solidariamente ligada a 36 aparelhos de apoio de aço revestidos com Teflon® (Figura 14.3), que podem deslizar sobre uma pista de rolamento composta por um anel segmentado de aço-carbono revestido com aço inoxidável, de 15,20 m de diâmetro externo e 12,70 m de diâmetro interno, alojado na face superior do bloco de fundação (Figura 14.4).

O mecanismo de giro compreende a base do pilar que é acionada por quatro pistões hidráulicos (atuadores) com capacidade de 3400 kN cada um, os quais estão dispostos simetricamente em relação ao eixo de rotação do pilar, a uma distância radial de 10,00 m deste (Figura 14.3).

A estrutura deve girar em torno de um pino metálico central com 800 mm de diâmetro, o qual é fixado ao bloco de fundação no centro de rotação, de forma que os 36 aparelhos metálicos de apoio deslizam sobre a pista de rolamento, mobilizando forças de atrito tão baixas quanto possível.

As forças dos atuadores aplicam, em um instante qualquer, torques de mesma intensidade na base do pilar e no bloco de fundação, de acordo com o princípio da ação e reação, conforme indicado na Figura 14.5, onde também se representam as forças de atrito entre as superfícies em contato.

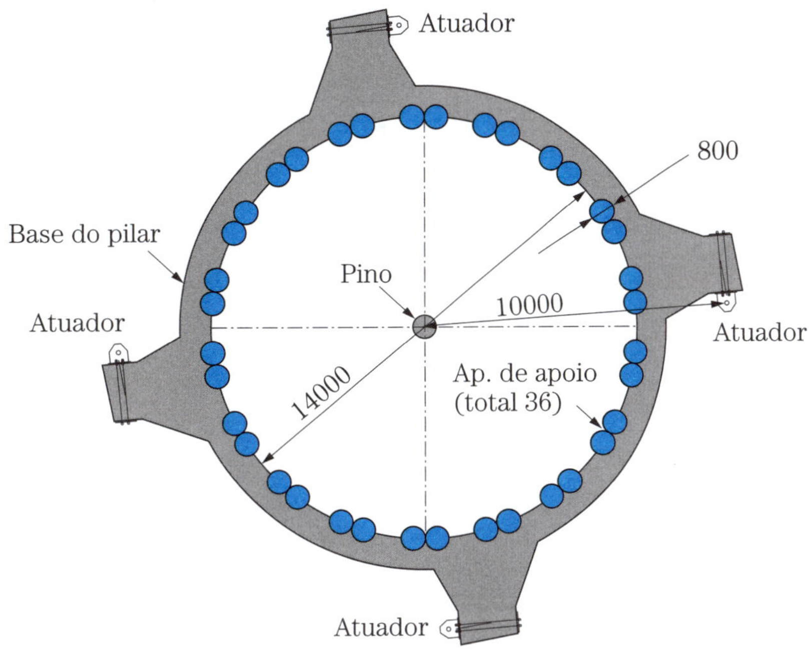

Figura 14.3
Base do pilar com aparelhos de apoio provisórios posicionados (medidas em mm).

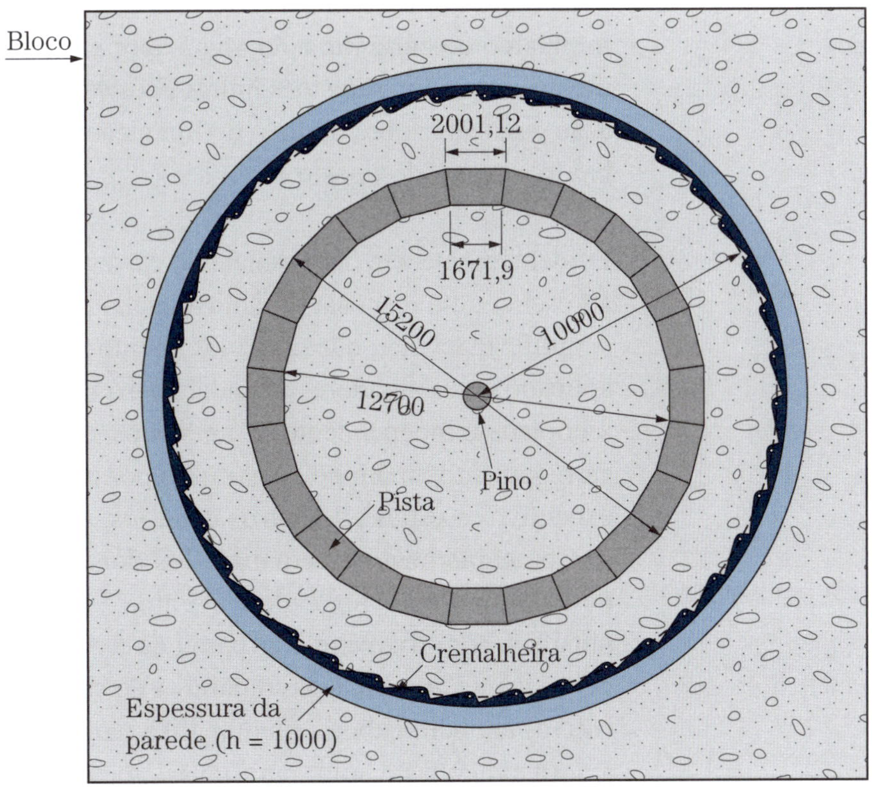

Figura 14.4
Vista superior do bloco de fundação do apoio central, com dispositivos utilizados no giro (medidas em mm).

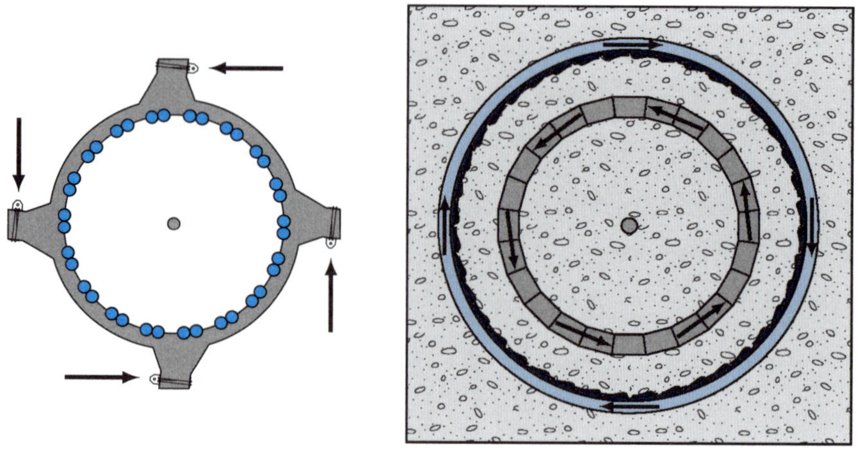

Figura 14.5
Torques aplicados à base do pilar e ao bloco de fundação.

Uma vez que o torque solicitante produzido pelas forças dos atuadores supere o torque resistente das forças de atrito estático, mobilizadas nas superfícies de contato entre os aparelhos de apoio e a pista de rolamento, principia-se o movimento, inicialmente acelerado – devido ao fato de que as forças de atrito cinético são menores do que as de atrito estático –, para rapidamente atingir uma velocidade de giro idealmente constante e regulada pela vazão de óleo proporcionada pela bomba hidráulica, conforme se verá oportunamente. Portanto, um carregamento impulsivo de curta duração atua sobre a base da torre para colocá-la em movimento, enquanto os pistões hidráulicos se abrem. Simultaneamente se aplica, por ação e reação, sobre o bloco de fundação da torre, o torque impulsivo desequilibrado, no sentido oposto.

Evidentemente, em decorrência do carregamento impulsivo, o bloco de fundação apresenta uma resposta dinâmica oscilatória, de pequena amplitude. Admite-se, simplificadamente, que esse movimento oscilatório do bloco não altere o torque aplicado pelos atuadores à fundação e à base do pilar, ensejando uma análise desacoplada e independente de ambos os subsistemas estruturais, sob ação de um carregamento dinâmico constituído por um único pulso. Caberia, em um projeto executivo, o estudo de outros cenários, certamente muito mais complexos, em que o acoplamento cinemático dos dois subsistemas poderia levar à flutuação no valor do torque aplicado e eventual surgimento de novos carregamentos impulsivos, com frequência próxima da frequência fundamental da fundação, com consequente amplificação dinâmica de sua resposta. Ainda, em um projeto executivo, também caberia uma análise paramétrica das propriedades de rigidez e amortecimento do solo, para levar em consideração sua eventual variabilidade como resultado da ação dinâmica sobre o solo que envolve as estacas, o que não se faz aqui.

Quando as hastes dos pistões atingem seu comprimento-limite, correspondente a um giro de cerca de 10°, após 50 minutos, aproximadamente, a movimentação da meso-superestrutura é interrompida para reposicionamento dos atuadores hidráulicos e reinício da operação de giro.

Cabe dizer, finalmente, que, uma vez concluída a operação de giro, estando a obra na posição final, todos os elementos da base que compõem o mecanismo de giro devem ser travados e solidarizados ao bloco de fundação, eliminando--se, assim, o grau de hipostaticidade referente à rotação em torno do eixo da torre, indesejável na configuração final. As extremidades do tabuleiro resultam devidamente apoiadas nos encontros, após a execução dos trechos moldados *in loco* construídos a partir dos encontros, garantindo-se a estabilidade global da obra.

14.1.1 Modelo de baixa hierarquia para a fundação e para a superestrutura

A Figura 14.6 representa, no plano horizontal, o momento de inércia de massa J_{ms} e a rotação θ_{ms} do modelo de baixa hierarquia (um grau de liberdade) da meso-superestrutura (a), bem como o momento de inércia de massa J_f, a rotação θ_f e a rigidez torcional k_f do modelo de baixa hierarquia (um grau de liberdade) do bloco de fundação (b). ΔM representa o torque desequilibrado aplicado pelos atuadores hidráulicos, por ação e reação, tanto à meso-superestrutura quanto à fundação, conforme se discutirá na próxima subseção.

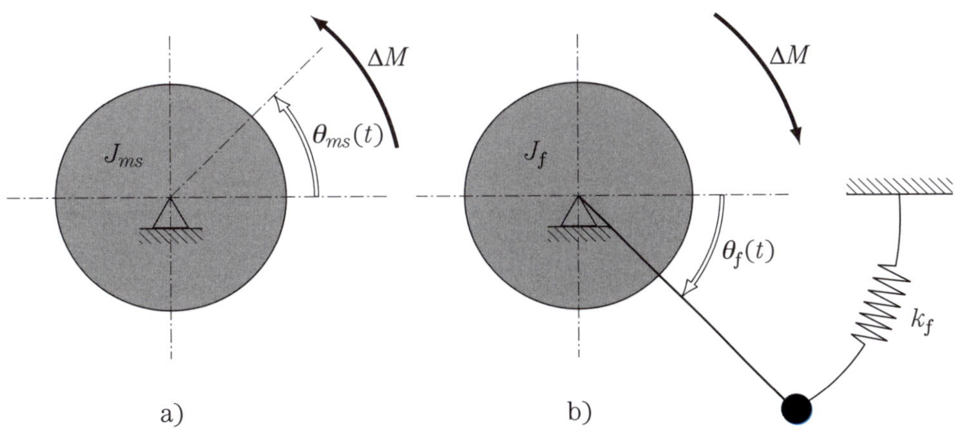

Figura 14.6
Modelos de baixa hierarquia da meso-superestrutura (a) e fundação (b).

A Figura 14.7 complementa a representação do modelo para a meso-superestrutura, destacando as massas do tabuleiro m_t e da base do pilar m_p, e a rigidez à torção k_p deste último.

Figura 14.7
Modelo de baixa hierarquia da meso-superestrutura, indicando massas do tabuleiro e da base do pilar, e rigidez à torção do pilar.

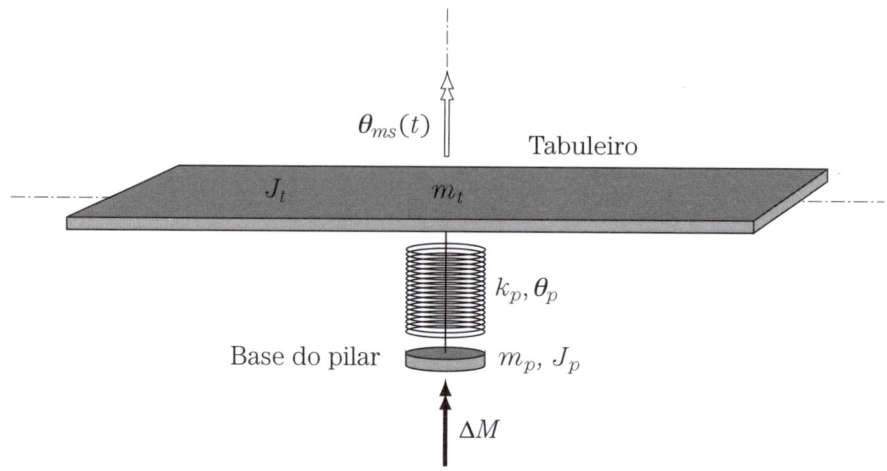

Note-se que o momento de inércia de massa do tabuleiro J_t é muito maior do que o da base do pilar J_p. De fato, o comprimento total do tabuleiro nessa fase construtiva é L_t = 235 m, a massa do tabuleiro é m_t = 10,8 × 10^6 kg, o raio médio da base do pilar (seção caixão) é R_p = 6,5 m e a massa da base do pilar é m_p = 1,0475 × 10^6 kg, de forma que:

$$J_t = \frac{m_t L_t^2}{12} = 4{,}97 \times 10^{10}\,\text{kgm}^2 \gg J_p = \frac{m_p R_p^2}{2} = 2{,}21 \times 10^7\,\text{kgm}^2. \qquad (14.1)$$

Portanto, devido à grande inércia rotacional do tabuleiro, do ponto de vista dos esforços solicitantes no pilar, tudo se passa como se este estivesse inicialmente "engastado" no tabuleiro, ou seja, o modelo de baixa hierarquia para a meso-superestrutura teria um grau de liberdade com coordenada generalizada θ_p, momento de inércia de massa J_p e rigidez torcional k_p, podendo esta última ser calculada em função do módulo de elasticidade transversal G = 12,544 MPa, do momento de inércia polar da base do pilar I_p = 180 m^4 e de seu comprimento L_p = 8,71 m:

$$k_p = \frac{GI_p}{L_p} = 2{,}59 \times 10^8 \text{ kNm}. \tag{14.2}$$

Evidentemente, não estando o tabuleiro efetivamente impedido de girar, enquanto perdurar a aplicação do momento ΔM, haverá aceleração angular $\ddot{\theta}_{ms} = \frac{\Delta M}{J_t}$, levando, por integração, à velocidade angular $\dot{\theta}_{ms}$ e à rotação θ_{ms} propriamente dita; uma vez que se anule ΔM, atinge-se a condição desejada de operação, para a qual a velocidade angular $\dot{\theta}_{ms}$ é constante e igual ao valor especificado em projeto. Retornando à Figura 14.6a, o momento de inércia de massa total da meso-superestrutura vale, com boa aproximação,

$$J_{ms} = J_p + J_t \cong J_t. \tag{14.3}$$

Passando agora à Figura 14.6b, discute-se o modelo de baixa hierarquia para a fundação. O momento de inércia de massa pode ser calculado, sendo conhecidas a massa do bloco de fundação $m_f = 5{,}915 \times 10^6$ kg e suas dimensões em planta $a = b = 26$ m:

$$J_f = \frac{m_f\,(a^2 + b^2)}{12} = 6{,}66 \times 10^8 \text{ kgm}^2. \tag{14.4}$$

Já a rigidez torcional da fundação vale:

$$k_f = k_H \sum_i r_i^2, \tag{14.5}$$

sendo k_H o coeficiente de rigidez horizontal de uma estaca i, cujo eixo se situa a uma distância r_i do centro do bloco, em planta. Adotando-se o valor $k_H = 65800$ kN/m, coerente com as sondagens realizadas, e o valor $\sum_i r_i^2 = 3800$ m^2, decorrente do projeto geométrico da fundação, resulta $k_f = 2{,}5 \times 10^8$ kNm.

14.1.2 O início do movimento: determinação do torque impulsivo característico a ser utilizado em projeto

O início do movimento de rotação se dá quando o torque ativo, provido pelos atuadores hidráulicos, marginalmente supera o torque resistente proporcionado pelas forças de atrito estático entre os aparelhos de apoio provisórios e a pista de rolamento de aço inoxidável. Na condição-limite, tem-se:

$$4F_aR_a = \mu_e PR_b, \tag{14.6}$$

em que F_a é a força em cada um dos atuadores; $R_a = 10{,}00\ \mathrm{m}$ é a distância do ponto de aplicação de F_a até o eixo de rotação; $\mu_e = 0{,}10$ é o coeficiente de atrito estático entre o Teflon® e o aço; $P = 148530\ \mathrm{kN}$ é o peso da meso-superestrutura e $R_b = 7{,}00\ \mathrm{m}$ é o raio médio da pista de rolamento. De (14.6) decorre, portanto, a intensidade da força nos atuadores hidráulicos necessária para iniciar o movimento

$$F_a = \frac{\mu_e PR_b}{4R_a} \cong 2600\ \mathrm{kN}. \tag{14.7}$$

Admite-se que o coeficiente de atrito cinético entre o Teflon® e o aço seja a metade do estático, ou seja, $\mu_c = 0{,}05$, de sorte que o torque provido pelos atuadores, quando se inicia o movimento, é o dobro do necessário para mantê-lo. Portanto esse movimento é acelerado, até o instante em que se atinge a velocidade nominal de rotação, quando a pressão hidráulica suprida pela bomba de óleo se estabiliza e a força nos atuadores iguala-se a $1300\ \mathrm{kN}$. Para estimar o intervalo de tempo t_p necessário para se atingir a velocidade nominal, supõe-se que o torque excedente ΔM decaia linearmente desde o valor $\Delta M(0) = 4 \times 1300 \times 10 = 52000\ \mathrm{kNm}$ até $\Delta M(t_p) = 0$. Esse intervalo de tempo é muito pequeno, de sorte que se caracteriza um pulso de curtíssima duração, para o qual os esforços reativos elásticos da fundação e os de amortecimento viscoso, tanto da fundação como da meso-superestrutura, não são mobilizados. Em outras palavras, são os esforços de inércia os responsáveis pelo equilíbrio dinâmico. Nessas circunstâncias, o impulso

$$\mathcal{I} = \frac{1}{2}\Delta M(0)t_p \tag{14.8}$$

aplicado tanto à meso-superestrutura quanto à fundação, por ação e reação, deve ser igualado à variação das respectivas quantidades de movimento angular:

$$\mathcal{I} = J_{ms}\dot{\theta}_{ms}(t) \;\Rightarrow\; \dot{\theta}_{ms}(t_p) = \frac{\mathcal{I}}{J_{ms}} = \frac{\Delta M(0)t_p}{2J_{ms}} \tag{14.9}$$

$$\mathcal{I} = J_f\,\dot{\theta}_f(t_p) \;\Rightarrow\; \dot{\theta}_f(t_p) = \frac{\mathcal{I}}{J_f} = \frac{\Delta M(0)t_p}{2J_f} \tag{14.10}$$

em que, conforme já foi dito, J_{ms} e J_f são, respectivamente, os momentos de inércia de massa da meso-superestrutura e da fundação, e $\dot{\theta}_{ms}\ (t_p)$ e $\dot{\theta}_f\ (t_p)$ são as velocidades angulares atingidas no instante t_p. Evidentemente, sendo $J_{ms} = 49{,}70 \times 10^9$ kgm^2 $\gg$ $J_f = 0{,}66 \times 10^9$ kgm^2, conforme cálculos apresentados na subseção anterior, resulta que $\dot{\theta}_{ms}\ (t_p) \ll \dot{\theta}_f\ (t_p)$ e a velocidade angular relativa pode ser bem aproximada por:

$$\omega = \dot{\theta}_f(t_p) + \dot{\theta}_{ms}(t_p) \cong \dot{\theta}_f(t_p) = \frac{\Delta M(0)t_p}{2J_f}. \tag{14.11}$$

Trata-se, portanto, de estimar o tempo necessário t_p para atingir a velocidade nominal de rotação especificada em projeto $\omega_{\text{nom}} = 7{,}07 \times 10^{-5}$ rads^{-1}, que, segundo o fornecedor das bombas de óleo, corresponde a uma vazão de $12\ \ell$/s. Portanto,

$$t_p = \frac{2\omega_{\text{nom}}J_f}{\Delta M(0)} = 1{,}813 \times 10^{-3}\ \text{s} = 1{,}813\ \text{ms}. \tag{14.12}$$

É, conforme antecipado, um lapso de tempo muito pequeno, da ordem de 2 ms, a justificar as aproximações implícitas em (14.9) e (14.10). Em vez do pulso triangular decrescente, poder-se-ia pensar em utilizar um pulso retangular de duração t_p, mas intensidade igual à metade de $\Delta M(0)$, mantendo-se o impulso $\mathcal{I}$ inalterado.

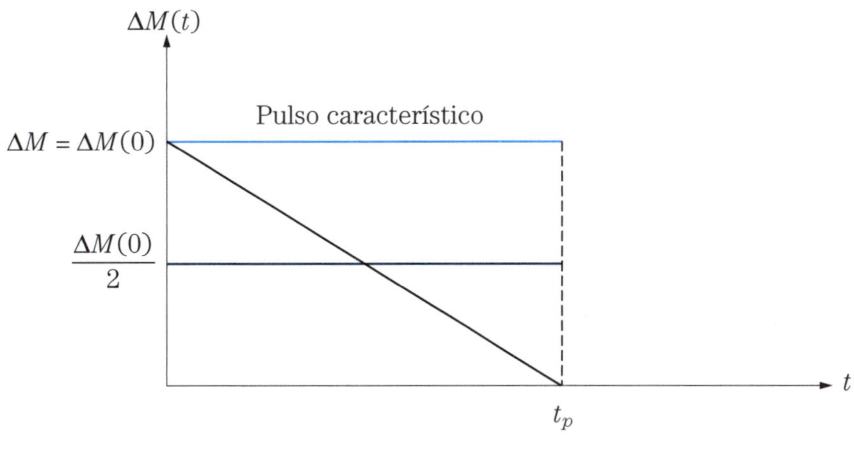

Figura 14.8
Torque impulsivo característico aplicado pelos atuadores hidráulicos ao conjunto meso-superestrutura e à fundação.

Por outro lado, reconhecendo as grandes incertezas envolvidas na estimativa do carregamento impulsivo, a favor da segurança será adotado, neste estudo de caso, um pulso retangular característico de intensidade $\Delta M = \Delta M(0) = 52000$ kNm, considerando-se ainda alguns cenários distintos para a duração do pulso t_p (análise paramétrica), de sorte a garantir com larga folga a segurança da estrutura durante a operação de giro. A Figura 14.8 representa os diferentes pulsos mencionados anteriormente.

14.1.3 Análise da resposta dos modelos de baixa hierarquia da fundação e da superestrutura para um único torque impulsivo

Fundação

A resposta do modelo de baixa hierarquia da fundação é considerada primeiramente. Para pulsos retangulares, conforme (8.7), o coeficiente de amplificação dinâmica é calculado por

$$D_f = 2\,\mathrm{sen}\left(\frac{\pi t_p}{T_f}\right), \tag{14.13}$$

em que o período de vibração natural da fundação é dado por

$$T_f = 2\pi\sqrt{\frac{J_f}{k_f}} = 0{,}324 \text{ s}. \tag{14.14}$$

Consequentemente, para um pulso de duração $t_p = 1{,}813 \times 10^{-3}$ s, resulta de (14.13) uma "amplificação dinâmica" muito menor do que a unidade, ou seja, $D_f = 0{,}035$. Assim, a resposta dinâmica máxima para a rotação θ_f, nesse cenário, é

$$\theta_{f,\max} = D_f\,\theta_{f,\text{estático}} = D_f\,\frac{\Delta M}{k_f} = 0{,}035 \times \frac{52000}{2{,}5\times 10^8} = 7{,}28\times 10^{-6} \text{ rad}. \tag{14.15}$$

Para estimar a força horizontal máxima aplicada ao topo da estaca i, faz-se

$$F_{i,\max} = k_H r_i \theta_{f,\max}. \tag{14.16}$$

Para a estaca mais afastada do centro do bloco de fundação, $r_i = 16{,}2$ m e, portanto,

$$F_{i,\max} = k_H r_i \theta_{f,\max} = 65800 \times 16{,}2 \times 7{,}28 \times 10^{-6} = 7{,}76 \text{ kN} \quad (14.17)$$

ou seja, um valor bastante inferior à força máxima horizontal admissível que pode ser resistida pela estaca, estimada em 500 kN, a partir de informações geotécnicas.

Como curiosidade, já que não é um cenário plausível, se a duração do pulso fosse $t_p = 0{,}5T_f$ (isto é, 89 vezes maior que a duração estimada para o pulso), a amplificação dinâmica atingiria seu valor máximo $D_f = 2$, daí decorrendo: $\theta_{f,\max} = 4{,}16 \times 10^{-4}$ rad e $F_{i,\max} = 443$ kN, ainda menor do que o máximo resistido pela estaca.

Meso e superestrutura

Trata-se, agora, da resposta do modelo de baixa hierarquia da meso-superestrutura. Para pulsos retangulares, conforme (8.7), o coeficiente de amplificação dinâmica é calculado por

$$D_p = 2 \operatorname{sen}\left(\frac{\pi t_p}{T_p}\right), \quad (14.18)$$

em que o período de vibração natural da base do pilar é dado por

$$T_p = 2\pi \sqrt{\frac{J_p}{k_p}} = 0{,}058 \text{ s}. \quad (14.19)$$

Consequentemente, para um pulso de duração $t_p = 1{,}813 \times 10^{-3}$ s, resulta de (14.19) uma "amplificação dinâmica" muito menor do que a unidade, ou seja, $D_p = 0{,}196$. Assim, a resposta dinâmica máxima para a rotação θ_p é

$$\theta_{p,\max} = D_p \theta_{p,\text{estático}} = D_p \frac{\Delta M}{k_p} = 0{,}196 \times \frac{52000}{2{,}59 \times 10^8} = 3{,}94 \times 10^{-5} \text{ rad}. \quad (14.20)$$

Para estimar o momento de torção máximo absorvido elasticamente no engaste do pilar no tabuleiro, faz-se

$$M_{t,\max} = k_p \theta_{p,\max} = 10188 \text{ kNm}, \quad (14.21)$$

ou seja, aproximadamente 20% do momento ΔM. Esse momento de torção é transferido do pilar para o tabuleiro, como flexão no plano horizontal deste, com valor máximo igual a

$$M_{h,\max} = \frac{M_{t,\max}}{2} = 5094 \text{ kNm}, \tag{14.22}$$

muito pequeno para a seção transversal celular de módulo de resistência $W_h = 58{,}28 \text{ m}^3$, de sorte que a tensão normal máxima, em estádio I, vale

$$\sigma_{\max} = \frac{M_{h,\max}}{W_h} = 87{,}42 \text{ kNm}^{-2} = 0{,}087 \text{ MPa}. \tag{14.23}$$

Note-se que este valor representa apenas 0,2% da tensão característica à compressão do concreto especificada em projeto ($f_{ck} = 40$ MPa).

Retomando o momento de torção máximo no pilar da expressão (14.21), constata-se, em conformidade com a norma brasileira NBR 6118 (2014), que acarreta esforços aceitáveis nas bielas de compressão que se desenvolvem no concreto armado.

Ainda como curiosidade, já que não é um cenário plausível, se a duração do pulso fosse $t_p = 0{,}5T_p$ (isto é, quinze vezes maior que a duração estimada para o pulso), a amplificação dinâmica atingiria seu valor máximo $D_p = 2$, daí decorrendo: $\theta_{p,\max} = 4{,}02 \times 10^{-4}$ rad; $M_{t,\max} = 103960$ kNm; $M_{h,\max} = 51980$ kNm e $\sigma_{\max} = 0{,}898$ MPa, tensão ainda assim bem pequena quando comparada com $f_{ck} = 40$ MPa.

14.2 Análise dinâmica de uma ponte sob efeito de tráfego de caminhões de classe 3C

Este estudo de caso trata da análise dinâmica, sob efeito de tráfego pesado, de uma ponte rodoviária com características semelhantes às de algumas pontes do trecho Sul do Rodoanel Metropolitano de São Paulo. O relato aqui apresentado é baseado na dissertação de mestrado do Eng. Felipe Vieira Moroz (Moroz, 2009), orientado por um dos autores, a quem são devidos especiais agradecimentos pela disponibilização dos resultados. Os autores também são gratos ao Eng. Fernando R. Stucchi por fornecer as informações básicas sobre o projeto da ponte analisada.

Frequentemente, a consideração dos efeitos dinâmicos do tráfego em pontes se faz indiretamente, mediante a utilização dos coeficientes de impacto aplicados a cargas de trens-tipo, em análises quase estáticas. Ditos coeficientes de impacto são estimados simplificadamente em função do comprimento dos vãos da ponte, nem sempre contemplando todos os aspectos implícitos em uma análise dinâmica. A metodologia de análise que ora se apresenta é, em contrapartida, essencialmente dinâmica, nem por isso em nível de complexidade incompatível com as competências profissionais e ferramentas computacionais usualmente encontradas nas boas empresas de projeto estrutural. Como metodologia, comporta adaptações para que possa ser aplicada a outras tipologias estruturais de pontes e veículos, distintas das que se apresentam neste estudo de caso.

Quanto ao veículo de carga considerado, trata-se do caminhão de classe 3C, com três eixos, de grande incidência nas rodovias brasileiras. Em sua modelagem, consideram-se a massa suspensa, as massas não suspensas, o sistema de suspensão e pneus, conforme representação da Figura 14.9.

O modelo computacional proposto para o veículo apresenta nove graus de liberdade, conforme a Figura 14.10, sendo seis referentes aos deslocamentos verticais das massas não suspensas (u_{p1}, u_{p2}, u_{p3}, u_{p4}, u_{p5} e u_{p6}), um ao deslocamento vertical da massa suspensa (u_v) e dois referentes às rotações da massa suspensa (θ_{vx} e θ_{vy}). Chama-se a atenção para a inclusão do grau de liberdade correspondente à rotação em torno do eixo longitudinal ou de rolamento do veículo (θ_{vx}). Como se sabe, a ação dinâmica dos veículos sobre a ponte decorre da combinação de carga em movimento com as irregularidades do pavimento (perfis de rugosidade), conforme já se discutiu preliminarmente no contexto do modelo elementar do Exemplo 7. Ora, o grau de liberdade de rolamento permitirá que se investigue a influência de perfis de rugosidade diferentes sob cada linha de pneu, com repercussão nos esforços de torção aplicados ao tabuleiro da ponte.

Figura 14.9
Modelo do veículo classe 3C.

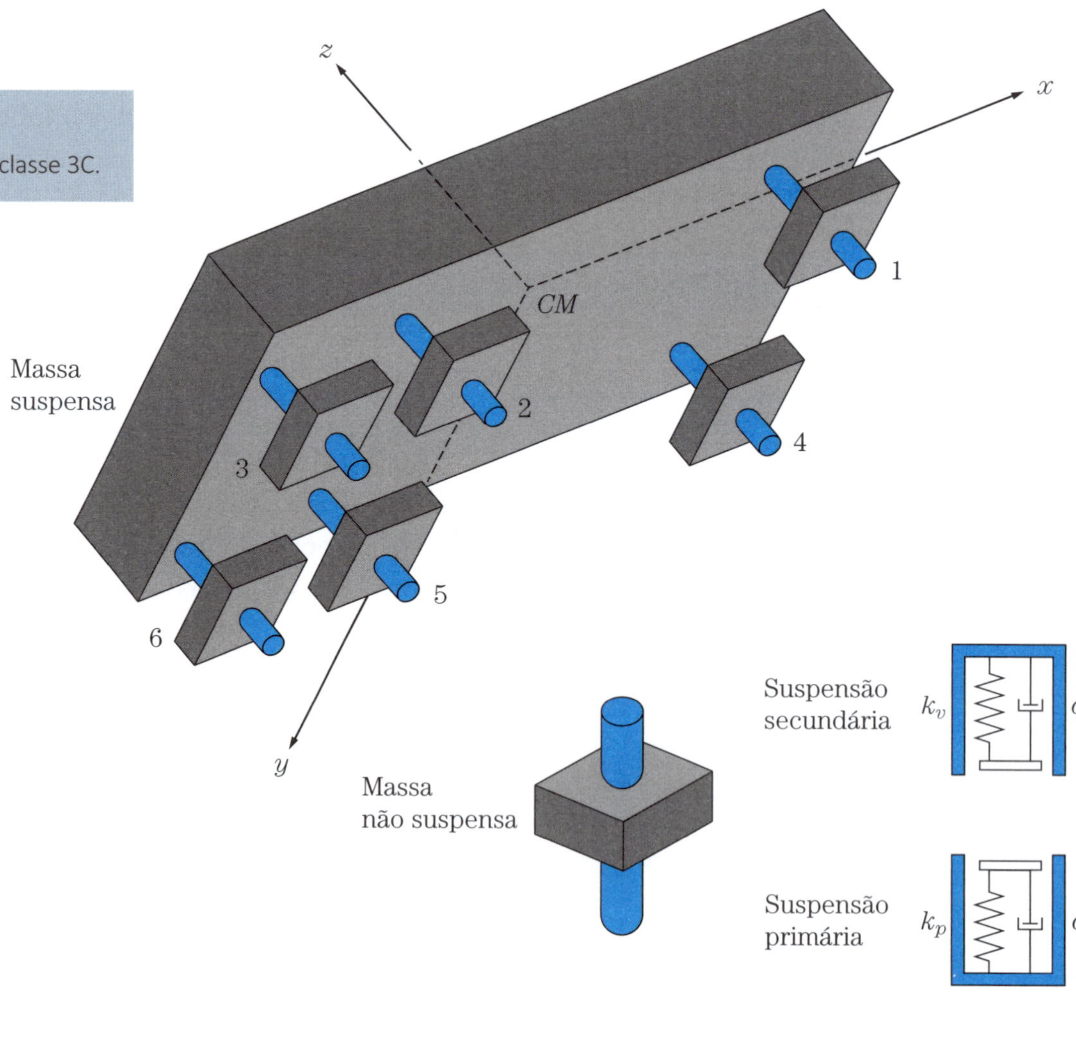

Figura 14.10
Graus de liberdade do modelo do veículo de classe 3C.

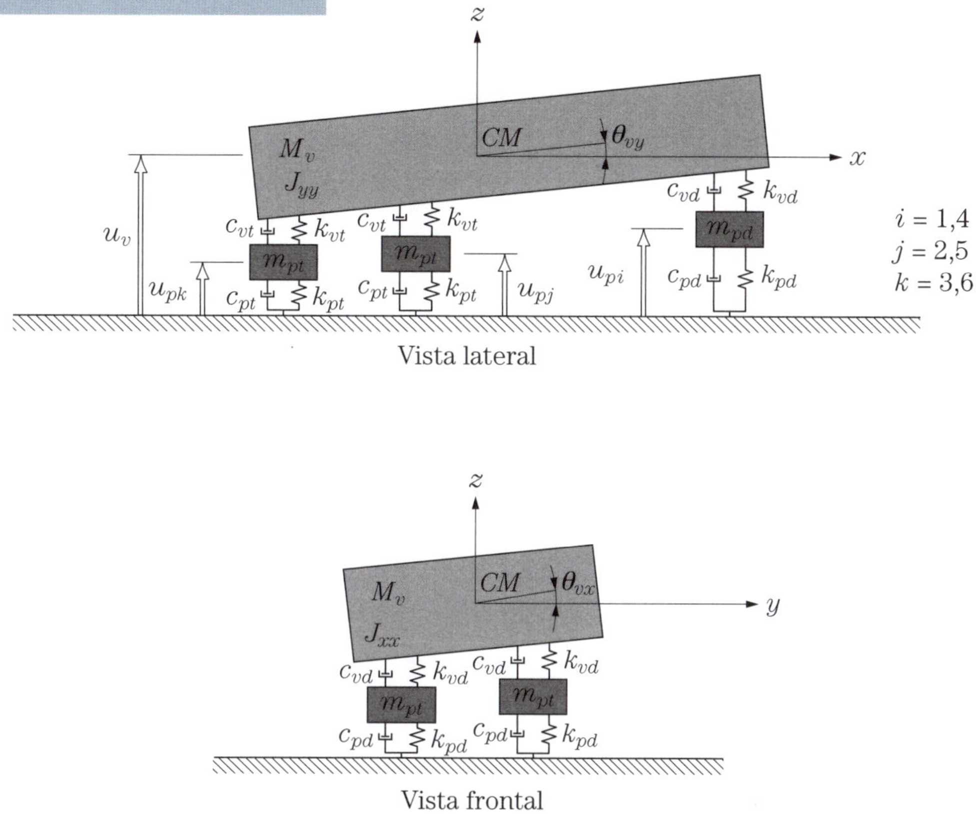

Os parâmetros mecânicos do modelo veicular são exibidos na Tabela 14.1.

Já o modelo estrutural refere-se a uma ponte reta de vão $\ell = 112{,}00\text{m}$, simplesmente apoiada nos encontros, com dois aparelhos de apoio em cada um deles, em estrutura mista concreto-aço, e seção unicelular de altura constante $5{,}60\text{m}$, conforme representação da Figura 14.11.

A escolha dessa tipologia estrutural para efeito deste estudo de caso levou em conta a simplicidade da representação com modelos de hierarquia mais baixa, tanto para a estrutura – considerando elementos finitos espaciais de barra – como para as cargas móveis, conforme se verá na sequência. A Figura 14.12 representa esquematicamente o modelo unifilar de elementos finitos adotado para representar a superestrutura da ponte, dando destaque para a massa concentrada m_k, os três graus de liberdade relevantes para a análise em tela, a saber, o deslocamento vertical w_k, a rotação de flexão no plano vertical θ_{yk} e a rotação de torção θ_{xk}, para cada nó k. Observa-se que o modelo matemático também restringe as rotações θ_x nas extremidades, simulando também o efeito das reações nos aparelhos de apoio, em cada encontro.

Tabela 14.1 Propriedades mecânicas do modelo do veículo de classe 3C

Massa suspensa	M_v	20300 kg
Momento de inércia da massa suspensa em torno do eixo y	J_{yy}	65000 kgm^2
Momento de inércia da massa suspensa em torno do eixo x	J_{xx}	15000 kgm^2
Massa do pneu dianteiro	m_{pd}	320 kg
Massa do pneu traseiro	m_{pt}	530 kg
Coeficiente de rigidez da suspensão secundária dianteira	k_{vd}	432 kNm^{-1}
Coeficiente de rigidez da suspensão secundária traseira	k_{vt}	585 kNm^{-1}
Coeficiente de rigidez da suspensão primária dianteira	k_{pd}	840 kNm^{-1}
Coeficiente de rigidez da suspensão primária traseira	k_{pt}	1680 kNm^{-1}
Coeficiente de amortecimento da suspensão secundária dianteira	c_{vd}	3 kNsm^{-1}
Coeficiente de amortecimento da suspensão secundária traseira	c_{vt}	6 kNsm^{-1}
Coeficiente de amortecimento da suspensão primária dianteira	c_{pd}	1 kNsm^{-1}
Coeficiente de amortecimento da suspensão primária traseira	c_{pt}	1 kNsm^{-1}
Comprimento indicado na Figura 14.15	d_1	4,0 m
Comprimento indicado na Figura 14.15	d_2	2,0 m
Comprimento indicado na Figura 14.15	d_3	0,8 m
Comprimento indicado na Figura 14.15	d_4	1,1 m

Figura 14.11
Seção transversal da ponte (medidas em cm).

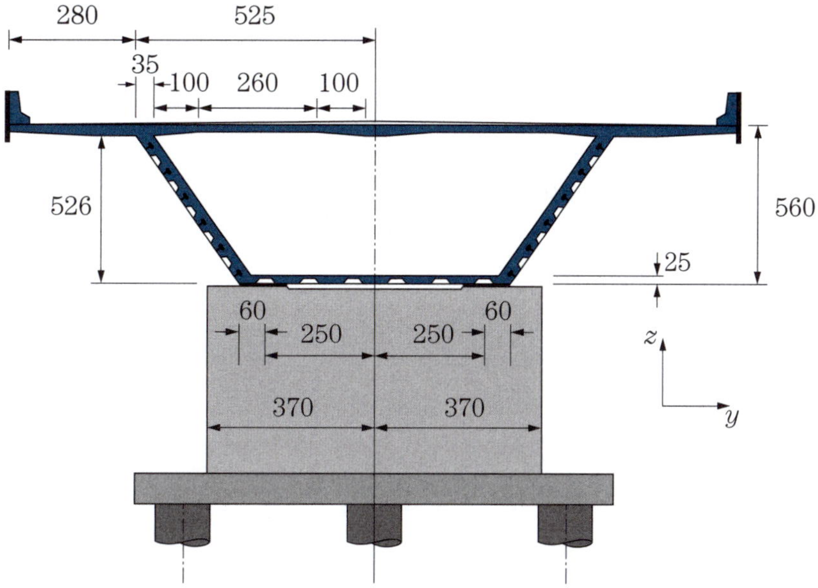

Figura 14.12
Modelo unifilar da superestrutura da ponte, com representação de massa e graus de liberdade nodais.

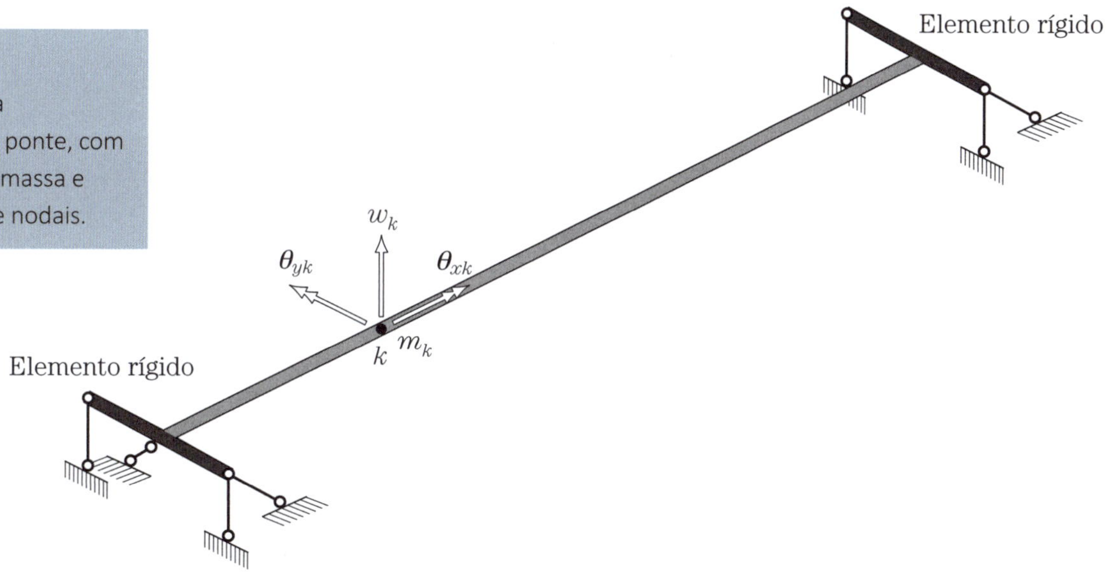

Os parâmetros geométricos da seção unicelular são encontrados na Tabela 14.2.

Tabela 14.2 Parâmetros geométricos da seção unicelular

Área da seção transversal	A	43,337 m^2
Momento de inércia em torno do eixo x	I_{xx}	44,039 m^4
Momento de inércia em torno do eixo y	I_{yy}	157,990 m^4
Distância do CG à borda superior	y_s	2,0 m
Distância do CG à borda inferior	y_t	3,6 m
Momento de inércia de torção	I_t	77,350 m^4

Considera-se, ainda, que o amortecimento estrutural seja do tipo Rayleigh, com os parâmetros $a_0 = 0{,}332773\ \mathrm{s}^{-1}$ e $a_1 = 0{,}004622\ \mathrm{s}$ da equação (12.58), levando a taxas de amortecimento modal ξ conforme apresentadas na Figura 14.13, embora se deva mencionar que são valores maiores do que os usualmente verificados na prática. Nesse sentido, é de se esperar que as amplificações dinâmicas aqui apuradas estejam possivelmente subestimando valores mais realistas.

Figura 14.13
Taxa de amortecimento modal ξ do tipo Rayleigh em função da frequência natural ω, com $a_0 = 0{,}332773\ \mathrm{s}^{-1}$ e $a_1 = 0{,}004622$ s.

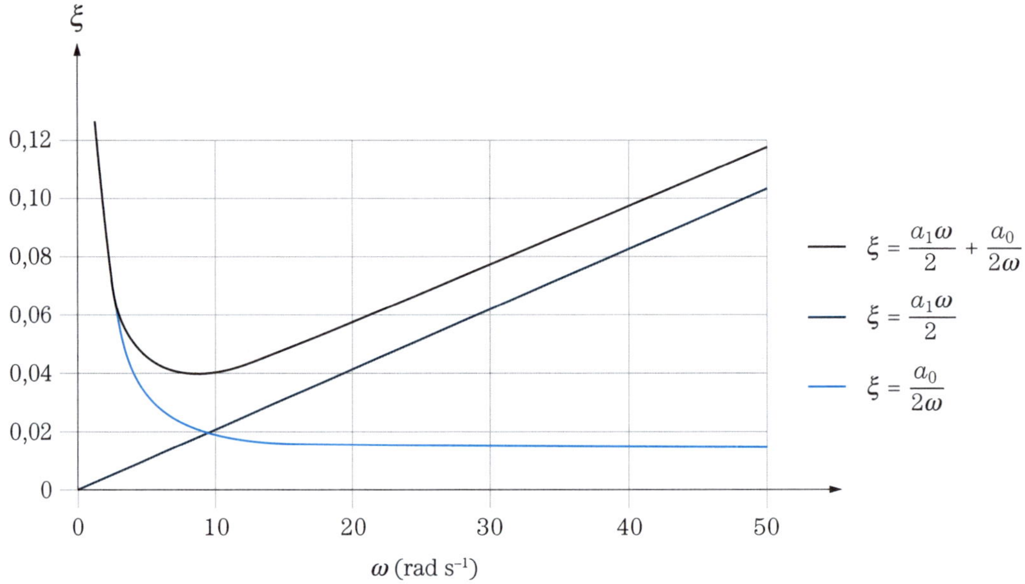

A caracterização da rugosidade adotada segue a metodologia estocástica proposta por Honda et al. (1982).

14.2.1 Metodologia simplificada de análise dinâmica

Devido ao acoplamento entre os movimentos da estrutura e do veículo, há uma grande dificuldade para a modelagem do sistema. A metodologia proposta pressupõe, inicialmente, o desacoplamento entre as respostas do veículo e da estrutura, ou seja, calculam-se as forças de contato dinâmicas do veículo em movimento sobre um pavimento rígido, aplicando-as, em seguida, sobre a superestrutura tal como ela é, ou seja, flexível. Essa hipótese para modelagem dos esforços de interação frequentemente superestima os resultados, constituindo-se, nesses casos, em procedimento a favor da segurança. Um procedimento complementar e iterativo também foi desenvolvido por Moroz (2009), permitindo a estimativa do erro cometido com esta hipótese simplificadora e mostrando que a metodologia simplificada é satisfatória do ponto de vista do projeto, quando se consideram os demais níveis de incerteza envolvidos na caracterização da resposta estrutural.

Dentro do mesmo espírito do Exemplo 7, em vez de considerar o veículo com movimento para a frente, ao longo do pavimento com rugosidade, supõe-se que o veículo esteja "parado" e o pavimento esteja animado de movimento "para trás", caracterizando o mesmo movimento relativo. Ao modelo veicular foram, portanto, impostos deslocamentos verticais, nos pontos de contato, correspondentes aos perfis de rugosidade do pavimento. Uma vez obtidos os esforços no contato com o pavimento, os mesmos foram estaticamente condensados e aplicados no centro de massa do veículo, agora como cargas móveis animadas de velocidade constante para frente, a serem aplicadas no modelo unifilar da superestrutura da ponte. A análise computacional no domínio do tempo foi realizada pelo programa ADINA®, por meio do algoritmo de integração numérica de Newmark.

Forças de contato veículo-pavimento sobre um pavimento rígido com rugosidade

Admitindo-se que não haja perda de contato entre o pneu e o pavimento, pode-se escrever:

$$F_i(t) = f_{ei}(t) + f_{ai}(t), \tag{14.24}$$

em que $F_i(t)$ é a força no pneu i decorrente da interação veículo-pavimento, $f_{ei}(t)$ é a força elástica e $f_{ai}(t)$ é a força de amortecimento exercida no pneu i, a qual não se encontra em fase com a força elástica. A força de interação obtida para cada pneu do veículo pode ser reescrita em função do deslocamento relativo e da velocidade vertical relativa entre o veículo e o pavimento, conforme indicado na Figura 14.14:

$$F_i(t) = k_{pi}(u_{pi} - u_{ri}) + c_{pi}(\dot{u}_{pi} - \dot{u}_{ri}), \tag{14.25}$$

em que u_{pi} é o deslocamento absoluto da massa não suspensa referente ao pneu i; u_{ri} é a coordenada da função rugosidade do pavimento referente ao ponto de contato com o pneu i, considerando como nível de referência o correspondente a um pavimento ideal (sem rugosidade).

Figura 14.14
Deslocamentos referentes ao ponto de contato *i*.

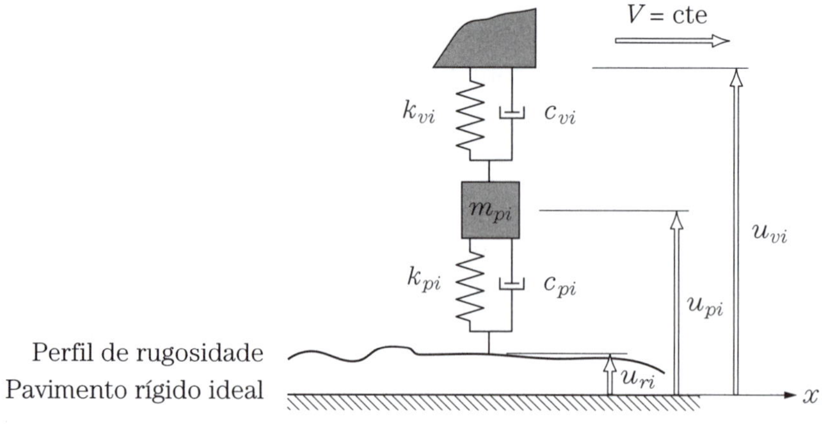

Pode-se, ainda, escrever $\dot{u}_{ri}$ em função da velocidade V do veículo, ou seja:

$$\dot{u}_{ri} = \left[\frac{du_r}{dx}\right]_i \frac{dx}{dt} = V\left[\frac{du_r}{dx}\right]_i. \tag{14.26}$$

Condensação estática dos esforços de interação e sua aplicação ao modelo estrutural unifilar

Para aplicação dos esforços de contato ao modelo unifilar da superestrutura, procede-se à sua condensação estática no centro de massa do veículo, conforme se indica na Figura 14.15.

Assim, tem-se um sistema de esforços equivalentes, associados aos três graus de liberdade, reduzidos ao centro de massa do veículo, a saber: deslocamento vertical (direção z), rotação relativa ao eixo horizontal transversal (y) e rotação relativa ao eixo horizontal longitudinal (x). Os esforços equivalentes são, respectivamente:

$$F_z(t) = \sum_{i=1}^{6} F_i(t); \tag{14.27}$$

$$M_x(t) = -\sum_{i=1}^{3} F_i(t)\, d_4 + \sum_{i=4}^{6} F_i(t)\, d_4; \tag{14.28}$$

$$M_y(t) = -\,[F_1(t) + F_4(t)]d_1 + [F_3(t) + F_6(t)]d_2 + [F_2(t) + F_5(t)]d_3; \tag{14.29}$$

onde $F_z(t)$ é a força na direção z; $M_y(t)$ é o momento em torno do eixo y; $M_x(t)$ é o momento em torno do eixo x, aplicados no centro de massa do veículo.

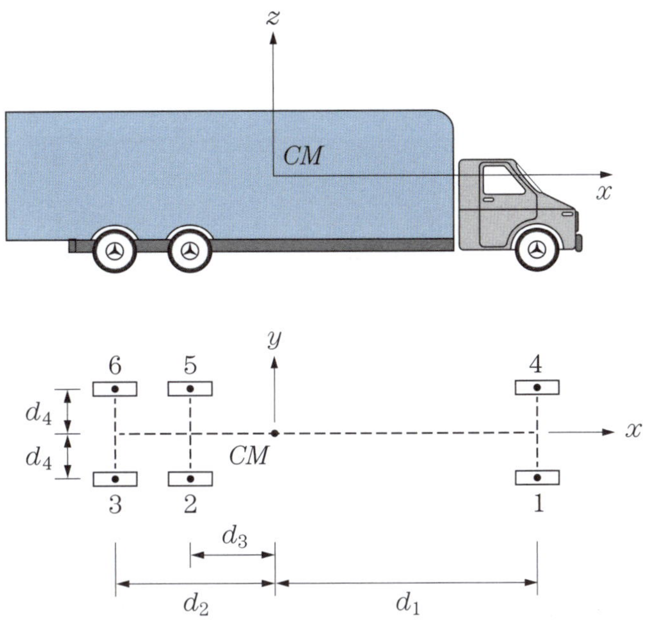

Figura 14.15
Centro de massa do veículo classe 3C e posicionamento em planta das forças de contato $F_i(t)$.

Em seguida, os esforços do veículo condensados estaticamente são aplicados ao modelo estrutural unifilar da superestrutura, como se fosse um "monociclo" animado de velocidade V na direção longitudinal da ponte. Note-se que o momento $M_x(t)$ refere-se ao eixo longitudinal do veículo, que tem um afastamento lateral com relação ao eixo longitudinal da ponte quando trafega em uma faixa com eixo não coincidente com este último.

Assim, deve-se adicionar a $M_x(t)$ o momento causado pelo peso próprio do veículo decorrente da referida excentricidade. Neste estudo de caso, entretanto, será adotada, por simplicidade, a hipótese de que o veículo trafega sobre o eixo longitudinal da ponte, de sorte que o surgimento de momentos de torção possa ser imputado somente ao efeito da distinta rugosidade do pavimento sob as duas linhas de pneus.

Finalmente, a equação de movimento do sistema estrutural é descrita por

$$\mathbf{M}_e\ddot{\mathbf{U}}_e + \mathbf{C}_e\dot{\mathbf{U}}_e + \mathbf{K}_e\mathbf{U}_e = \mathbf{R}_e(t), \tag{14.30}$$

onde $\mathbf{M}_e$ é a matriz de massa do modelo unifilar; $\ddot{\mathbf{U}}_e$ é o vetor de acelerações nodais; $\mathbf{C}_e$ é a matriz de amortecimento do modelo unifilar; $\dot{\mathbf{U}}_e$ é o vetor de velocidades nodais; $\mathbf{K}_e$ é a matriz de rigidez do modelo unifilar; $\mathbf{U}_e$ é o vetor de deslocamentos nodais; $\mathbf{R}_e(t)$ é o vetor de carregamento equivalente, decorrente de (14.27), (14.28) e (14.29), à medida que o "monociclo" avança com velocidade V. Foi utilizado um modelo de elementos finitos com 112 nós, 111 elementos finitos de barra $3D$ e 333 graus de liberdade para representar o tabuleiro da ponte.

14.2.2 Simulações numéricas

As simulações numéricas, apresentadas a seguir, consideram um veículo único de classe 3C, trafegando com velocidade constante $V = 80\ \mathrm{kmh}^{-1}$ sobre o eixo longitudinal da ponte rodoviária. Os resultados para os momentos fletores e de torção, bem como deslocamentos, referem-se à seção no meio do vão, considerando perfis de irregularidade do pavimento ora iguais, ora distintos sob cada linha de pneu, e foram confrontados com os diagramas de máximos para a situação de pavimento sem irregularidade (análise estática).

Para os resultados apresentados, utilizou-se a nomenclatura PSR para pavimentos sem rugosidade, PIR para pavimentos com perfis iguais de rugosidade e PDR para pavimentos com perfis diferentes de rugosidade.

Com os valores obtidos para os deslocamentos estruturais na seção do meio do vão, apresentados na Figura 14.16, determina-se o coeficiente máximo de amplificação dinâmica dos deslocamentos D_w, considerando as diversas posições do veículo:

$$D_w = \text{máx}\left(\frac{|w_{PDR}|}{|w_{PSR}|}\right) = \frac{0{,}007617}{0{,}006133} = 1{,}242. \tag{14.31}$$

Vale ressaltar que a amplificação dinâmica máxima não ocorre com o veículo no meio do vão.

Figura 14.16
Deslocamento vertical no meio do vão para distintas posições do centro de massa do veículo percorrendo a ponte com V = 80 km/h e indicação de posição do veículo para máxima amplificação dinâmica.

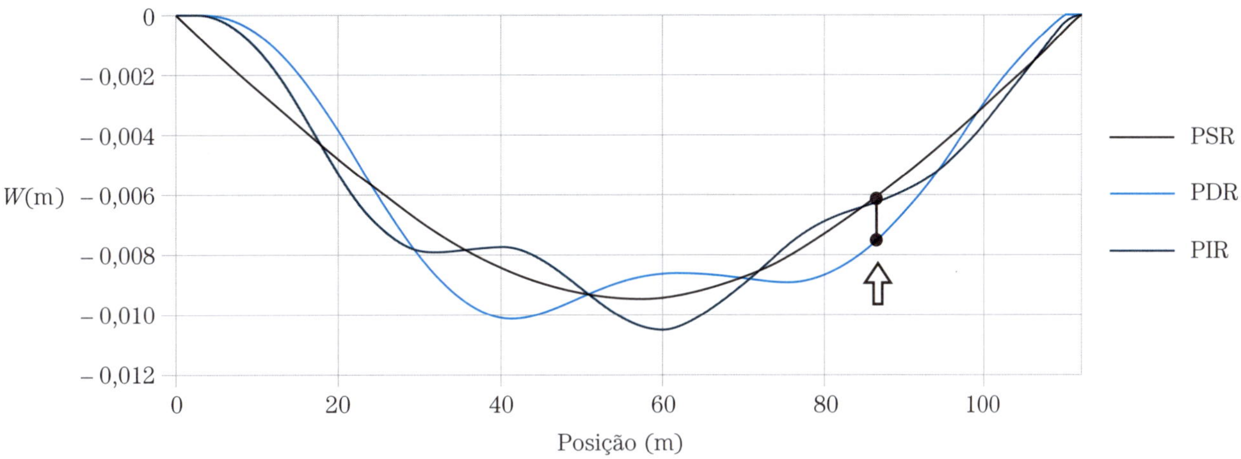

Consideram-se, agora, os valores de momentos fletores da Figura 14.17 na seção de meio do vão para calcular, mediante procedimento análogo ao empregado em (14.31), o respectivo coeficiente de amplificação dinâmica D_{M_y}:

$$D_{M_y} = \text{máx}\left(\frac{\left|M_{y_{PDR}}\right|}{\left|M_{y_{PSR}}\right|}\right) = \frac{5000{,}8}{3920{,}2} = 1{,}276. \tag{14.32}$$

Figura 14.17
Momento fletor no meio do vão para distintas posições do centro de gravidade do veículo percorrendo a ponte com V = 80 km/h e indicação de posição do veículo para máxima amplificação dinâmica.

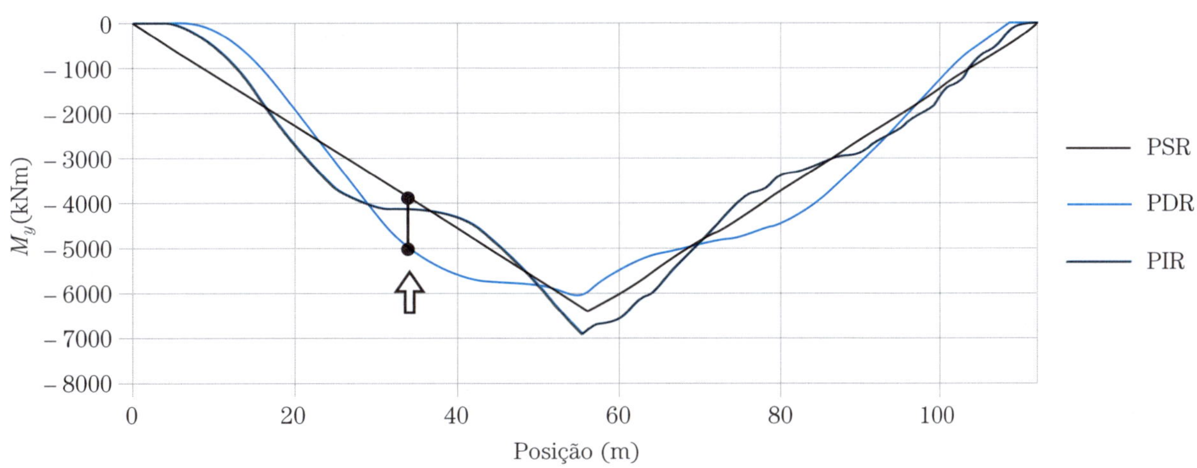

A Figura 14.18 apresenta os resultados dos momentos de torção no meio do vão da ponte. O efeito das rugosidades sobre os momentos de torção é comparado com o momento que seria causado pelo veículo caso estivesse trafegando com uma excentricidade $e = 3{,}0$ m com respeito ao eixo longitudinal da ponte, porém sem irregularidades no pavimento (análise estática). Daí decorre uma estimativa para o coeficiente de amplificação dinâmica para momentos de torção D_{M_x}, devido exclusivamente ao efeito de perfis de rugosidade distintos sob cada linha de pneu:

$$D_{M_x} = 1 + \frac{M_{x_{PDR}}}{\frac{P_v e}{2}} = 1 + \frac{8{,}6}{\frac{230{,}6 \times 3}{2}} = 1{,}025, \tag{14.33}$$

onde $M_{x_{PDR}}$ é o momento de torção no meio do vão, devido exclusivamente à diferença entre os perfis de rugosidade sob cada linha de pneu, e $P_v = 230{,}6$ kN é o peso total do veículo, incluindo o peso da massa suspensa e o dos pneus.

Figura 14.18
Momento de torção no meio do vão para distintos perfis de rugosidade sob cada linha de pneu e distintas posições do centro de gravidade do veículo percorrendo a ponte com V = 80 km/h.

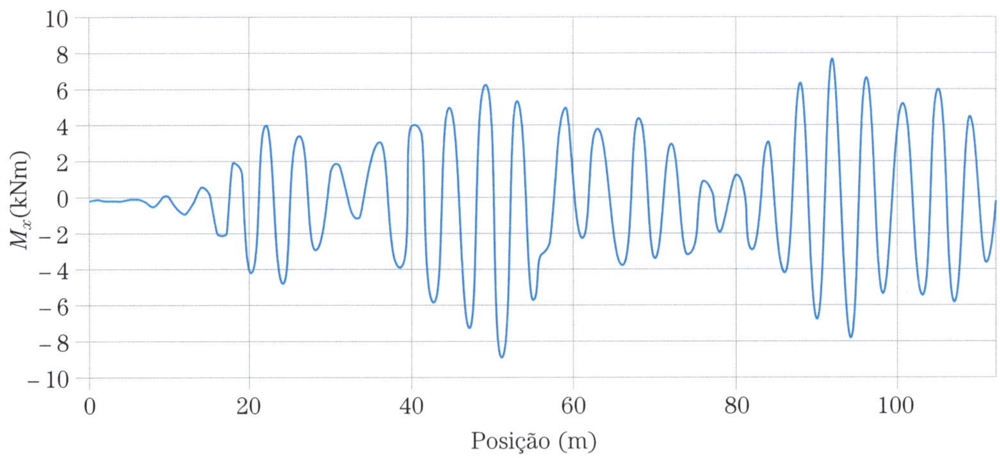

Naturalmente, os valores obtidos para os coeficientes de amplificação dinâmica são específicos para os parâmetros adotados neste estudo de caso, podendo-se constatar variações importantes se forem alteradas as características do veículo, da estrutura, da rugosidade do pavimento e, também, a velocidade de tráfego do veículo.

A título de mera referência, sem que se pretenda fazer um cotejamento entre os valores encontrados para os coeficientes de amplificação dinâmica neste estudo de caso e o coeficiente de impacto proposto pela NBR-7188 [22], indica-se como esse último é calculado: a norma propõe seu desdobramento em três parcelas multiplicativas, a saber, o coeficiente de impacto vertical (CIV), o coeficiente do número de faixas (CNF) e o coeficiente de impacto adicional (CIA). A primeira parcela responde pelo efeito da amplificação dinâmica das cargas do veículo em movimento, sendo associada à sua suspensão; a segunda refere-se à probabilidade de ocorrência da carga móvel levando em consideração o número de faixas de rolamento; e a terceira contempla o efeito dos ressaltos da pista de rolamento nas regiões de juntas.

Estritamente, os coeficientes de amplificação dinâmica de que se tratou neste estudo de caso corresponderiam apenas ao CIV. Para vãos entre 10m e 200m, como é o caso, pois $\ell = 112$ m, a NBR 7188 indica:

$$CIV = 1 + 1{,}06\left(\frac{20}{\ell + 50}\right) = 1{,}131. \tag{14.34}$$

Supondo-se que o número de faixas de rolamento seja igual a dois, $CNF = 1$.

Para estruturas em concreto ou mistas, como é o caso, a NBR 7188 propõe $CIA = 1{,}25$.

Portanto, nas regiões próximas a juntas, o coeficiente de impacto total da NBR 7188 prescreveria $CIV \times CNF \times CIA = 1{,}414$. Porém, longe das juntas, prescreveria $CIV = 1{,}131$.

Cabe lembrar que os coeficientes de impacto da NBR 7188 aplicam-se a trens-tipo com elevadas cargas para os eixos do veículo, bem como para a multidão. A norma também prevê o efeito de congestionamentos sobre a ponte.

Já o estudo de caso ora discutido considera a passagem de um único caminhão do tipo 3C, com características bastante específicas. Portanto, conforme já dito, não cabe aqui fazer qualquer cotejamento com a norma NBR 7188, já que os casos de carregamento não são comparáveis.

REFERÊNCIAS BIBLIOGRÁFICAS

ABNT. **NBR 6118**: Projeto de estruturas de concreto – Procedimento. Rio de Janeiro: 2014.

ABNT. **NBR 7188**: Carga móvel rodoviária e de pedestres em pontes, viadutos, passarelas e outras estruturas. Rio de Janeiro: 2013.

ADINA. **A finite element program for automatic dynamic incremental nonlinear analysis**, Technical Report, ADINA R&D, Watertown, www.adina.com, 2013.

ANDRÉ, J. C.; MAZZILLI, C. E. N.; BUCALEM, M. L.; CIFÚ, S. **Lições em Mecânica das Estruturas: Trabalhos Virtuais e Energia**, v. 1. São Paulo: Oficina de Textos, 2009.

AVICENA (Abu Ali al-Husein ibn Abd-Allah ibn Sina) **O Livro da Alma** (Book of Healing), Asfahana: [s.n.], 1027.

BATHE, K. **Finite element procedures**. Englewood Cliffs: Prentice Hall, 1982.

BATTISTA, R. C.; MAGLUTA, C. **Optimized vibration absorbers for bridge structures with non-proportional damping**. North American Conference on Smart Structures and Materials, SPIE's 94, Orlando, USA, 1994.

BATTISTA, R. C.; PFEIL, M. S. **Control of oscillations of Rio-Niterói bridge**. Proceedings of the Institution of Civil Engineers. Structures and Buildings, v. 163, p. 87-96, 2010.

BEKKER, I. **Corpus aristotelicum**. [s.l.] Academia de Ciências da Prússia, 1831.

BISPLINGHOFF, H. A. **Aeroelasticity**. Cambridge: Addison-Wesley, 1955.

CHOPRA, A. **Dynamics of structures**: theory and applications to earthquake engineering. Uppex Saddle River: Pearson Prentice Hall, 2007.

CLOUGH, R.; PENZIEN, J. **Dynamics of structures**. New York: McGraw-Hill, 1975.

COPERNICUS, N. **De Revolutionibus orbium coelestium**. Nuremberg: [s.n.], 1543.

D'ALEMBERT, J. **Traité de dynamique**. Paris: [s.n.], 1743.

GALILEI, G. **Discorsi e dimostrazioni matematiche, intorno a due Nuove Scienze**. Leiden: [s.n.], 1638.

HEATH, T. **Aristarchus of Samos, the Ancient Copernicus**. Oxford: Clarendon Press, 1913.

HIRSCH, M. W.; SMALE, S. **Differential equations, dynamical systems and linear algebra**. New York: Academic Press, 1974.

HONDA, H.; KAJIKAWA, Y.; KOBORI, T. Spectra of road surface roughness on bridges. **Journal of the Structural Division**, v. 108, n. ST9, 1982.

KEPLER, J. **Astronomia nova**. Praga, 1609.

LAGRANGE, J. **Mécanique analytique**. Paris: [s.n.], 1888-89.

LANCZOS, C. **The variational principles of mechanics**. Toronto: University of Toronto Press, 1970.

LEIBNIZ, G. **Specimen dynamicum**. Leipzig: [s.n.], 1695.

MOROZ, F. **Uma metodologia para a análise da infuência do tráfego de veículos pesados na resposta dinâmica de pontes rodoviárias**. Dissertação de Mestrado. Escola Politécnica da Universidade de São Paulo, São Paulo, 2009.

NEWTON, I. **Carta para Robert Hooke**. London: [s.n], 1676.

NEWTON, I. **Philosophiae naturalis principia mathematica**. London: [s.n], 1687.

PARS, L. A **Treatise on analytical dynamics**. London: Heinemann, 1965.

PTOLOMEU, C. **Almagest (O grande tratado)**. Alexandria: [s.n.], ca 150.

SOARES, M. E. S. **Modos não lineares em sistemas discretizados pelo Método dos Elementos Finitos**. Tese de Doutorado. Escola Politécnica da Universidade de São Paulo, São Paulo, 1998

THOMSON, W. **Teoria da vibração**. Rio de Janeiro: Interciência, 1978.

TIMOSHENKO, S. P.; GERE, J. M. **Theory of elastic stability**. New York: McGraw-Hill, 1961.

Wikipedia. Physics in the medieval Islamic world. Disponível em: https://en.wikipedia.org/wiki/Physics_in_the_medieval_Islamic_world. Acesso em: 26 ago. 2015a.

Wikipedia. Al-Biruni (Abu Rayhan Muhammad ibn Almad al-Biruni). Disponível em: https://pt.wikipedia.org/wiki/Al-Biruni. Acesso em: 26 ago. 2015b.

Wikipedia. Barakat (Abu'l-Barakat Hibab Allah ibn Malka al-Baghdadi). Disponível em: https://en.wikipedia.org/wiki/Abu%27l-Barak%C4%81t_al-Baghd%C4%81d%C4%AB. Acesso em: 26 ago. 2015c.

Wikipedia. Alhazen (Abu Ali al-Hasan ibn Al-Haitham). Disponível em: https://pt.wikipedia.org/wiki/Alhazen. Acesso em: 26 ago. 2015d.

Wikipedia. Avempace (Abu Bakr Muhammad ibn al-Sa'ig ibn Bajja). Disponível em: https://pt.wikipedia.org/wiki/Avempace. Acesso em: 26 ago. 2015e.

AGRADECIMENTOS

Os autores agradecem a Paola Mazzilli pelo projeto de identidade visual do livro. Agradecem, ainda, aos colegas que disponibilizaram, direta ou indiretamente, material utilizado neste texto, em especial: Ronaldo Carvalho Battista (sistema de controle de vibrações da Ponte Rio-Niterói e da Ponte do Porto de Sepetiba), Rui Nobihiro Oyamada e Daniel Lepkinson de Oliveira (Ponte Jacu-Pêssego), Fernando Rebouças Stucchi e Felipe Vieira Moroz (ponte sob ação de tráfego de caminhão 3C) e Mário Eduardo Senatore Soares (Apêndice do Capítulo 12). Também agradecem a diversos ex-alunos que os auxiliaram na digitação, composição e revisão deste texto, nas suas diferentes etapas de consolidação, em especial: Martin Paul Schwark, Odulpho Goyana de Paiva Baracho Neto, Renato Teixeira Burin, Gabriel Pavoski Sanchis e Ivan Eduardo Sartori Regados. São, sobretudo, gratos a dezenas de gerações de alunos que os ensinaram como gostariam de aprender mecânica das estruturas.

CRÉDITOS DAS IMAGENS

Capa:
Pavilhão da Bienal, São Paulo. Projeto arquitetônico de Oscar Niemeyer.
Créditos: Andrés Otero/ LUZphoto

Abertura de partes:
Escada helicoidal do palácio do Itamaraty, Brasília. Projeto arquitetônico de Oscar Niemeyer.
Link: https://commons.wikimedia.org/wiki/File%3AEscada_Pal%C3%A1cio_Itamaraty.JPG
Créditos: RPFigueiredo (Own work) [CC BY-SA 3.0 (http://creativecommons.org/licenses/by-sa/3.0)], via Wikimedia Commons

Abertura de capítulos:
Painel da fachada do Superior Tribunal de Justiça, Brasília. Projeto artístico de Marianne Peretti. Projeto arquitetônico de Oscar Niemeyer e Hermano Montenegro. Projeto estrutural de Bruno Contarini e Walmor Zeredo.
Créditos: foto de Carlos E. N. Mazzilli

Figura 1.1, página 27:
Link: https://commons.wikimedia.org/wiki/File%3AItaipu-Wasserkraftwerk_Generator.JPG
Créditos: Anagoria (Trabalho próprio pelo carregador) [GFDL (http://www.gnu.org/copyleft/fdl.html) undefined CC BY 3.0 (http://creativecommons.org/licenses/by/3.0)], undefined

Figura 1.2, página 27:
Link: http://www.istockphoto.com/photo/forth-rail-bridge-19878968?st=da71e9e
Créditos: northlightimages

Figura 1.3, página 28:
Link: https://commons.wikimedia.org/wiki/File%3ABelgium_vs_Korea_Republic_-_Group_H_-_2014_FIFA_World_Cup_Brazil.jpg
Créditos: Alexandre Breveglieri [CC BY 2.0 (http://creativecommons.org/licenses/by/2.0)], undefined

Figura 1.4, página 28:
Link: http://www.istockphoto.com/photo/estaiada-bridge-in-sao-paulo-brazil-62800366
Créditos: filipefrazao

Figura 1.5a, página 29:
Link: http://www.loc.gov/pictures/resource/krb.00737/
Créditos: Library of Congress

Figura 1.5b, página 29:
Link: https://commons.wikimedia.org/wiki/File%3ADulles_Airport_Terminal.jpg
Créditos: Este ficheiro foi inicialmente carregado por JetBlastBWI em Wikipédia em inglês [Public domain], undefined

Figura 1.6, página 29:
Link: https://commons.wikimedia.org/wiki/File%3ASelinunte_Sicily_Italy_04.jpg
Créditos: Por Norbert Nagel, Mörfelden-Walldorf, Germany (Trabalho próprio pelo carregador) [CC BY-SA 3.0 (http://creativecommons.org/licenses/by-sa/3.0)], undefined

Figura 1.7, página 30:
Link: https://commons.wikimedia.org/wiki/File%3AThe_London_Underground_As_Air_Raid_Shelter%2C_London%2C_England%2C_1940_D1675.jpg
Créditos: Ministry of Information Photo Division Photographer [Public domain], via Wikimedia Commons

Figura 1.8, página 30:
Link: https://commons.wikimedia.org/wiki/File%3AOil_platform_P-51_(Brazil).jpg
Créditos: Divulgação Petrobras / ABr (Agência Brasil [1]) [CC BY 3.0 br (http://creativecommons.org/licenses/by/3.0/br/deed.en)], undefined

Figura 1.9, página 31:
Autorização: Marina Machado
Créditos: InterMoor do Brasil

Figura 1.10, página 31:
Autorização: Jeannis Michail Platonm
Créditos: Museu Náutico de Ilhabela

Figura 1.11, página 32:
Link: http://www.istockphoto.com/photo/landing-mexico-city-50350168
Créditos: Coast-to-Coast

Figura 1.12, página 33:
Autorização: Ronaldo Carvalho Battista

Figura 2.1, página 36:
Link: https://commons.wikimedia.org/wiki/File%3ASanzio_01_Plato_Aristotle.jpg
Créditos: Rafael Sanzio [Public domain], undefined

Figura 2.2a, página 37:
Link: https://commons.wikimedia.org/wiki/File%3AGalileo_Galilei%2C_Discorsi_e_Dimostrazioni_Matematiche_Intorno_a_Due_Nuove_Scienze.jpg
Créditos: Galileo Galilei [Public domain], via Wikimedia Commons

Figura 2.2b, página 37:
Link: https://commons.wikimedia.org/wiki/File%3ADiscorsi_Festigkeitsdiskussion.jpg
Créditos: Galileu Galilei [Public domain], undefined

Figura 2.3, página 38:
Link: https://commons.wikimedia.org/wiki/File%3APrincipia.jpg
Créditos: Karel x (Trabalho próprio pelo carregador) [CC BY-SA 4.0 (http://creativecommons.org/licenses/by-sa/4.0)], undefined

Figura 2.4, página 40:
Créditos: "Tacoma-narrows-bridge-collapse". Licensed under Public Domain via Wikimedia Commons - https://commons.wikimedia.org/wiki/File:Tacoma-narrows-bridge-collapse.jpg#/media/File:Tacoma-narrows-bridge-collapse.jpg

Figura 13.15, página 278:
Autorização: Ronaldo Carvalho Battista

Pré-impressão, impressão e acabamento

GRÁFICA
SANTUÁRIO

grafica@editorasantuario.com.br
www.editorasantuario.com.br
Aparecida-SP